1956 年 1 月，毛泽东主席在最高国务会议上指出：

人工造雨是非常重要的，希望气象工作者多努力。

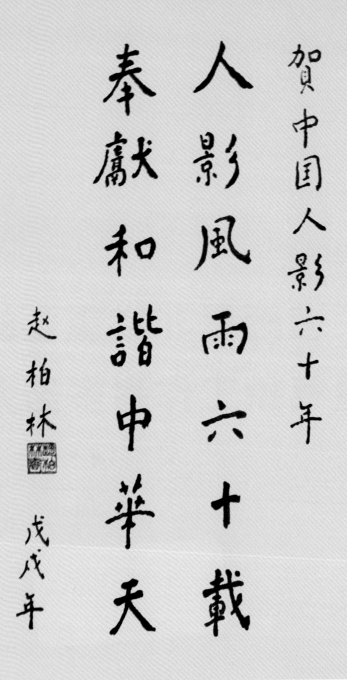

贺中国人影六十年

人影风雨六十载

奉献和谐中华天

赵柏林

戊戌年

中国科学院院士赵柏林①教授为中国人工影响天气60周年题词

① 赵柏林（1929— ），1991年当选为中国科学院学部委员。1952年毕业于清华大学气象系，大气科学和遥感学家。1957—1959年赴苏联进修，1986年获国家教委科技进步奖一等奖，1987年获国家科技进步奖一等奖（首名获奖者）。有关云雨对微波通信影响的评估，为国内外所采纳，被载入国际无线电协会（URSI）科学评述中。

吉林省飞机人工催化（盐粉）作业试验在长春市第一次飞行后，飞机作业基地由长春转至吉林市。1958 年 8 月 4 日成立吉林市人工降雨领导小组（图为领导小组开会现场），吉林市市长张文海任组长，成员有省气象局副局长史明，丰满水电厂副厂长兼总工程师李鹏等

1958 年吉林省第一架人工增雨飞机杜 -2

1958 年吉林省首次人工增雨飞机飞行员周正

1958 年 6 月，吉林省气象台预报组长董洪年（左）、预报员穆家修（右）提出人工增雨建议

应越南民主共和国请求，1960 年初广东省气象局派出人工增雨代表团执行人工增雨飞行任务，为增雨抗旱、增进中越人民友谊做出了贡献。

越南国家主席胡志明在接见广东人工增雨代表团时与专机飞行员亲切握手

首次试验，专机飞到云海上面，就看到巨大的云山，它就是我们催化的目标

人工增雨代表团回国前，越南国家农垦局和气象局，为欢送代表团联合举行盛大招待会。图为越方在会上向代表团赠送锦旗

数年后越南政府给广东人工增雨代表团每个成员，颁发了荣誉证书（左）和友谊奖章（右），以表彰他们为越南经济建设所做的贡献

1959 年 3 月 28 日成立江西省庐山天气控制研究所，当时的工作人员与来宾在所部前合影

中国科学院大气物理研究所曾批量制造了 10 台三用滴谱仪，并且按顾震潮先生的意见，把质量最好的两台送给了北京大学，目前（北京大学物理学院）实验室中还留存有一台。（详见毛节泰《我与人工影响天气》一文）

1976 年，广西都安县利用自制的土火箭开展人工增雨作业

1977 年，云南大理州鹤庆县城郊乡菜园村炮点防雹人员进行防雹作业

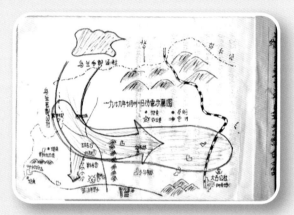

1979 年 7 月 31 日，内蒙古科右前旗气象站开展土火箭防雹作业示意图

1979 年 7 月 31 日，内蒙古科右前旗气象站开展土火箭防雹作业效果分析

1983 年 7 月，贵州磊庄机场，贵州省气象科研所云物理研究室飞机人工增雨试验的机组人员、撒播人员、后勤人员合影

撒播云近观（5100 米）

撒播后 30 分钟

飞机试验的空中探测、作业指挥

1985 年 7 月 26 日，在贵州金沙—毕节一带的飞机干冰撒播试验

为准备迎接国庆 40 周年阅兵，1988 年 9 月，中国人民解放军空军气象学院老师们在人工影响天气飞机上工作

1995 年 3 月，第一次全国人工影响天气工作会议在北京召开，时任中国气象局局长邹竞蒙作了题为"加强领导和协调，提高人工影响天气科技水平，为防灾减灾做出更大贡献"的报告

1999 年，西藏开展人工增雨作业

2005 年，四川凉山发生特大森林火灾。四川省气象局组成现场灭火作业队伍，作业后出现不同程度的降水，为扑灭林火、缓解旱情起到了重要作用

2006 年 9 月 7—9 日，第三届中韩人工影响天气国际研讨会在北京召开

2006 年 6 月大兴安岭森林大火时，呼伦贝尔增雨飞机准备夜航进行人工增雨作业

2007 年，藏北无水草场首次人工增雪试验

2007 年 5 月 23 日，航天员刘洋（左四，时任空军 13 师飞行员）在兰州中川机场执行甘肃人工增雨机组飞行任务

2007 年 8 月，北京 2008 年奥运人工影响天气保障组在内蒙古自治区开展消云减雨试验

2008 年 7 月，为保障北京奥运，内蒙古自治区进行人工影响天气安全大检查

2008 年 10 月 5 日，南昌飞机增雨首飞成功，拉开了江西省大规模开展飞机人工增雨的序幕

2009 年 9 月，国庆 60 周年阅兵前夕，某航空兵师师长带领机群参加人工消云外场试验

2010 年 4 月 17 日，云南红河飞机人工增作业人员及机组人员在高空正在紧张地实施人工增雨作业

2011 年，江西牵头开展赣粤闽跨省（空域）作业，开全国之先河

2012 年 3 月 2 日，四川省政府派出支援云南抗旱人工增雨作业飞机。图为四川省人工影响天气办公室作业人员正在安装催化剂

2012 年 4 月 20 日，全国人工影响天气协调会议第四次全体会议在北京召开，时任中国气象局局长郑国光（中）作工作报告

2013 年 1 月 31 日，中国气象局沈晓农副局长（左四）视察青海省人工影响天气业务平台

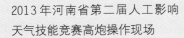

2013 年河南省第二届人工影响天气技能竞赛高炮操作现场

2014 年 4 月，军队国家级人工影响天气应急专业队赴陕西开展飞机增雨试验

2014 年 7 月 26 日，南京青奥会人工影响天气保障火箭作业试验第一次演练现场

2014 年 9 月 4 日，全国人工影响天气发展规划（2014—2020 年）评估会议召开

2015 年 10 月 12 日，空军某部运 7 机组抵达湖南芷江机场，开展飞机人工增雨作业

2015 年 12 月 7 日，首架国家级人工影响天气作业飞机落户东北

2016 年 4 月 11 日，河北省政府购买的"空中国王"增雨飞机抵达石家庄国际机场

2016 年 8 月 29 日，中国气象局矫梅燕副局长（左七）慰问成功完成 G20 杭州峰会人工影响天气保障工作的飞机作业人员

2017 年 5 月 5 日，内蒙古呼伦贝尔气象局组织在毕拉河火区开展地面人工增雨作业

2017 年 8 月 22 日，中国气象局宇如聪副局长（右四）调研北京人工影响天气综合科学试验基地

2017 年 9 月 21 日，中国气象局于新文副局长（左三）调研陕西省宁陕县人工影响天气中心

2017 年 10 月 17 日，中国气象局余勇副局长（中）在中国气象局人工影响天气中心工作调研

2010 年

2016 年

人工增雨助力石羊河流域生态治理。2010 年起，甘肃省气象部门在石羊河流域上游开展增雨作业，作业覆盖面积达 6000 多平方千米。2012 年，增雨作业 320 余点次，配合水利部门流域调水，为民勤蔡旗地区提前 8 年达到了国务院要求的治理目标做出了贡献

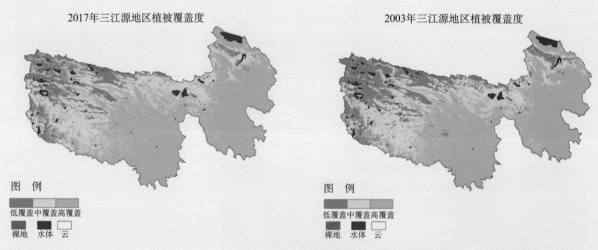

2017年三江源地区植被覆盖度   2003年三江源地区植被覆盖度

图 例   图 例

低覆盖 中覆盖 高覆盖   低覆盖 中覆盖 高覆盖
裸地 水体 云   裸地 水体 云

人工增雨助力三江源地区植被恢复。2017 年三江源地区植被覆盖度较 2003 年明显提高，其中高覆盖度、中覆盖度草地面积分别增加了 7929、7013 平方千米，低覆盖度草地相应减少 1.45 万平方千米

2018 年 4 月，中国气象局刘雅鸣局长（左五）调研陕西延安梁家河人工影响天气标准化作业点

陕西陇县民兵女子防雹连训练

中国新舟 -60 人工增雨飞机

新舟-60 高性能增雨飞机机载碘化银发生器，单侧最多可安装 20 根

2018 年 5 月 8 日全国
人工影响天气标准化
技术委员会换届大会

2018 年 6 月 2 日大兴安岭地区
人工增雨作业外场图

2018 年 6 月 3 日内蒙古呼伦贝
尔气象局在阿巴河火场开展现场
气象观测保障人工增雨作业

砥砺前行惠民生

——人工影响天气60周年回忆录

国家人工影响天气协调会议办公室
中国气象局应急减灾与公共服务司　　主编
中国气象局人工影响天气中心
中国气象局气象宣传与科普中心

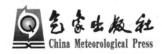

气象出版社
China Meteorological Press

内 容 简 介

本书汇集了对开创我国人工影响天气事业做出贡献的老一辈领导者、著名学者、首倡者、科技工作者的回忆文章，以及有关科研院所、高等院校、国家与地方人工影响天气业务与研究工作的回顾与总结，充分反映了我国人工影响天气工作艰辛的创业、曲折的历程，先行者的开拓奉献、勇于实践、艰苦朴素的精神风貌，前辈学者脚踏实地、造诣精深、无私奉献的高尚品德；回顾总结了我国人工影响天气工作60年来，特别是党的十八大以来的重要案例、发展经验，对科学谋划人工影响天气事业未来发展具有重大的启迪意义。

本书可供从事人工影响天气管理的各级领导和人工影响天气工作者参考。

图书在版编目（CIP）数据

砥砺前行惠民生：人工影响天气 60 周年回忆录 / 国家人工影响天气协调会议办公室等主编. -- 北京：气象出版社，2018.8（2018.12 重印）

ISBN 978-7-5029-6800-7

Ⅰ.①砥…　Ⅱ.①国…　Ⅲ.①人工影响天气—文集　Ⅳ.① P48-53

中国版本图书馆 CIP 数据核字（2018）第 148644 号

砥砺前行惠民生——人工影响天气 60 周年回忆录

国家人工影响天气协调会议办公室等　主编

出版发行：气象出版社			
地　　址：北京市海淀区中关村南大街 46 号		邮　　编：100081	
电　　话：010-68407112（总编室）　010-68408042（发行部）			
网　　址：http://www.qxcbs.com		E-mail：qxcbs@cma.gov.cn	
责任编辑：杨泽彬		终　　审：吴晓鹏	
责任校对：王丽梅		责任技编：赵相宁	
封面设计：楠竹文化			
印　　刷：北京中石油彩色印刷有限责任公司			
开　　本：787 毫米 ×1092 毫米　1/16		印　　张：24	
字　　数：400 千字		彩　　插：10	
版　　次：2018 年 8 月第 1 版		印　　次：2018 年 12 月第 2 次印刷	
定　　价：90.00 元			

本书如存在文字不清、漏印以及缺页、倒页、脱页等，请与本社发行部联系调换。

序言

　　我国是世界上自然灾害最为严重的国家之一，农业生产受干旱、冰雹、霜冻等灾害影响大，季节性、区域性缺水问题十分突出，生态安全面临严重威胁。发挥人工影响天气在农业抗旱、防雹减灾、生态保护等方面的趋利避害作用，成为适应我国国情的必然选择。

　　党中央、国务院历来高度重视人工影响天气工作，1956 年，毛泽东主席在最高国务会议上讨论全国农业发展纲要时指出："人工造雨是非常重要的，希望气象工作者多努力。"1958 年，我国科学家在吉林省首次进行飞机人工增雨作业。六十年来，从第一架飞机耕云播雨试验成功，到如今的人工增雨、人工防雹、人工消雾、人工消雨，我国人工影响天气工作在抗旱增雨（雪）、防雹消雾、森林草原防火扑火、增加河流水库水量、改善生态环境和保障重大社会活动等方面发挥着越来越重要的作用。国家把人工影响天气作为防灾减灾的有力手段，作为"三农"服务体系建设的重要举措，作为保障水资源安全的有效途径，人工影响天气关键技术不断发展，装备和基础设施不断升级，管理体制和运行机制不断完善，作业能力、管理水平和服务效益不断提升，为经济社会发展和人民群众安全福祉提供了坚实保障。

　　党的十八大以来，人工影响天气事业向高质量高效益发展转变。更加注重顶层设计，加快推进现代化业务体系建设，进一步完善综合监管体制。近六年来，全国累计实施飞机作业 6100 余架次、地面作业 29 万余次，增雨目标区面积约 500 万平方千米，防雹可保护面积达 50 万平方千米。加大东北、华北和西南等区域抗旱、人工增雨雪和防雹作业力度，有效减轻农业旱灾和雹灾损失；在青海三江源、甘肃祁连山、新疆天山等生态重点保护区和主要流域源头实施常态化作业，生态修复效果明显；多次实施人工增雨雪作业，为扑灭大兴安岭等地森林火灾做出贡献；完成了抗战胜利 70 周年纪念大会、G20 杭州峰会等国家重大活动保障任务。

面向新时代新要求，我们将深入学习贯彻习近平新时代中国特色社会主义思想和党的十九大精神，统筹推进"五位一体"总体布局和协调推进"四个全面"战略布局，牢固树立和贯彻落实创新、协调、绿色、开放、共享的发展理念，坚持需求导向、科技引领，坚持创新驱动、融合发展，坚持统筹规划、区域联合，坚持重点突破、全面推进，坚持依法规范、标准先行，不断推进新时代人工影响天气工作，进一步提升人工影响天气现代化水平、安全水平和质量效益，更好地服务生态文明建设、防灾减灾、乡村振兴等国家重大战略。

我们坚信，在习近平新时代中国特色社会主义思想的指引下，在各级党委政府和有关部门的大力支持下，在全国广大人工影响天气工作者的同心协力下，未来我国的人工影响天气事业必将实现新的发展，更好地满足国家需求和人民期望，为全面建成小康社会和美丽中国提供更为优质的服务保障！

刘雅鸣[①]

2018 年 8 月 17 日

---

① 刘雅鸣：国家人工影响天气协调会议召集人，中国气象局党组书记、局长。

CONTENTS 目 录

总结展望

产品研发

砥砺前行惠民生

——人工影响天气 60 周年回忆录

<<< 回忆纪念

顾震潮教授在中国云物理学和人工影响天气学科中的杰出贡献[*]

——纪念顾老师诞辰 85 周年

黄美元[①]　徐华英[②]

顾震潮先生是中国科学院大气物理研究所的第一任所长。他是我国很优秀、很杰出的大气科学家，是我国气象事业的功臣。他是我国天气学及天气预报、数值天气预报、云物理和人工影响天气、大气物理学科的一个主要开创者和奠基人。他是20 世纪 50 年代至 70 年代中国最优秀、最杰出的气象学家之一。他是在工作和劳累中英年早逝的，享年只有 55 岁，犹如"天妒英才"，使中国大气科学界遭受重大损失。三十年过去了，大家仍然念念不忘这位功勋卓著的科学家。真是：清明时节年年有，思念先生无尽时。

他在云物理学和人工影响天气方面的贡献可表述如下。

一、他是中国云物理学和人工影响天气学科的一个主要开创者

他积极、有效地在中国创立和发展了云物理学和人工影响天气学科。

① 黄美元（1934—2010），研究员。1956 毕业于北京大学，随后一直在中国科学院大气物理研究所工作。毕生从事大气物理学和大气环境研究，在云物理学、人工影响天气、酸雨成因、大气污染物输送研究等领域做出了卓越的贡献。

② 徐华英，1956 毕业于北京大学物理系气象专业，分配中国科学院大气物理研究所工作，曾任中国科技大学研究生院兼职教授（退休）。

* 本文引自 2006 年 8 月气象出版社出版的《开拓奉献　科技楷模——纪念著名大气科学家顾震潮》一书。

（一）他积极有效地参加了中国云物理学和人工影响天气研究和业务建立和发展的规划设计和实施。

1956年钱学森、赵九章两位著名科学家向中央提出在我国开展人工降雨的建议，得到了毛泽东主席的赞同。国家科委就成立气象组筹谋，以赵九章、涂长望、武衡为组长，顾震潮、叶笃正、谢义炳、程纯枢、徐尔灏、谢光道等参加，规划设计在中国建立和开展云物理学和人工降水的研究和试验。顾震潮教授是实际上的主持其事的人。

（二）他带领一批青年科技人员开始筹建南岳衡山高山云雾降水观测基地，研制了三用滴谱仪、含水量探空仪等云雾观测仪器。开始在南岳衡山上进行较系统的云雾降水观测，取得了我国第一批较系统完整的高山云雾降水资料，发表了一批很有价值的论文和研究专刊。

（三）他带领一批青年科技人员较全面地开展了云物理和人工影响天气的研究和试验。

（1）开展了我国云雾降水微观物理的观测分析和研究。

（2）开展了我国云雾降水宏观物理和雷达观测、分析和研究。

（3）开展了暖云降水理论的研究，提出起伏理论、薄云降水理论、盐粉最佳撒播理论等。

（4）开展了积云和中小尺度动力学的研究。

（5）开展了雷雨云和雷电物理的研究。

（6）开展了人工降雨试验（先后在甘肃、河北、安徽、湖南等地）及理论研究。

（7）开展了人工消雾试验（在北京、重庆、上海、合肥、南京等地）。

（8）开展了人工防雹试验（在北京、山西昔阳等地）。

（四）他在中国科技大学建立了第一个云物理专业，编写了第一份云物理学讲义，培养了一批云物理专业的大学生。出版了国内第一本云物理学专著。

二、他在云物理学和人工影响天气上做出了重要的学术贡献

虽然他全力从事云物理研究和人工影响天气试验前后只有十年，但他在这方面的学术成就是很突出的，贡献是很杰出的。

（一）1962—1965 年在他的直接带领下，研究组揭露和发现了我国云雾降水的一些重要微观和宏观的特征

通过高山云雾降水的系统观测和深入分析，首次揭露和发现了许多我国云雾降水的物理特征，如高山云雾降水的一些基本特征；锋面云系不同部位的云雾降水特点；云滴谱有双峰谱，云滴微观特征有起伏，雨滴谱有双峰及多峰现象，雷雨与阵雨雨滴谱有着不同的特征；山地夏季积云发展的日变化规律；积云发展的大气层结和垂直运动变化的特点；雷雨云发展的雷达回波特征等。

上述观测和分析研究结果，在我国都属首次，与国际上相比，也属先进，且有一些新的特点。

（二）1962 年他提出了云雾物理 15 个方程组

把云物理与大气运动联系起来，可以全面完整地研究云和降水的形成和发展。这套方程组相当于 20 世纪 90 年代的中尺度气象方程组加上了云物理方程组。他指出，此方程组目前还不能求解。但是他指出：一是可以先研究一维情况下云和降水的发展。二是进行参数化的数值模拟。这些科学思想和见解，很先进，很超前，很有远见。西方云模式的数值模拟只是在 1968—1969 年时才开始发展。

（三）1963 年他提出了薄云降雨理论

根据国内外的观测，云中垂直气流和含水量在时空上都有起伏。在顾震潮教授的领导下，经过分析和理论计算表明，在上述两种起伏条件下，有一些云中的大云滴可以生长得很快，而要求的云厚较薄，在暖性薄云中可以产生降雨，从而能解释云厚只有 1～2 千米的积云和层积云也能产生阵雨的事实，而云厚只有 4～5 千米的对流云可以降雹。

国际上著名的云物理学家 B.J.Mason 在 1970 年的《云物理学》（Cloud Physics）一书中也很重视薄云降雨问题，并提出了一些解决此问题的想法，但并未形成理论及进行具体计算。到目前为止，也未见有新的薄云降雨理论。

（四）1963 年他提出了人工降雨中盐粉最佳撒播方法的理论

当时（20 世纪 50 年代至 60 年代）国外主宰的暖云盐粉催化降雨的理论是小颗粒、小剂量、云底撒播方法的理论。国内人工降雨的试验表明，在一定的条件下，大颗粒、大剂量在云顶撒播盐粉也能取得明显的成效。这样，在顾震潮教授的带领下，发展了一维暖云人工降雨模式（云中上升气流、含水量等随高度有变化）。开

展了不同粒径、不同剂量、不同撒播部位的数值试验。结果发现，在一定的云结构条件下，存在着最佳撒播方法，其降雨效果和人工降雨效率达到最佳。不同的云结构，有不同的最佳撒播方法。除了在少数情况下，在云底下撒播小颗粒有较好的效果外，多数情况下在云的中上部位撒播较大颗粒更为有效。

这个理论新颖、全面而完整。现在虽然已发展有三维对流云模式，但顾老师的基本思想——即在一定云条件下，有最佳撒播方法——仍然有积极意义。

（五）1965年他提出了层状云和积状云降水粒子形成的三层模型

顾震潮教授根据一些观测和理论分析，在他的《云雾降水物理基础》讲义和书中，提出了层状云和积状云降水产生的3层模型。

对于层状云降水粒子的形成，他提出以下3层模型：

第一层	冰晶层	冰晶	主要是凝华过程，但不快 冰晶间碰并不多
第二层	过冷水层	过冷水滴 冰晶、雪	主要有 Bergeron 过程，很快 冰晶碰并和粘连，较多 冰晶、雪等凝华和并合，很快
第三层	水滴层	云滴 雨滴	雪等的融化 水滴的重力碰并，主要过程

他指出，实际中由于大气层结、上升气流等气象背景不同，1～3层不一定都有。具有不同层次，就产生不同的降水，如毛毛雨、小雨、中雨、小冰粒、雪等。

积状云降水粒子的形成，也可概括为3层模型，但积状云降水的产生有两点不同。第一，由于上升气流比较强，使得很大一部分冰晶不能在冰晶层中很快长大而落入过冷区。而落入过冷区的冰晶又一定是长得相当大的，因此，在过冷区对水面饱和下继续增长的重要性下降了。第二，在积云过冷层中含水量比层状云中要大，所以在过冷层中，冰晶与过冷水滴的碰并增长较快。而在水滴层中，由于积状云中上升气流和含水量均较大，在这层中重力碰并增长很快。所以积状云中可以产生大阵雨、霰和雹。

他全面概括了层状云和积状云产生的各种形状的降水：冰针、冻毛毛雨、毛毛雨、雪、米雪、雨、冰粒，以及大、中、小阵雨，霰，雹等。

他全面阐明了播种云与供应云之间的关系：播种云与供应云关系既存在于冷云中，也存在于混合云及暖云中。播种云与供应云的关系是相对的。第二层相对于第一层是供应云，但它相对于第三层却是播种云。第三层既可以产生暖云大云滴，成为播种云，又可以使大云滴迅速长成雨滴，所以这层又是供应云。

这个模型很全面、很完整地描述了层状云和积状云降水粒子形成的云结构和降水物理过程。在国内外文献中至今还未见到如此全面的降水云模型。

三、他对云物理和人工影响天气提出了精辟的研究思路

（一）云物理学和人工影响天气的研究，要从观测和试验入手，理论要及早跟上。

他非常重视外场观测和试验，要从实践中取得感性认识，要从实际中了解中国云雾降水和人工影响天气的情况、特点、问题和出路。

他从事云物理研究，首先他带领大家去研制仪器，开展外场观测、分析资料，从而了解中国云雾降水特点，寻找云雾降水发生的规律。

他从事人工影响天气研究，首先带领大家去现场（需要的地方）进行人工降雨试验、人工消雾试验、人工防雹试验，发现问题，总结经验，探讨新的路子。

在进行外场观测和试验的同时，他已经在考虑理论问题，把现象和经验提高到理论上来认识，用理论来指导观测和试验。

他研究思想的精辟之处是，理论研究及时尽早跟上！从观测试验到理论研究，其间隔不是长到几年，而是几乎是同时，最多落后 1～2 年。

（二）研究云物理，特别是研究降水物理过程，一定要把宏观动力学与微观微物理学紧密结合起来。宏观动力学是云产生降水的基础和前提，微观微物理学是具体描述降水粒子的形成和长大，所以只有把二者结合起来，才能了解和阐明降水产生的背景条件和云的结构及其变化，降水形成的过程，降水产生的粒子谱、强度和延续时间。

他提出 15 个云雾物理方程组，就是这种结合的体现。

他支持研究随机增长理论，薄云降水理论就是体现宏观动力场对微物理过程有重要影响。

他指出，带有参数化的云和降水数值模拟是很有发展前途的。把宏观和微观过程较好地结合的方法就是云和降水数值模拟研究和试验。要高度重视云和降水数值模拟方法的应用和发展。

顾老师的杰出贡献将载入史册！顾老师的精辟思想将惠泽后世！

王鹏飞先生对我国人工影响天气发展的贡献

李子华 [①]

一

1956 年钱学森、赵九章两位著名科学家向中央提出在我国开展人工降雨的建议，得到了毛泽东主席的赞同。国家科委成立气象组筹谋，以赵九章、涂长望、武衡为组长，顾震潮、叶笃正、谢义炳、程纯枢、徐尔灏、谢光道等参加，规划设计在中国建立和开展云物理学和人工降水的研究和试验。1958 年 6 月，王鹏飞在《天气月刊》发表《人工影响云雾》一文，将国外的技术介绍到气象部门基层台站，并着重介绍了自然降水机制，介绍了促使云中出现冰晶或较大水滴的方法。可见这篇文章为我国人工降水、人工防雹以及人工消（减）雨试验提供了理论指导和具体方法。1958 年 7 月 21 日，吉林省率先在我国开始了人工增雨试验研究工作，王鹏飞的论文对启发吉林省第一次用飞机干冰播云、减轻该年吉林省旱情及小丰满水库缺水困境、激发我国人工降水活动方面有推动作用。可见，王鹏飞是我国人工影响天气试验开创者之一。

二

20 世纪 80 年代，我国人工影响天气工作转入暂时消沉期。就在这一年，王鹏

---

① 李子华（1936— ），南京信息工程大学大气物理学院教授。1962 年毕业于南京大学气象系大气物理专业。一生除了教学和指导研究生外，科学研究主要做了三件事：一是对雷电和冰雹观测，二是进行人工降雨试验，三是开展了较长时间的雾的研究。揭示了气溶胶粒子、森林植被等因子对雾的影响。

飞在南京气象学院《气象教育与科技》第 3 期中发表了《天气导变学发展的讨论》一文，首先提出了"天气导变学"的新概念，第一次将"人工影响天气"的概念替换为"天气导变"的概念，推动人们对这门学科有更深刻的认识，指出这是一种以四两拨千斤的方法触发自然天气过程，使之向人们希望的方向进行。强调因势利导，讲究方式方法，有利于此门学科的发展。对业务部门应该坚持积极指导群众性的科学活动提出了建议。文章指出，"天气导变"是指虽然人的力量远小于自然天气演变的能量，但恰当的因势利导就能够引起强大自然天气演变向人们所希望的有利天气状况转变。这是一种引导过程，所用力量不大，而造成效果巨大，如人工降雨所用催化剂量都不大，可成雨后惠及的地区很广。文章还指出，科学部门应积极扶助各省、市、自治区的群众天气导变活动，通过科学地指导现场实践，提高我国天气导变的水平。

三

1990 年，国家气象局重新对全国各地人工影响天气研究开展指导，鼓励提高科技含量，这使各地人工影响天气活动再次获得活力。1990 年王鹏飞发表了《天气导变研究方向刍议》(《南京气象学院学报》13 卷 3 期）一文，赞同国家气象局的新措施，同时提出当前天气导变研究方面需要研究的各种问题：

（1）外部云结构探测模式化及失真问题；

（2）实验室结果难以应用到实际作业中的问题；

（3）数值天气导变模式在某些方面与实际天气导变作业的脱节问题；

（3）某些统计效果检验并非适合天气导变技术的发展，需要在理念上更新。

文章最后提出"进行云特征场分析是推进天气导变各方面研究的必要条件"的看法。强调"扩散场"与"环境场"的效果探测和结合分析。

1990 年以后，我国科学技术和经济快速发展，人工影响天气工作也迅速恢复，并在研究形式以及与地方经济的结合等方面都得到了良好的发展。

由以上几点可见，王鹏飞不仅是人工影响天气试验开创者之一，而且自始至终关心该项事业的发展。

四

王鹏飞先生在大气物理学和天气导变学方面的研究成果，在国内外享有盛名。

是他率领南京气象学院大气物理学师生赴安徽宿县等地进行人工防雹试验。此后，他发表了《云雾滴谱的降水机制研究》《冰雹云移动规律初探》《局部天气控制》等论文，1985年与郑国光、李子华、施文全等合作，在《气象学报》8月刊发表《双联四胚雹块的分析》。据不完全统计，他在南京气象学院期间，发表大气物理和人工影响天气的论文近30余篇，这些研究，有力地推动了我国人工影响天气试验工作。

此外，他还在《十万个为什么》的初版中大量增加人工影响天气的知识性内容，此后在主编《气象学词典》（1985年，上海辞书出版社）及《辞海》（1960—1999年）各种版本出版时，补充了许多人工影响天气的专业科学知识性词目和较易理解的释义。

五

1960年受中央气象局委派，筹建南京气象学院并主持大气物理系工作，他亲自编写教材，并给学生上课，他写的《大气光学》《大气声学》《大气电学》《高层大气学》以及《大气污染学简编》等讲义，不仅成为大学生的主要教材，而且对指导我国在这些方面的科学实践活动发挥了重要作用。在人工影响天气方面，他曾撰写《人工影响天气》讲义，《消雹的综合介绍》《云雾降水与人工影响天气》等教材，1980年编写了《云雾降水物理学》教材四册，分宏观部分和微观部分各两册，内容丰富翔实。其后微观部分改写为《微观云物理学》一书，由气象出版社出版（1989年），书中知识尤为人工影响天气工作者所必读。这本书多年来成为大气物理专业学生的主要教材。先前还翻译出版了《物理气象学》（科学出版社，1960年）和《云物理学简编》（科学出版社），以供专业研究参考。此外，他还直接指导了许多研究生，如郑国光、赵清云等。如今，他的学生中有许多已成为教授、研究员、高级工程师或气象行业的骨干。

几十年来，王鹏飞先生奋斗不息，耕耘不止，在科学研究和培养人才工作中，取得了丰硕的成果，为我国气象教育事业的发展、大气物理学进步以及人工影响天气科学的普及工作做出了突出的贡献。为表彰他在教育岗位以及祖国气象建设事业中的显著成绩，1985年南京市人民政府授予他"劳动模范"称号，1989年又荣获全国气象系统"劳动模范"。

我的人工影响天气探索与实践

郑国光 [①]

我国现代人工影响天气事业已经走过了 60 年曲折而不平凡的发展道路，几代科学工作者为此付出了艰辛的努力，造就并奠定了我国人工影响天气事业发展的坚实基础。此时此刻，我们深刻缅怀顾震潮、王鹏飞、黄美元、游来光、郭恩铭等已经故去的老一辈人工影响天气科学家，对仍在人工影响天气一线奋斗的老科学家们表示由衷的敬意！对今天人工影响天气事业取得的辉煌成就感到自豪！

从"被动选择"到"执着追求"

我是"文革"后恢复高考进入大学校门的七七级学生，被录取到南京气象学院大气探测专业。临近毕业报考研究生时发现，当时研究生没有大气探测专业，"被动选择"了专业比较相近的大气物理专业。正当我拿到录取通知书时，心里却高兴不起来，我被录取为赴墨西哥的出国留学生，国内指导老师是王鹏飞教授。首先是语言问题，墨西哥官方语言是西班牙语，我必须从头学习西班牙语；其次是学校和导师的选择问题，当时还没有互联网，我只好进城到江苏省图书馆、南京大学图书馆等查阅有关墨西哥大学专业和导师的资料。非常失望，墨西哥只有一所大学设置气

① 郑国光（1959— ），理学博士、研究员，长期从事云物理和人工影响天气科学研究和管理工作，曾担任全国人工影响天气协调会议召集人、中国气象局局长，主持过多项人工影响天气科研课题，并获得国家科技进步二等奖。

象学专业，找不到大气物理专业的指导老师。后来，经学校努力、教育部批准，我被改派加拿大，在联系加拿大多伦多大学 R.List 教授后，获知他当时正在瑞士日内瓦任职世界气象组织副秘书长。经他推荐，我被多伦多大学 R.Steward 博士录取为政府公派硕士研究生，研究方向是冰雹物理学。后来没有成行，师从王鹏飞教授，从事碰冻冰增长的实验研究。在李子华副教授等老师的指导和帮助下，克服种种困难，研制出当时国内第一个用于碰冻冰增长实验的风洞装置，研究成果发表在 1985年的《气象学报》上，还获得中国气象学会首届涂长望青年科技二等奖。我在完成自己硕士学位论文的同时，还承担指导本科生毕业论文的任务，指导陈飞、蔡庆梅同学（两人后均留学美国）完成了不同形状冰雹动力学实验研究，取得了当时国内该领域首次使用风洞和外场试验的研究成果，获得了南京气象学院科技进步奖。

1984 年 9 月，我获得硕士学位后，带着对人工影响天气事业的追求，赴当时开展人工影响天气科研与业务作业条件和基础比较好的新疆维吾尔自治区人工影响天气办公室工作，走上了我的人工影响天气实践与探索之路。

难忘的第一次人工增雪科学试验

我是当时新疆气象部门唯一的研究生，得到了各方面的关心和重视，也进一步坚定了我的人工影响天气事业心。1984 年 9 月我到新疆维吾尔自治区人工影响天气办公室报到后，接到的第一个富有挑战的任务就是临时主持新疆沿天山冬季人工增雪科学试验。参加试验的有来自中国气象科学研究院游来光、陈万奎等专家团队，吉林省人工影响天气办公室汪学林等专家团队，以及新疆维吾尔自治区人工影响天气办公室全体同志。参加试验的装备包括装有当时最先进的美国进口机载 PMS 粒子测量系统、两架伊尔-14 军用飞机（机号是 401、407）、天气雷达、系留探空和刚从日本进口的先进摄像机等，进行 6 小时一次加密探测的雪花取样、雪花显微观测，以及 60 多个站点的 20 分钟一次降雪量观测，组织这样当时国内规模最大、参加的专家层次之高、观测手段最全的人工影响天气外场试验，我的压力之大可想而知。在游来光、陈万奎、施文全、汪学林等专家悉心指导下，从设计到实施，从获取资料到分析资料，各个环节我都一一精心组织。那时，伊尔-14 飞机是开放的，高空飞行缺氧寒冷，既要克服缺氧、云中起伏颠簸等，还要在 -40～-30℃寒冷环境中记录飞行参数、操作观测仪器，播撒干冰，我当时很年轻，不怕吃苦，也不知劳累，曾一天上机飞行五六小时。那时地面气温曾下降到-29℃，我在雪地里观测取样两三小时，再与大家一起施放气球，一次观测下来累得满身是汗。记得 1984 年 12 月 1—2 日那次试验，我从飞机观测、系留气球观测、天气雷达观测到雪花取样显微观测等连续 36 小时没有休息。试验期间，与游来光老师每天一大早一起到民航气象台查看天气，手抄气象数据，手绘剖面图，晚上一起讨论数据处理分析；与机长一起讨论飞行航线，指挥飞行、探测，绘制飞行航迹图等。时任自治区党委副书记李嘉玉、政府副主席王素甫亲临机场看望慰问鼓励我们大家。

试验间隙期间，游来光、陈万奎等老师还为我们讲课。近两个月的外场试验，既紧张又活泼，大家在一起相互交流，相互学习，体现了人工影响天气工作者的事业追求和忘我工作、团结一致、不计较个人得失的奉献精神，这些往事至今仍历历在目，记忆我心。

致力于我国人工影响天气事业发展

1984 年冬天人工增雪科学试验总结，使我深深认识到，人工影响天气从理论到实践、从实验室到外场作业，需要加强科学研究，持之以恒地开展科学探索。

1985 年 5 月，我担任新疆维吾尔自治区人工影响天气办公室研究室副主任，组织全室同志加强理论知识学习、观测数据分析、研究成果讨论，先后申请了国家气象局云物理研究基金项目、国家自然科学基金项目、自治区科委科研项目。组织调研，启动云雾风洞实验室设计，购置新型 C 波段数字化天气雷达，进口先进的 PMS 粒子测量系统，以及机载碘化银播撒系统等，着力提高人工影响天气作业的科学支撑能力，着力减少人工影响天气作业盲目性，提高科学性。1985 年 8 月，赴美国夏威夷参加第四届世界气象组织（WMO）人工影响天气科学会议，以及国际气象学和大气物理学协会/国际海洋物理科学联合会（IAMAP/IAPSO）届会，交流研究成果，也有机会请教叶笃正、曾庆存、伍荣生、朱抱真等许多知名科学家，进一步增强了我在人工影响天气科学探索道路上的信心。

1986 年 5 月，我担任新疆维吾尔自治区气象科学研究所副所长，走上管理岗位，但并没有放弃在人工影响天气科学道路上探索，在人工防雹理论研究和外场观测验证、同位素分析在气象学中的应用、降雨（雪）电镜分析和化学分析在人工影响天气作业效果评价中应用等方面组织科研，取得了许多研究成果，在学术杂志上发表了 20 多篇论文。

1990年2月，国家气象局安排我作为公派访问学者赴加拿大多伦多大学，师从著名人工影响天气科学家R.List教授，从事冰雹物理学研究。同年9月，经国家气象局批准，我正式成为多伦多大学大气物理专业博士研究生，在R.List教授指导下从事冰雹增长风洞实验研究。1994年7月，完成了《冰雹增长热量和质量传输实验研究》博士论文，获得博士学位。后又在R.List教授指导下，继续从事冰雹物理学和人工影响天气科学领域博士后研究。

1995年11月底，我学成回国后，中国气象局安排我到总体规划研究设计室工作，尽管没能在国内科研院校专心从事人工影响天气科研工作，但对人工影响天气科学探索上仍孜孜不倦努力。1996年12月，我被评为研究员后，又先后在南京信息工程大学、中国气象科学研究院、中国科学院研究生院、北京大学等担任兼职教授，承担人工影响天气领域的讲课、科研、培养研究生等学术工作，还主持国家科技攻关科研项目，国家自然科学基金项目面上和重点项目，教育部留学基金项目人工影响天气方面的科研课题。

1999年7月，我担任中国气象局副局长，曾分管全国人工影响天气工作，着力从法规、科学等层面推进人工影响天气科学发展。2007年3月，我担任中国气象局局长和全国人工影响天气协调会议召集人，组织召开了全国人工影响天气会议，推动国家人工影响天气工程立项、全国人工影响天气基地建设、人工影响天气科学研究和队伍建设，成立了中国气象局人工影响天气中心，推进人工影响天气规范化管理、信息化建设、技术装备研发等，并在防雹抗旱、扑灭森林火灾，以及多项国家和地区重大活动保障中发挥了重要作用。

2016年年底，我离开气象部门，但仍心系人工影响天气事业发展。今年正逢我国现代人工影响天气60周年，写下此文，缅怀老一辈人工影响天气科学家，回忆自己在人工影响天气领域中科学探索与实践，以期待我国人工影响天气在新时代有更大的发展，造福国家，造福人民！

参与云降水物理学习和人工影响天气活动的初期回忆

许焕斌 [①]

人工影响天气活动自 1958 年以来，在我国已有了 60 年的历程，已撰写的大事记中列举了种种大事，现值纪念我国开展人工降雨 60 周年之际，我来回忆几点小事。

我是 1957 年 10 月从北京大学毕业的，毕业分配到中央气象局后尚未正式开始工作，11 月就被派送到北京东郊畜牧场果树队劳动锻炼。这里是个好地方，有真心关心和爱护青年知识分子的陆同文队长带队，有农事产业工人做师傅，伙食极好，0.15 元就吃一份海碗牛肉浇饭，劳动强度大消化快，每天吃饭都像在过年，身渐壮力更强，过着无忧无虑日子。劳动真是比学习痛快多了。

不料，辛辛苦苦栽的果树刚刚吐绿蓄蕾时，局里来了一位小同志孙学理要带我去北京俄语学院留苏预备部报到。我的第一感觉是"瞎开玩笑"，劳动锻炼刚刚起头，整队的人都在这，哪有这等事摊上我？拿起海碗就去打饭去了。我刚开吃，陆队长就说我道："你只顾自己吃，也不管给小孙买饭！快再去买饭！吃完饭就跟着他回局"。我这才醒过来，赶紧再去买饭。这时陆队长叫住我说："还等你买？我已买好了！"，我一看是一小碗牛肉加两个馒头。

后来才知道，1958 年在吉林的第一次人工降雨试验不是一个孤立、偶然的事

---

① 许焕斌（1935— ），总参谋部大气环境研究所研究员。1957 年北京大学物理系气象专业毕业，1958 年公派到苏联留学。1960 年回国后先后从事云雾物理、强对流云物理、人工防雹、对流云增雨、中小尺度天气动力学建立数值模式体系及模拟再现与云相关的一些特征现象等方面的研究。1996 年退休。

件。早在 1956 年就制定了一个 12 年科学发展规划，即《1956—1967 年科学技术发展远景规划纲要》（简称《十二年规划》），规划中就有云降水物理和人工影响天气的项目。该项目由地球物理研究所赵九章所长负责。派学生去苏联科学院应用地球物理研究所学习是其中的一个具体安排。在赵所长亲自填写的表格中，列给我的任务是学习云物理观测和野外雹云强对流云综合试验（俄文是 экспедиция，直译为探险队，实际就是野外综合观测队）。这一学习任务是分别在莫斯科应用地球物理研究所、纳尔奇克高山地球物理研究所和德尔斯考依探险队完成的。纳尔奇克和德尔斯考依位于北高加索，风景秀丽，是综合性地球物理研究基地，赵九章、顾震潮、赵柏林、周秀骥等老科学家都来过这里做学术访问或参加专题讨论会；所长费奥多罗夫院士经常来，一批著名科学家，如列文、古特曼等把家就安在这里。

当时是"大跃进"年代，驻苏使馆留学生管理处的要求是要把苏联科学院搬回国，虽然这不可能完全做到，但大家的热情是极高的，尽一切可能多学一些真本领的劲头还是很足的。

回国后做的第一件事，就到地球物理研究所参加由顾震潮老师领导的高山云雾观测研究站的筹建和运行工作。具体内容是：选址、建站、设计制造观测设备、编制观测方案和开展高山云雾观测。

其中有些事情是值得回忆借鉴的。

其一，顾震潮老师和请来的苏联专家苏拉克维力则（Г.К.Сулаквелидзе，高山地球物理研究所所长）领着我们作了一系列的考察分析，1960 年选址落在接近南岭的南岳衡山。云雾微观观测设在衡山气象站，周围还布设了宏观云观测网，为了具体选站址需要去实际考察地形。一次，顾震潮老师领着我们从南天门顺山脊北行，看哪个山头设站更合适，走了很远的路，我们看顾老师累了，请他留在当地等着，我们先前去看看，可是他不放心，非要亲自去不可。结果是饿累交加诱发低血糖，腿发软头出汗，出现休克先兆。把我们吓得赶快架住他急往回撤，赶到山口处的一个尼姑庵，尼姑一看说是饿的，赶紧把剩下的一小碗米饭用油（尼姑庵有香客上供的灯油）炒了炒给他吃，顾老师吃了几口就缓过来了。饭后还想再去，我就劝顾老师，"时已快近黄昏，不能再去了，低血糖症是会出危险的，你就听听我们的意见吧！"我还斗胆将了他一句，说："您是加了餐，如果再有人饿休克了，尼姑庵就没剩饭了。"顾老师这才同意改时间再安排考察。

建站的第二项准备是顾老师让张佑年和我来仿造滴谱仪。在高山地球物理所用的滴谱仪叫"Лаушка"（拉乌什卡），是一种风洞式的方条形障碍粒子惯性捕获器，是电动的，可连续取样。鉴于我们当时在野外观测中电力供应还难以保证，需要改成手摇驱动的，这就需要重新设计鼓风系统和调整结构参数。我负责气动力设计和云滴捕获系数的计算，张佑年负责机械设计，整机制造是由地球物理所附属工厂来完成的。很快在 1960 年末就制造出来了样机，经测试还挺好用，就造了几台。

当正式观测开始后，一有云雾天气，手摇滴谱仪常常是长时间地连续使用，由于齿轮用的钢是普通钢，又未做硬化热处理，所以齿轮磨损严重，观测前就得先作维护修理，张佑年没有上山来，我就成了维修工。好在修修补补总能拼凑出 1～2 台可用的达标滴谱仪，没有造成缺测。

后来，这种滴谱仪经过改进成三用（滴谱、含水量、盐核）测量仪，手摇式也升级为电动的了。

其二，1961 年春，衡山云雾观测正式值班工作。当时正值 3 年困难时期。生活十分艰难，炒菜缺油，我们就试着把观测完雨滴谱的含水蓖麻油加热除水、除味后来炒菜。由于蓖麻油会引起腹泻，我们就少量用，炒出的菜就香多了，吃起来很美味。后来所领导听说我们食用观测用过的蓖麻油，不但没有批评，还怕不卫生，就让我们食用原装蓖麻油来炒菜。

当时管生活的是庞金山同志，他是一名复员军人，很负责任。在山上工作人员的口粮需要背上山，这是很吃力的。所以顾老师规定每个人要把自己的口粮背上山，顾老师亲自带着我们下山背粮。这大大减轻了金山同志的负担，金山同志非常感激。有了粮，又缺柴。大家又添了一项任务，每人每月要砍一捆柴。赵燕曾（赵九章的大女儿）学会了砍柴可学不会捆柴，但她很要强，硬是把一捆松松垮垮的柴拉到伙房来。对她来说把柴拉回来比砍柴更费力！

其三，外场观测。作为气象工作者，首先要观察"老天爷"是如何来运转天气的。所以实况观测很重要，这是以理论、试验和模拟研究取代不了的。

每次有天气过程过境，顾老师就带着我去观测。当时没有什么仪器可用于云观测，主要是目测。顾老师边观测边给我讲这个现象意味着什么，那个云结构反映着什么样的动力框架，等等……一次观测下来他记录的是密密麻麻的半个笔记本，我的观测记录只是 1～2 页，惭愧之余，我就把顾老师的笔记本借来细细研读，加注释写心得，使之成为我做气象观测的样板。经过这样的观测训练，的确收益非凡，它增强了我的科学洞察力，也使我能看出一些文献中的真知或谬误。

60年过去了。人们期待的人工影响天气需求已多式多样，规模也达到了全球第一；当初的青年小伙已迈入耄耋之年。可是静静思索起来，一些关键科学问题依然需要攻克，业务发展尚存种种瓶颈。为此，奔放工作的热情不可凉，科学求实的精神不能减，艰苦奋斗的作风也不容丢啊！

我与人工影响天气

毛节泰 [①]

　　1956 年，我从上海市五爱中学高中毕业，考入了北京大学物理系气象专业。现在大家总觉得考上北大一定是什么高才生，其实未必，尤其是在那个年代。我高考的成绩其实不会太好（当年也没有公布高考的分数，所以分数也不知道），因我接到的通知书是说北京大学物理系物理专业的名额已经满了，气象专业仍有名额，如果愿意的话，可以录取到气象专业。当年对高考要上什么系实际上没有太多的想法。我们高三时，上海华东师范大学物理系的一批大学生到我们中学来教学实习，他们带我们去参观华师大物理系的实验室，看到那些五光十色的物理演示实验，使我对物理大感兴趣，因此高考就要报物理系。当时填志愿，第一个就是物理学，选了北大、南大、复旦这三所大学。现在说要上气象专业，好在还在物理系，那就去吧。

　　进入北大以后，大学生活还是十分丰富的。那一年我国刚刚完成了公私合营的社会主义改造，全国搞社会主义建设的热情异常高涨，国家通过了十二年科学发展规划，人工影响天气也被列在其中。为了适应科学发展的需要，我们这一届大学招生人数有了极大的扩展，气象专业招生共 150 名，带上转专业等其他途径，总人数比这还多。共分为五个班，我是在五班。由于是扩大招生，有许多在职的人员也来报考大学，称为调干生。我们班有相当多的调干生，他们的年龄都比我们大，有工作经验，

① 毛节泰（1940—　），北京大学物理学院大气与海洋科学系教授。1962 年北京大学物理系毕业，留校工作。中国气象学会大气物理委员会主任，全国人工影响天气科技咨询评议委员会主任委员。研究工作主要集中于大气光学和云物理学等领域，2004 年退休。

而我们这些直接从中学出来的人，在他们看来就都是小弟弟、小妹妹，很受关爱。

大学的学习生活比较规律，开始都是上基础课，因此日常生活的轨迹就是宿舍、教室和图书馆，周六东操场都会放电影，大饭厅有时还有舞会。我不会跳舞，但因为我一入北大就参加了北大的管弦乐队，因此在舞会上还有伴奏的任务，只能看人家跳舞。体育活动也是很受重视的，有一段时间，每天早上还集体做广播操，这主要靠当时担任我班体育委员的马振骅同学的热情，他每天早上准时会在宿舍里叫"懒鬼们，起床了！"，我们只好起来跟他一起做广播操。当然，每天下午去五四运动场的锻炼也是不少的。当时国家推行劳卫制体育锻炼标准，我体育不行，怎么练也通不过一级标准，但以后"大跃进"时要求全班都要通过，所以会采取一些非常规的办法，这就是后话了。但不管怎样，当年的锻炼对造就一个健康的体质是很有好处的。当年我们锻炼身体的口号是"锻炼身体，为祖国健康地服务五十年"，我基本上是做到了。

1958年，人民公社，全国开始"大跃进"。农村大搞水利建设，战天斗地。当时传唱的革命歌谣是"天上没有玉皇，地上没有龙王。我就是玉皇，我就是龙王。喝令，三山五水开道，我来了！"。在北大，"大跃进"是从红专辩论开始的，要又红又专，拔白旗。我接触到的科研"大跃进"则是从推广超声波技术开始的。当时传说超声波的应用是一种革命性的技术，会带动各行各业的技术革命，因此什么都用超声波去处理处理，看它会出现什么奇迹。

但对我来说，真正的科研"大跃进"是与人工影响天气工作相联系的。1958年气象专业从物理系中独立出来，成立了地球物理系。地球物理系有五个专业，我们在大气物理专业。经过几次组合和调整，大气物理专业有三个研究组：云雾组、近地面组和大气声光电组，而云雾组的建立就与国内当时开展的人工影响天气工作是对应的。

1958年，当吉林省飞机人工增雨作业成功的消息传到北大，还是引起很大振动的，在"大跃进"的背景下，我们当然也不甘落后。当年我还是学生，而且在学生中还是小字辈（班里的干部主要是调干生），因此很多具体的事并不了解。只是知道当时系里得到了一批苏联提供的飞机气象探测仪器的图纸，为配合飞机人工增雨，我们要研制飞机气象探测仪器。图纸提供的飞机气象仪有很多探头，包括飞机温度表、手抡式云滴谱仪、机载能见度仪、机载加速度计和露点仪等，我被分配在做露点仪。说实话，露点仪以前都没有听说过，也不知道其测量原理，周围也没有人可以请教，只能自己找书去看。那时有一本从俄文翻译过来的书，叫"非电量电测法"，里面有露点仪的原理，就成为我主要的参考书。但光知道原理是无法干活的，露点仪涉及光学、温度控制和测量等许多领域，对我说来实在是一无所知。但毕竟是没有科学基础的，白天黑夜地苦干了一阵，飞机气象仪都只做了一些部件，没有一台是可用的，只能是以失败告终。

这时国内有关人工影响天气的工作还是轰轰烈烈地在开展，中科院大气所、中央气象局热情都很高，北大和他们也多有合作。中央气象局在庐山建立了庐山天气控制研究所（简称天控所，所长沈洪欣），北大也参加其工作的。作为实习，北大地球物理系大气专业 55 级有一大批同学参加了该所的创建和最初的观测工作（图 1，图 2）。

图 1　来庐山实习的 55 级北大学生

图 2　烟炉试验最右边的是赵燕珍（北大 55 级学生）

1961 年，我们班的实习也是在庐山进行的，当时我们同学分为二组，一组在山上做云雾观测，一组在山下新子县做积云观测。我被分配在山下，主要用双经纬仪等观测积云发展。我现在已说不清当时双经纬仪是如何同步观测的，因为这个观测要求相隔几百米的二台经纬仪同时瞄准同一块积云顶进行观测，在没有手机等无线通信的条件下显然是很困难的。这种观测持续了几年，想尽办法要改进通信手段。后来 58 级的学生在庐山云雾所实习，在天控所研究人员指导下，秦瑜带着刘宝章和几个学生架设了几千米的电话线，两端用电话连接，实现同步观测，积累了一批数据。在北京大学编写的《大气物理学》（王永升等编，1987 年，气象出版社）一书中提到了这一资料（图 3）。从图中可以看到，对积雨云来说，它的体积会比较大，夹卷作用对它主体的影响不大，因此云可以发展得很高，云顶高度一直可以发展到13～16 千米，而浓积云和淡积云的高度就只有 5～7 千米和 2～4 千米，说明随着云体的减小，夹卷的影响逐渐在加大。这个结果是很合理的。

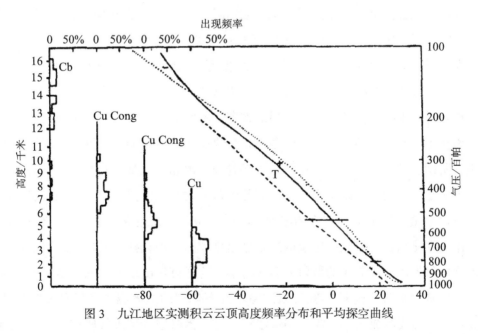

图 3　九江地区实测积云云顶高度频率分布和平均探空曲线

在"大跃进"后和"文革"前的调整时期，结合专业实验室建设，我们教研室的陶善昌、张铮、陈丕宏、杜金林等老师和各年级同学相结合，设计并制作了一批包括云室在内的云雾观测和教学实验设备。我清楚地记得当时做过一套测量水滴下落速度的实验装置（徐海等做的），这是用相距一定距离的二个感应环，先使水滴带一个电荷，然后让它自由下落，并相继通过这二个感应环。当带电荷的水滴通过环时会感应出一个脉冲信号，测量这二个脉冲信号的时间间隔，就可以算出水滴的下落速度。在这二个感应环下面放有涂着玫瑰精的滤纸用以测量水滴的大小。这个实验的困难在于如何保证水滴已达到其下落末速度了。按理论计算，在地面，从静止水滴开始自由下落，要经过十几米的距离水滴才能达到其下落末速度，但当水滴发生器放置到离感应环十几米的高处时，水滴下落过程中会受周围气流影响，难以瞄准这二个感应环（因为感应环直径很小，否则感应脉冲信号太弱，测不到）。当时实验室中也建有一个暖云室，在里面通雾以后，可以通过透明度仪观测雾的消散过程。作为对三用滴谱仪功能的延伸，杜金林把三用滴谱仪的小风洞改成电通风，并加入了一个热线含水量探头，这样就可以在高山云雾中连续地测量云雾的含水量。在"文革"后期，潘乃先、陶善昌等老师还研制了电传飞机气象仪，它安装在飞机上可自动快速地测量气温、气压、空速、湿度四个参量。后来他们又与吉林省人工影响天气办公室合作生产了一批，在当时人工降水、云物理研究和大气探测中起了一定作用。这些设备在很长一段时间中都在教学中使用。

　　人工影响天气研究工作很重要的一个课题是寻找经济有效的催化剂。在最开始时用的冷云催化剂是碘化银，对暖云则是用盐粉。但碘化银中含有银，是一种贵金属，在当时国家经济条件下还属于稀缺物资，不宜大量采用，因此寻找其他替代品就成为一个重要的课题。为了测试各种化学物质的成冰性能，广泛地运用了扩散型云室。所谓扩散型云室实际上是一个顶部开口的冰箱，底部冷却到-25～-20℃，而顶部因为是开口的，所以是室温，从底部到顶部就有一个温度分布。利用热电偶温度计可以测量云室中不同高度的温度。在做实验时，先通雾，使云室中充满雾滴，然后撒入催化剂，它们在一定温度层就会出现冰晶。用光柱照射时，从这个高度以下冰晶散射光比上部雾滴的散射要明显得多，这样可从出现冰晶的高度估测出这种催化剂的成冰温度。这种实验可以试验不同催化剂的成冰温度，但不能定量地测试成核率，而要测成核率，需要用恒温型云室。当时中科院大气所和中央气象局都在议论要建造恒温型云室，我不清楚当时教研室的领导是如何商量的，但就知道北大也要造，而且提出要建造能致冷到-80℃低温的恒温型云室，派张培昌带着李海华（大气专业55级同学）和我三个人到公私合营天津东侨电冰箱厂去做这个云室。当时是1959年，到处是共产主义大协作，因此我们到天津的工厂后没有遇到什么困难，厂里就组织老师傅和我们一起做这个恒温型云室，似乎也没有人问经费的问题。我们提出云室主体的大小、结构等方面的要求，师傅们就做具体的施工设计。在那个年头，电冰箱是医院和研究单位才有的重大设备，个人住家是没有的。东侨电冰箱厂也是作为医疗设备在生产电冰箱。当时电冰箱最低温度也就是-25℃左右，要做到-40℃已经很困难了，而我们提出要致冷到-80℃，实在是难以实现的，但当时大家都还很有决心，努力地想达到这一指标，当然，最后也没有达到，云室的建设工作也就终止了。但不管怎样，北大地球物理系有关催化剂的研究一直是保留下来了，尤其是由于张铮老师的努力，即使在"文革"动乱的环境下也没有完全停止，做了不少工作。

1959年赵柏林先生从苏联回来后，就为我们开设了云雾物理的课程。赵先生的课，不仅讲授云物理学的基础知识，还把当时国内外所有有关云物理研究和实验的进展都给我们做了介绍。当时国际上云物理和人工影响天气的研究也正处于高潮，新的知识极为丰富。课程用了两个学期，共120学时，可见其内容之丰富。根据秦瑜的回忆，1962年毕业后他当了赵柏林先生的助教，接到两大本赵先生的云雾物理的讲义。那时候云物理学并无合适的中文教材，当年赵先生确实钻在图书馆里翻译了大量的文献，作了详细的笔记。这些用蝇头小楷整齐书写的十多本笔记，现都由赵春生保存着。当时赵先生给秦瑜谈他的任务时说，由于时间紧迫，他已经把能收集得到文献相关内容都综合到这本讲义中去了。但他感到有的文章是有毛病的，有些是作者搞错了，有的是排版错了，因此让秦瑜把能找到的文章都阅读一下，能推的公式推一下，算一算，发现错的改过来。后来还真发现有的文章是有错的。"文革"后期任务转了，赵先生把云雾课交给秦瑜承担。面对"工农兵学员"，原来的讲义不完全适用，秦瑜就在赵先生原来讲义的基础上做了较大的修改和增补，后来就以"云雾物理学基础"报计划到农业出版社（当时还没有气象出版社）出版，算是第一本国人自编的云雾物理学教科书。当时秦瑜手头参考的赵先生的讲义是书写在每页400字的方格稿纸上，工整的、毫无涂改的文稿。由于交稿时间紧，他住的那间不到10平方米的小屋实在容不下他这第四者开夜车，只能在北大物理楼五楼实验室住了好一阵，每天晚上睡在实验桌上，这才赶出来交了稿。在出版时又遇到署名问题，当时就报上一个集体编写的署名。现在回想起来，赵先生给的那份手稿，如此工整，说明他其实已有出版的准备，不过赵先生一点也不去争这个名分，倒是现在想起来都让大家感到有点遗憾和愧疚。

在这以后的若干年中，赵柏林先生对云物理和人工增雨的基本理论做了许多研究工作，先后发表了关于冰雹成长的机制（1963年）、雨层云人工增雨的可能性-非封闭系统的冰水转化问题（1963年）、冰晶生成的机制和干冰球的蒸发（1964年）、关于水滴变形和降落速度（1964年）、自然云中的冰水转化过程（1965年）等一系列论文。赵柏林先生这些工作主要是理论方面的，但他也是亲自参加试验观测的。在苏联进修时，赵先生亲自登上高空飘移气球做云内观测云滴电荷测量，取得了第一手的资料。秦瑜的毕业论文就是在周秀骥的指导下做云滴电碰并的数值计算，其结果是用赵先生测量的云滴电荷分布结果对比，两者是相一致。

我们在北大上大学共六年，到1962年才毕业。大学最后一学期是做毕业论文，我和秦瑜都被分配到中科院大气所，我跟顾震潮先生做论文，秦瑜则跟周秀骥先生。顾老师给我的题目是处理衡山观测的云滴谱资料。我利用他交给我的一批云滴谱观测数据，按规定做了捕获系数订正，再计算出其含水量，并做了统计分析。在我国人工影响天气工作的起始阶段，顾老师在指导云物理研究和人影[1]作业方面是起了十分关键作用的。他领导大气所的团队做了许多重要的工作，而且对北大等单位也给了大力的支持和指导。顾老师非常重视观测工作，他领导大气所的科研人员研制了不少云物理的观测设备，就我知道的有通过地面天空辐射测量云总水量的云总水量仪、利用气球升空观测的云含水量的云含水量仪等，但最重要的还是高山云雾站观测用的手摇式云滴谱仪。该仪器用手摇方式转动一个风扇，使采样风洞中空气达到一定流速。云雾粒子随着气流在风洞中运动，碰撞到采样板上会留下印痕，用显微镜读取这些印痕的大小和数量，再经过捕获系数的订正，就可以算出云滴谱。当年大气所用这种设备在泰山、恒山等几座高山站云雾中都进行过观测，得到了我国云微物理特性的宝贵资料（当时飞机上也有用从苏联引进的手持式滴谱仪做云滴谱的观测）。这种设备后来得到了改进，成为三用滴谱仪。大气所曾批量制造了10台三用滴谱仪，并且按顾老师的意见，把质量最好的2台送给了北大（何珍珍告诉我的），足见顾老师的崇高风格。目前我们实验室中还留存有1台，虽然已经无法用来观测了，但却也是对那个时期云雾研究很好的留念（图4）。

---

[1] 人影，人工影响天气的简称，全书同。

1962 年暑期，我们毕业了。我和秦瑜被留在北大地球物理系大气物理专业任助教。秦瑜在云雾组，跟赵柏林先生，我在光声电组，跟李其琛先生。李其琛先生在开拓我国大气光声电教学和研究方面也是起过重要作用的，他所编写的《大气光声电讲义》，是至今广泛应用的《大气物理学》（盛裴轩等，2004，北京大学出版社）一书中相关

图 4　三用滴谱仪

内容的基础。李其琛先生与大气所顾震潮先生有非常好的关系，经常去大气所和顾先生讨论问题，有时也带着我一起去。当时顾先生、周秀骥和大气所许多人都在研究起伏条件下云滴的增长问题。他们考虑了云中垂直速度、水汽密度和过饱和度等参数起伏对云滴凝结增长和碰并增长的影响，得到了重要的成果。在这些理论计算中，都假设这些起伏量满足正态分布，其方差取一定的值（例如水汽密度起伏的方差为其平均值的 1/3 等）。但问题是云中参数的起伏是否满足正态分布，其方差是多少，国内外都没有观测数据，因此他们商量是否能先在地面雾中做一些观测。李其琛先生就和我一起研究制作一套雾中起伏量的测量装置。我们假设雾中的起伏，对粒子大小没有影响，只造成雾滴浓度的起伏，这样就可以通过测量雾的透过率起伏或散射光强度的起伏来测量雾滴浓度的起伏。由于透过率测量所用的光路较长，它将高频的起伏都平均掉了，因此它只适用于测量平均值，而某一个角度散射光则没有空间平均问题，可以用来测起伏。按照这一思路，我们搭建了一套用于雾中同时观测透射和前向散射光的设备。因为要测散射光，强度比较弱，要用光电倍增管。当时可以买到从苏联进口的光电倍增管，但高压电源、放大电路等都要我们自己制作。当时电子线路都是用真空管做放大，我虽也学过无线电课，也有过课堂实验，但真要做出能拿到外场观测的仪器，还是力不从心。好在这时教研室有杜金林老师，他的无线电技术十分高明，帮我制作了所需的电子线路。测量雾中起伏另一个困难是数据如何记录，我们希望能测量周期为一周的起伏，按采样定理，一秒钟要读二个数，必须有自动记录的仪器才行。当时系里有从苏联进口的八线示波器，它用光学方法，可以把八路电流信号记录在同一电影胶卷上，最高响应频率达 10

周，原则上是可用的。但当起伏信号记录在胶卷上以后，大量胶卷的冲洗、读数给后续计算工作带来了巨大的工作量。1964 年初，我和杜金林带着所研制的系统到重庆沙坪坝气象站做了观测，后来又到庐山天控所做过观测，并取得了一些资料。利用这些资料计算了雾滴浓度起伏的方差和结构函数等参数。这些结果由李其琛先生成文并送《气象学报》编辑部，但可惜很快就进入"文化大革命"，《气象学报》编辑部停止工作。当时编辑部曾把原稿寄回了北大，但后来在"文革"动乱中给丢失了，而且那些原始资料，包括胶卷和读数的记录也都丢失了，所以这个工作没有留下任何结果。但当时我们的确为了研究云中起伏对云特性影响做了一些工作。

1966 年 6 月 1 日开始"文化大革命"，我被从昌平农村调回学校，当时我们在昌平大东流公社参加"四清"。"文化大革命"先是大串联，后是江西干校。1970 年以后要复课闹革命了。北大从 1970 年开始招收第一批"工农兵学员"，以后地球物理系在 1973—1976 年都招收了"工农兵学员"，我们教员也从干校撤回来了。有了学生就有安排生产实习问题，去各省参加增雨和防雹作业就是实习的重要内容之一。当时北京市气象局在延庆县开展高炮防雹作业，在延庆县靳家堡有防雹站，在佛爷顶上有一台 711 雷达，另外还有不少高炮点。连续好几年我都带着同学到这些站点参加防雹作业。我们在那里用滤纸取雨滴谱，也研制过测雹板，想测雹谱。我们也在佛爷顶用 711 雷达对雹云进行观测，但当时因通信困难，雷达观测的雹云资料不可能实时地传送到防雹站，因此并不能用于指导防雹作业。在防雹季节，靳家堡防雹站最主要的工作是每天的冰雹预报。每天早上，通过长途电话我们可以接收到北京南郊的探空资料，然后就要做这一天是否可能有降雹的预报。这一预报是很重要的，因为确定当天不可能降雹，则炮手就可以下地去干农活，否则他们只能在村里或村子附近干一些话，否则雹云来了，无法把炮手及时召集起来，防雹作业就出问题了。这一预报首先是听北京市的预报，再看当天的探空资料，看大气中不稳定能量，经常用温度-对数压力图点温湿廓线来分析。这时已听说有一维定常积云模式，可以从探空资料计算这种不稳定能量，还能算出云中含水量和上升速度分布，所以想若能把这种模式用于冰雹预报应当是有帮助的。因此就动手编写了一个一维定常积云模式的程序。从 1958 年"大跃进"开始，北大就在造电子计算机，但到 20 世纪 70 年代末，学校里可供我们应用的就是一台 6912 机。这台机器的运算能力号称每秒钟 10 万次（现在我们任意一个 CPU 它的运算能力都超过 10 亿次），具有

128 千字节的内存，可同时运行 2 个作业（能多道运行当时算是很先进的了）。因为没有磁盘，也就没有什么操作系统，但北大自己开发了一种编程语言，使用户的编程得以极大化。这个编程语言类似国外的 Basic 或 Fortran，但所用符号都来自中文拼音，如分支语句用 "#RU.....#ZE..... #FZ.... #ZZ" 等。我们用北京市气象台 1964—1975 年 6—7 月每天早上 07 时探空的资料用这个模式做了计算，并结合同期延庆县降雹实况进行分析。计算结果用点聚图过滤法试做冰雹预报，找出预报指标。对所计算的 12 年 7 月份的 403 天历史资料，总概括率为 80%，降雹日概括率为 71%。除了这个模式以外，教研室的盛裴轩老师又把模式发展为二维和三维的积云模式，取得了很好的结果。另外，在更早的时候，秦瑜老师也和胡志晋老师合作开发了一个层状云的模式，这些都属于我国早期云模式的研究工作。至于带学生开展云物理观测的实习，除了在延庆外，还参加过河北、吉林、黑龙江等省的飞机人工降水作业和观测，也去吉林长白山做云物理观测等，但这是其他老师带的，我没有参加。

20 世纪 70 年代末到 80 年代初，我国人工影响天气工作有一个低潮，虽然防雹工作没有完全停止，科研工作却减少了不少。这段时间在北大，除了张铮老师一直坚持开展关于催化剂性能研究工作外，其他有关人影的研究工作开展不多。直到进入 21 世纪后，我由于参与中国气象学会大气物理专业委员会的工作，这个委员会要组织每年年会的分会场，还有每四年一次的全国人影会，才和各省人影办①的联系逐渐加多，因为这些活动都离不开各地气象局和人影办的支持，否则是什么都办不成的，这种情况一直延续至今。

---

① 人影办，人工影响天气办公室的简称，全书同。

我与"人影"的几个故事

夏彭年 [①]

10 年以前，我写过一篇文章《内蒙古人工影响天气史料》，登载在《中国人工影响天气事业 50 周年纪念文集》。分阶段罗列了 50 年里与人影有关的事。但是有"影"却无人，见物不见人。眼看其中有些人相继远去，再不追记，便会无影无踪。所以趁这 60 年之际，将自己尚未忘却的事记下来，将自己尚未答完的题讲出来……

第一个故事：1959 年上庐山

1959 年早春 3 月，我们一行 15 位北大地球物理系大气物理专业三年级的学生，在董成泰率领下，携带行李和仪器，借道武汉，乘江轮抵九江，在夜色朦胧中上了庐山。接我们上山的中央气象局观象台的郭恩铭同志，他在上年冬天已来到庐山，做了大量的技术准备工作。北大大气物理专业自 1958 年云雾班开办以来，自制和仿制了多件云雾研究仪器和设备，如碘化银气雾发生器、含水量仪、滴谱取样仪、大气透明度仪、小型扩散型云室、小型风洞……这回长途跋涉、肩扛手提，全都随我们上了庐山。

1959 年 3 月 28 日，庐山天气控制研究所正式成立。沈钟老师代表北大地球物理系出席成立大会。研究所由沈洪欣同志具体领导，郭恩铭同志是技术总负责人。这一天，大家都很兴奋，晚上聚餐、舞会，平时不喝酒、不跳舞的同学都开了戒。

[①] 夏彭年（1937— ），内蒙古自治区气象局高级工程师。1961 年北京大学毕业。获全国科学大会优秀成果奖 1 项，国家科技进步二等奖、内蒙古自治区科技奖多项。1997 年获自治区科技兴区特别奖。享政府特殊津贴，曾为自治区政协 7 届、8 届常委、自治区政协教科文委员会主任。2003 年退休。

4月初，云雾梯度观测、地面人工降雨试验、小云室实验相继开展。学长鄞大雄率领熊光莹、江祖藩和我以及江西省气象局的5位同志开赴南昌洪都机械厂，利用该厂生产的安-2飞机及机场，开展飞机人工降雨试验。主要试验对象是浓积云，催化剂为盐粉和盐水。飞机上装有温度计、含水量计及手动的云滴取样器。都是我们参考文献自行仿制。飞行员都是厂里的"试飞员"。艺高人胆大，出入浓积云毫无惧色，只回头嘱咐一声坐稳了，便带我们深入白茫茫、黑乎乎的云山，含水量仪指针急速摆动，我们也东倒西歪。由于无力设置足够密度的雨量网，更无测雨雷达，效果分析无法进行。工作之余，我们几个大学生"现买现卖"，把上学期刚学来的专业知识讲给江西省气象局的同志们听。我们在南昌度过了一个名副其实的夏天之后，重上庐山。我参与了云雾的梯度观测。庐山多雾，平均2天不到就有一个雾日。我们的居所日照峰，上下就有极好的梯度观测点。此外含鄱口到湖边都是好测点。云雾组的四位女同学杨淑芳、冯志娴、赵燕曾和张晓霁曾多次涉足那里。用手抽式滴谱仪定点定时取样。样片都能及时处理，为庐山天控所积累了首批宝贵的云雾资料。更为辛苦的是地面组。以男生为主，记得有蔡启铭、陶善昌、朱雨、李绍来，还有江西省气象局的5位年轻人，还有一位女生张瑞莲。他们挑着担、背着粮，跋山涉水，追云烧烟。他们在含鄱口"心想烟升处，坐看云起时"，他们遍访每个山头，阅尽庐山秀色。他们曾夜宿汉阳峰、五老峰，耳听泉水响，伸手摘月亮。有时为了到云下烧烟，山上山下来回跑（汉阳峰是庐山最高峰，海拔1600米）。他们吃的是从老乡地里买来的土豆。为了了解烟核上升轨迹及估计扩散范围，他们在几处试验地多次施放平衡气球，用双经纬仪进行流线观测。在庐山会议期间，也未停止试验。最惊人的是用气球吊着碘化银炮杖到云中爆炸，爆炸声曾惊动过保卫人员。地面人工降雨试验共进行40次，其中有9次效果比较明显。有一天，《庐山日报》登出《庐山人工降雨成功》的报道，谢老（觉哉）闻讯还赋诗一首，以资鼓励。地面组进行人工降雨、消雾、造雾三种目的的试验，用过5种催化剂，试得较多的是将含樟脑或碘化银的酒精溶液喷射到木炭炉燃烧，产生的气溶胶，靠上升气流扩散至云中。为了弄清这种燃烧生成物的催化机理（是成冰核还是凝结核）做了大量的粒子尺度谱分析、冷云室成冰阈温测定。云室组有董成泰、张铮、李海华。他们还研制了暖云室。通过测量透明度的变化，推测试剂催化作用的大小。

我们一边工作，一边学习。主要是自学。10月，李其琛老师来到庐山日照峰，给我们系统地讲授了大气声学、大气光学、大气电学和无线电气象学。12 月 15 日苏拉克威利赤教授在顾震潮教授陪同下来庐山。给我们介绍苏联的云物理研究和人工降雨、防雹情况。12 月开始各组交流。每个组都详细报告自己的工作,通过提问、讨论,收获颇丰。

自 1959 年 3 月上山,1960 年 1 月下山,我们在庐山天气控制研究所历时 10 个月。临别前合影留念,恰遇云雾迷罩,久久不退。于是便架起烟炉,喷洒碘化银酒精溶液,很快便烟消云散。抢拍成功。也算给自己服务了一次。

这次长时间实习之后,1960 年夏,江祖藩和我又参加了北京市飞机人工降水作业。由观象台、中科院地球物理所、北大地球物理系和北京市气象局联合进行。外场由地球物理所的潘怡航指挥,记得还有巢纪平。使用催化剂是干冰和盐粉。飞机临时抓,停在首都机场的客机,哪架有空哪架执行任务。若是晚上有降雨天气,我们便在贵宾候机室暂歇。看来这次任务来头不小。我原以为这是北京市最早的飞机人工降雨试验。但很快就被同学纠正。北京市飞机人工降雨应该是始于 1958 年暑假期间,气象局观象台和北大气象专业合作在北京搞的两次作业。飞机从北京西郊机场起飞,到云中播撒干冰。北大参加的人有沈钟、霍宏遏、张均和丁民仆等四人。

第二个故事:内蒙古自治区防雹工作中的奇思妙想

讲人影中的故事,一定要说一说内蒙古自治区防雹骨干的故事。他们个个能吃苦、会动脑,干实事、擅公关,将内蒙古防雹工作干得扎扎实实,有声有色。他们都是我的好友。和我年龄相仿但大多英年早逝。今天补述一下他们对事业的贡献,以志纪念。

(一)1962 年自治区在巴彦淖尔盟组建"梅林湾消雹试验站"。在王干元、杨务本等骨干的努力下,将五花八门的防雹工具改进,定型为"礼花炮"和"二十响"两种。并在总结群众经验的基础上,提出了识别雹云的顺口溜和"三打三不打"的作业方法。对早期自治区爆炸法防雹的发展起到积极作用。在一次全区防雹会上,王干元讲到,在陕坝镇(杭锦后旗所在地)东 2.5 千米处有座铁塔,塔尖上装有避雷针,1964 年 7 月 19 日这天,积雨云移到此地后就不动了,下了倾盆大雨,周边其他地方未下或下得很小。此后,突发奇想,在他们试验站以北 15 千米的狼山山口——杨桂口两侧高处竖立铁杆 9 根,想看一看雹云的表现。立杆工程于 1966 年 9

月竣工。结果在1967—1972年的六年中，消雹站只降过一次小雹，而且，这次雹云不是从杨桂口出来的。这一现象引起了与会者的兴趣，其中就有察右前旗气象站的南文祥。

（二）南文祥敢闯敢干，于1973年7月在乌兰察布盟的磨子山区山脊突出部分，竖立了25根引雷铁杆，每支杆长13米，构造与避雷装置相仿，顶上连接一个三叉形铜制接闪器，通过6根铁丝以及铁杆接地。引雷区东西长10千米，南北宽2千米。经过一个夏天的考验，得到如下结果：

1. 引雷区20平方千米内发生9次雹灾，相当于以往14年受灾次数的总和。受灾面积累计8.4万亩[①]，是以前14年年平均的3倍。

2. 7月19日以前，引雷区是每次雷雨的低值区，竖铁杆之后成了雨量的高值区。

3. 雷雨日数增加。

4. 土壤含氮量增加。

5. 引雷区及其附近冰雹比其他地方大，积雹厚。8月2日、9月8日两次降雹最为严重，引雷区的南沟、赵家山等地及山顶降了乒乓球大的冰雹，积雹5寸[②]厚。而其他地区雹粒姆指甲大、积雹一寸厚。

6. 在引雷区20平方千米以外，同处一条雹线的其他大片地区，降雹次数，受灾面积明显减少。雹线表现为变宽缩短。

这不就是想要的结果吗！当年冬天，我在南文祥的陪同下，翻山越岭，实地调查。与干部、老乡、放羊娃座谈多次。看法极为相似。他们说，以往下雹子云头低、风大，立杆之后打雷多了，晚间常看到杆顶放电火花，云围着不动，云头变高了、风小了。山顶上雹是引来的。

不料，这最后一句话决定了此项试验的命运。第二年（1974年），引雷区又遭遇较为严重的雹灾。受了灾的老乡坚定地认为，这么多的降雹都是铁杆子引来的。于是第三年（1975年）雹季来临前，铁杆子统统被拔走，一根不留。

1978年南文祥被借调到内蒙古气象研究所，继续上述工作。选择土默特左旗陶思浩乡一前晌村北边的大青山山脊，架设引雷杆。但当地老乡不接受，立起来的铁

---

① 1亩=1/15公顷，下同。
② 1寸=1/30米，下同。

杆不久就被拔掉。研究所领导见此情景，只得作罢。

（三）1971 年第四季度的某日，多伦县气象站的孟志春跟我闲聊时谈到，他曾在学田地大队的小山（300～400 米高）上对层云打炮，看到打炮后云中有气团连续不断地向上翻滚。但是用礼花炮打雾，变化不大。我说，可能雾薄，炮弹穿过了云顶。建议他用地面爆炸试试。随后他照此做了几次，让炸药在山沟底部爆炸，出现了雾顶起伏现象。他将实验结果写进了总结。1972 年 1 月顾震潮教授来我所考察，见到了这份总结。当场建议重复此项试验。于是我和孟志春在多伦招聘了几名知识青年，由当地科委出资，于 1973 年 10—11 月在二道沟林场继续此项试验。遇两次晨雾，贴地爆炸后均出现雾顶隆起现象。之后又连续 5 年在深秋季节重复试验，证实爆炸对雾的动力扰动明显，还可触发过冷雾滴的冻结。许焕斌对此亦颇感兴趣，曾做过理论研究。

（四）另一位干将叫朱少英，他在乌兰察布盟防雹办公室工作，曾任主任一职。乌盟最早的一份防雹效果分析出自他手，在建设乌盟防雹基地和筹建全区高炮检理、维修队两项工作中都立下了汗马功劳。但我要讲的却是下面的故事。

1973 年公布了重庆 152 厂生产的"三七"炮弹的成核率，说明它不能满足催化法防雹过量播撒的要求。既然如此，高炮与土炮一样只能是爆炸法防雹的工具。区别只在于前者爆炸点高、威力大、比较安全。为了证实这个推想，我们想找一片足够大的区域。对比 0 克 AgI 与 4 克 AgI 的防雹效果。当与会的多数盟市防雹办主任尚在犹豫的时候，朱少英表示愿意承担这个试验项目。于是从 1980 年开始，自治区专门预订 0 克 AgI 炮弹 3000 发专供乌盟磨子山区防雹使用。至 1992 年，经过 12 年试验对比，可以肯定地说带不带 AgI，防雹效果无差别。如果这个结论可以被接受，该为国家节约多少银和碘！

（五）说说内蒙古自治区气象科学研究所在防雹领域的所作所为。1975 年全区人影的管理工作交由研究所代管。工作伊始，组织了 3 次防雹调查，从中发现问题梳理后逐个解决。从那时起建立冰雹档案，鼓励盟市防雹办积累强对流天气综合探测资料。

1973 年我所在呼市地区进行"三七"高炮防雹试点。1974 年购置了 711 测雨雷达，探索雷达识别雹云的指标，指导呼市地区的防雹，结果较好。减少了对雹云的误判，可节约炮弹 15%。高炮防雹，发展很快。到 1986 年全区已有 141 个高炮防雹点和 8 部 711 雷达。炮点上相继配置了无线通话设备。为了保证安全，硬性规定每个炮点必须具备两库一室（炮库、专用炮弹库和值班室）和两证一卡（炮手培训上岗证、高炮鉴定合格证、作业记录卡）。同时组建两支专业队伍，对高炮检定、维修。这些工作都是尹柏年和邸进宝带领各盟市防雹骨干历经千辛万苦干出来的。为了稳定防雹队伍，保证在整个雹季都有炮手在炮点值班，他们又大力推广包头郊区共青农场"以炮养炮"的经验（在炮点附近划出一片土地给炮手综合经营，增加些收入）。鼓励各盟市用 711 雷达指导防雹。要求他们在强对流探测中认真积累资料。1986 年全国第九届云物理和人工影响天气学术交流会在呼市召开。给自治区人影的发展注入了活力。开启了防雹工作的新里程。表现为：

适时地提出和规划"防雹示范区"建设。目的是将炮点各自为战的旧体系转变为雷达统一指挥下炮点联合作业的新体系。示范区开始仅一片，后来扩建至 4 片，到 1992 年已增加到 5 片。

由尹柏年主持的"多信息综合识别雹云的研究"开始部署。在乌盟玫瑰营防雹基地安装了光电记录仪和声频记录仪。经过 4 年努力，成果颇丰，获得自治区科技进步三等奖。其中雷达综合指标识别雹云的准确率提高至 88.5%，光电信息识别准确率达 94.7%，拉磨雷的声频谱特征明显，为进一步研制雹云的声电识别仪器提供了依据。

第三个故事：我的未完成记录

1. "-8～-2℃云中有效催化剂的研究"课题组于 1985 年完成的研究成果 IS-5，虽然仅仅获得了内蒙古自治区科技进步三等奖，但仍是我心中得意之作。1946 年以来，干冰和碘化银一直是公认的有效催化剂。干冰是致冷剂，在它表面-40℃温度区间内，水汽中的多分子水成为冰晶核，吸附水汽而成冰；而碘化银的成核率与负温密切相关。因此很自然地想到，利用干冰的低温和高度过饱和提高碘化银的成核率！特别要提高-8～-2℃温度下的成核率，因为在这个温度区间往往是云中过冷水的富集区。为此进行了多次实验，试图将二者结合，但是冰火两重天，就是结合不起来。眼看结题期限快到，正在焦急万分之际，南京大学张瑞莲推荐上海生产的一种管状电炉，令人豁然开朗。在我所小工厂（自治区科委投资，为科研单位服务）配合下，很快就将设想实现：利用可控管状电炉产生的高温（取 850℃）将纯 AgI

汽化，经射吸管引流与液态二氧化碳产生的低温高湿高速气流同时进入合成室，产生干冰与碘化银的黄色合成物，这便是 IS-5。第二个难题便是成核率的测定。在张铮主持下，我所解永红等 3 人用北京大学地球物理系云室，耗时 1 月终于测得结果：在 -8～-4℃的云室温度时，成核率 5×10^{12} 至 2×10^{13}/ 克。但是据电子显微镜测定，每克碘化银分散于干冰中的粒子数高达 10^{14} 至 10^{15}。其中 0.5～0.05 微米的粒子数占比 22%～55%。由此推算 IS-5 在 -8～-4℃的云中，成核率可以达到 10^{14}/ 克。第三个难关便是播撒器。我所小工厂白师傅心灵手巧，仅用二十多天时间就按要求做出了样机。它类似于压面机，第一次滚压成条，第二次对切成形。可生成边长为 2 毫米、4 毫米、6 毫米三种规格的立方体。撒播速率 0～5 千克 / 分可调。作业前 1 小时，我们就开始制备 IS-5，每个钢瓶能生产 5 千克，其中包含碘化银 50 克（也可以增加到 150 克，视需要而定）。我们一般带 20 千克 IS-5，可播撒 2 个作业区。最后一个难关是贮存问题。同干冰一样，放在广口保温瓶中的 IS-5，只能保存 5 小时。由于贮存问题至今没有解决，无法工厂化生产，所以难于推广。只留下两条启示：①它的研制思路可以广泛应用于其他非银冷云催化剂，只要它可以高度分散。除了干冰，也可以与液氮等致冷剂结合；②也可以不和致冷剂直接结合，只要在入云之前先经过一段低温高湿的"走廊"，也可能提高催化剂的成核率。

2. 想用最笨的办法解决最难的问题。这里，最难的问题指人工增雨效果的客观检验。大家都做过用滤纸收集雨滴样品的工作吧，但是想过没有，要是使用碘化银催化，其中有些雨滴斑点中必然存有碘化银微粒。要是有一种灵敏度极高的仪器能把它们一个个找出来，然后分别处理含银斑点与不含银斑点两组数据，前者便是人工增雨部分，后者纯属自然降水部分。当然这里还存在雨滴降落过程中碰并造成的误差。如果将效果检查网中的每个测点每个时间点的雨滴谱都作这样的处理，那么人工影响的时间、范围和强度都能客观地分析出来。最大可能增雨量就能算出来。但是关键问题是这样灵敏的分析仪器至今尚未找到。

3. 1987 年 6 月中旬内蒙古大兴安岭北部原始森林因雷击着火。这是继 5 月黑龙江森林大火之后的又一次牵动全国上下的大事。国家气象局指派吉林、黑龙江的降雨飞机前来支援（连同空军派出的 2 架和自治区的 1 架共 5 架），指派游来光、王守荣、王广河等 7 位专家前来指导。邹竞蒙局长亲赴一线视察，田纪云副总理 21 日早上作战前动员。使士气更加高涨。当听说第二天就有可降雨天气时，五个机组争先恐后表态要早飞、多飞。这种情势下，游来光和我都意识到如果集中在一个作业区走马灯似的连续播云，结果很可能是云消雨散，适得其反。为避免这种可怕的结果发生，我们将 5 架飞机分散在两个作业区：北区靠近火场，在它的上风方 30～50 千米，南区较远，在火场上风方 60～100 千米，并规定了 3 种催化剂（干冰、碘化银和 IS-5）的总用量以及播撒速率的范围。22 日，5 架飞机有序地在两个作业区播云。齐齐哈尔的两架军航飞机依次去北区，海拉尔的 3 架飞机执行南区作业任务。当第一架飞机 9 时多飞抵南区（满归北侧）时，高层云已布满天空，低层伴有层积云，但云中尚未出现降水。9 时 41 分开始播撒 IS-5，云迅即发展。20 千克 IS-5 很快播完，10 时左右上下云层合并。在北区（西林吉镇西侧）作业中的飞机报告有结冰，10 时 05 分观察到云中降水，此时已播完干冰 45 千克。中午时分，北区浓积云密布，南区的高层云中也有积云发展，致使飞机颠簸加剧，作业人员呕吐不止。但他们心里明白，飞机闯入了增雨潜力较大的云区！一定会下喜雨。实际情况果真如此。在满归以北包括火场在内的 25000 平方千米地区普降喜雨，其中火区及其周围 5500 平方千米区域内降了中到大雨，而在影响区以外，51°N 以南地区降雨量都在 3 毫米以下。而且这次降雨中心恰好在满归作业区下风方 60～100 千米，与催化剂扩散后高浓度中心相吻合。之后，"双区播撒"多次用于森林扑火。但"远区"的设计已演变为"过量播撒"，想让冰雪晶慢慢长大，到火区刚好落下。但实际操作中，"远区"只是近区播撒量的 2～3 倍，从未超过 4 倍，也取得了较好的效果。如果逆向思维，双区或多区催化也可应用于消云减雨，此时的"近区"真正应该过量撒播了，不过同时还应"炮响雨落"，将云中已经存在的准降水物清除。

　　上述问题的后续研究没有进行，包括两个云区催化效果的物理检验和数值模拟。所以又是一个未完成式。只能寄希望于当今英才。现今的研究条件已大为改善，那些梦想中的探测仪器都有了，经费支持力度、学历层次都已今非昔比……到底还缺什么呢？

催云播雨增友谊

——广东人工增雨代表团援越抗旱纪实

作者：陈桂樵[①]　整理：广东省人工影响天气中心

在半个世纪前中越两国"同志加兄弟"的岁月里，我曾参加广东省人工增雨代表团赴越南民主共和国支援抗旱，给我留下终生难忘的回忆。

一项履行国际主义的任务

1960年3—4月，广东省气象局在海南岛进行大规模的飞机人工增雨，缓解了全岛旱情。1960年5月初，正在为越南北方大旱忧虑的越南国家主席胡志明，从我国《人民日报》中得知海南人工增雨取得成效，通过外交途径向我国提出，请广东省派人工增雨专家前往越南进行人工增雨，协助抗旱。胡志明主席亲自提出要求，我国政府非常重视，指示广东省委办好这件事。省领导决定，由省气象局派专家组，刘铁平局长任组长；由广州民航局派一架"里-2"型专机同专家组一起到越南执行人工增雨飞行任务。气象专家小组成员有资深天气预报工程师余汝南，负责高空作业指导的易汉屏和我。广州民航局从飞行大队选派一批骨干组成专机小组，机长朱天秀，副驾驶胡大川，领航长朱国奎以及报务员和机务员共8人。两组合共12

---

① 陈桂樵（1933.7—2012.10），1970年至1973年上半年，主持广东省人工增雨试验研究工作。1993年7月离休。1989年参加国家重点科研课题"珠江三角洲灾害天气预报研究"攻关并主持其中第六专题组，作为主要完成人之一，获中国气象局科技进步二等奖；1991年获广东省人民政府农业技术推广一等奖，并获特殊奖励。

人，组成代表团，由刘铁平团长统一领导。

5月中旬刚过，人工增雨代表团从广州白云机场启程，飞越"友谊关"，进入了越南领空。过不多久，看到著名的红河三角洲，它将是我们催云播雨的"战场"。

"胡志明主席请来的客人"

18时许，我们专机在越南首都河内的国际机场降落，受到热烈欢迎和相当高规格的接待。

图1　广东人工增雨代表团专机抵达越南河内，在机场受到热烈欢迎，前排从左至右：越南气象局阮阐局长、广东人工增雨代表团刘铁平团长、中国驻越南大使何伟

当代表团走出机舱时，越南国家气象局局长阮阐先生站在欢迎队伍的最前面，向代表团招手致意，到机场迎接的还有我国驻越南大使何伟同志。

代表团抵达河内第三天，胡志明主席在百忙中安排出时间接见代表团全体成员，何伟大使率领我们代表团去见胡主席。

图2　胡志明主席接见广东人工增雨代表团，胡志明左为阮阉局长，右为刘铁平团长，何伟大使

图3　胡志明主席在接见广东人工增雨代表团时与专机飞行员亲切握手

　　胡志明主席听取了有关飞机人工增雨试验介绍后，非常恳切地说："搞好这次人工增雨试验，一要靠天时；二要靠地利；三要靠人和。"这个重要指示，为中越合作开展人工增雨试验指明了方向。

不打无准备之仗

图 4　刘铁平团长率代表团访问越南国家气象局，受到越南朋友夹道欢迎

我们代表团到达河内第二天，就拜访越南国家气象局，由我方余汝南同志介绍广东人工增雨试验情况。

图 5　刘铁平团长在气象局欢迎茶会上讲话。照片右边第一人是作者

当时广东所用的催化剂是盐粉，实践表明，只要抓到有利天气，作业时机和作业方法适当，在自然降雨和人工催化共同作用下，对缓解旱情会起一些作用。越南气象局的天气和气候专家们，分别介绍了本季节的天气与气候特点，以及当前越南北方农业受旱情况。

这次会商解决了试验业务上的主要问题。人工增雨作业区以红河三角洲为重点；所需盐粉的生产和运输由越方负责联系解决；撒播小组由越南国家气象局选派并指定负责人；临时组建预约航空天气报告和危险天气报告。越方建议人工增雨专机在作业地区进行一次试飞，让有关领导和人工增雨有关工作人员乘坐专机作一次亲身体验。我方当即表示同意。在试飞那天，我们试验组的同志，在飞机上向客人现场讲解哪些云适合作人工催化对象和如何进行撒播作业等。

打响人工增雨试验"头一炮"

我们盼望了好几天，机会终于到来了。5月下旬某一天，我们的天气预报专家余汝南第一次发布人工增雨天气预报，要求抓紧做好准备工作。次日早晨，全体参试人员吃完早餐就集合乘车到河内国际机场做好准备工作。飞行员到机场调度室着手各项飞行业务事宜，专机的机务和地勤人员对飞机进行安全检查和加油。作业人员将一袋袋盐粉装进机舱，余汝南同志做出临近期（1小时）作业区人工增雨天气预报。

当天上午，河内上空云层密布，云层在不断变化，临近中午，机场东南方上空出现一片底部特别灰暗的云区。经验告诉我们，这就是正在发展中的浓积云的底部。余工发出了准备起飞命令，大家连午饭也顾不上吃，就立即做好起飞最后准备。随着一声"起飞"命令，我们的专机迅速飞上天空，揭开了人工增雨试验的序幕。

飞机盘旋上升，穿越密密的云层。顿时，在前方发现正在发展旺盛的浓积云，它像一个巨大的冰山飘浮在白茫茫的云海之中。它就是

图6　首次试验，专机飞到云海上面，就看到巨大的云山，它就是我们催化的目标

我们要捕捉的目标，此时大家心情都很兴奋。朱天秀机长稳重地驾驶着"银鹰"向雪白云山飞去，临近云的中上部，立即开始撒播作业。始初，作业高度为3000多米，但过了一会，由于云中对流十分强烈，云顶迅速上升至5000～6000米，形成结实高大的云柱。我们的"里-2"型飞机爬不到此高度，只能在约4000米高度上，尽量贴着上升气流区的云墙边缘来回撒播，利用湍流将盐粉带入云内。此时，地面传来消息，"作业区开始下雨了"。不久，又传来"看见雨区闪电打雷了"。大家都忍受着气流造成的颠簸，以极其兴奋的心情，完成了大约40分钟的播云催雨作业。在飞机返航途中，我从机舱向外望去，只见先前进行作业的方向，有一道灰黑色的"雨墙"，从云底连接着地面。

本架次试验，从起飞至降落，飞行了约两个小时。当全体高空作业人员走出机舱时，在地面工作的同志们都已来到停机坪，与空勤人员握手道贺。正当大家畅谈作业情况之际，刘铁平团长宣布一个振奋人心的消息："胡志明主席给我们代表团打来电话，祝贺首次人工增雨试验成功"。

本次试验，作业区及其下风方下了中至大雨，个别站点的雨量约40毫米，对于局部缓解旱情起到一定作用。

中越"银鹰"合力战旱魔

首次试验虽初见成效，但也提出了新问题。受旱的农业区面积辽阔，仅靠一架飞机执行人工增雨任务，对缓解旱情的作用仍很有限，特别是有大范围天气条件出现的时候，靠一架飞机去执行任务就忙不过来，会因此而失去一些作业的有利时机。于是，越南政府决定由越南空军派一架"里-2"型军用运输机，加入人工增雨试验。

越方做出这一决定，表明这次为支援抗旱而开展的飞机人工增雨试验，已得到越方决策层的认同，为扩大人工增雨试验工作创造了更好的条件。我方代表团领导根据变化了的新情况，对团内两名负责高空作业指导工作的成员重新分工。易汉屏同志仍在中国机组，我则派去越南空军机组指导作业，直至全期试验工作结束。组织上这个决定，对我来说可能会遇到一些困难，但我坚决服从，并有信心完成任务。

在中越双机作业的一个多月中，双方各飞行作业20多架次，每次出现有利天气，中越双机就轮流升空。如遇大范围天气，分头出击，扩大作业区域，这样效果就特别明显。记得在 6 月下旬一次锋面低槽天气系统大范围影响越南北部，这是一次很利于人工催化加大增雨的好机会。中越两架飞机共作业了 4 架次，红河三角洲普遍降雨，有些地方还下了中至大雨，取得较明显效果。

在越南首都河内上空的一次人工增雨表演

进入 7 月，越南北方的旱情有所缓和，加上热带气旋首次在中印半岛登陆，带来了一次普遍降雨。中越双方一致同意，结束这次人工增雨试验。

正当我们代表团准备回国的时候，越方突然要求在首都河内市搞一次飞机人工增雨表演。对越方这个提议，我认为要在指定的某个局部地区搞飞机人工增雨表演，是很难办得到的。如无有利作业天气，让飞机在晴空中作业毫无意义。当有利作业的天气时，适宜作业的云层也不一定在河内市上空。然而，我们代表团的领导非常冷静地对待这个问题，认为不论碰到什么困难，我们都不应拒绝。于是决定答应越方，选择一次适宜的天气，在河内市上空搞一次表演性的飞机人工增雨试验。对此，我们有了充分思想准备，欣然接受这次对我们一个多月来飞机人工增雨试验的"不是考试的考试"。

进行表演的那天，中越双方有关人员都事先到河内国际机场待命，"天老爷"似乎很帮忙。河内市周围地区都无自然降雨。天空既阳光灿烂，但又有局部的对流性积云出现。试验工作完全按照以往的正常程序进行。试验预报发布后，越南国家气象局与机场保持着热线联系，以便随时了解试验动态。

午后 14 时左右，河内市上空出现了两块相互独立的浓积云。一块在市中心上空，另一在红河对岸的国际机场附近上空。决策层决定选择市中心上空的那块作为催化目标。由参与抗旱人工增雨试验的越南空军机组驾驶他们的"里-2"运输机担当表演重任。我原先是中方派往该机负责高空作业指导的，代表团领导决定由我登机和他们一道共同执行。

起飞命令下达后，我们肩负表演重任的"银鹰"迅速飞离跑道，在万众注目下，在市区上空盘旋上升，很快到达 3000 米以上的高度。在保证安全的前提下，实施穿云作业。催云播雨一开始，飞机就在 3000 多米高从积云中上部入云撒播，遇到较为明亮的云泡也直接穿越并适当加大盐粉撒播量。经过几个来回穿梭撒播作业，飞机前窗的水汽反应明显变浓，水滴增大，打在玻璃窗上啪啪作响，预示云中降水已形成。飞机就转飞云外，一边爬高一边绕云撒播，直到作业结束。此刻，只见云底下已出现一个直径约 2 千米的雨区，雨幡自云底直达地面。虽然雨区的范围不算大，但它却清楚地告诉人们，这次催云播雨试验表演成功了。而在红河对岸的那块没有催化的浓积云早已烟消云散。承担试验任务的飞机返回机场降落后，我提议派车搭载中越双方有关人员，即时前往作业区查看降雨情况。经过沿着雨区实地观察，双方一致认定，雨面积虽然不大，但它从市区一直延伸到郊外。

增添了中越人民的友谊

随着"表演"的胜利结束，援越抗旱的飞机人工增雨试验才圆满地画上了句号。在过去近两个月的时间里，国家气象局、农垦部、军队、民航、工业、交通、电信以及承担接待的服务部门等许多单位，都曾为这次飞机人工增雨做出了贡献，但他们当中很多干部职工，甚至高层领导人，过去都未亲眼看见试验情况，他们要求"做"给大家看看，是可以理解的。这次成功的表演，使许多关心试验的人士，对我们所做的工作有所了解，增添了中越人民的友谊。

图 7　人工增雨代表团回国前，越南国家农垦部和气象局，为欢送代表团联合举行盛大招待会。越方在会上向代表团赠送锦旗。左一是越南农垦局局长

图 8　越南艺术家在会上表演文艺节目后，刘铁平局长与她们握手表示感谢

中国广东人工增雨援越代表团返国前，越南国会长征主席在国会大厦接见了我们代表团全体成员。国会副主席兼国家气象局长阮阐先生夫妇为代表团举行了家宴。国家农垦部和气象局联合举办了盛大的招待会，会上越方一位领导人向中国广

东代表团赠送了锦旗，艺术家们表演了精彩的文艺节目，所有参试部门的代表和在台前幕后参与过试验工作的人员欢聚一堂。一位曾到中国留学又在这次试验中为我们当翻译的阮先生，向我透露了一个"秘密"。人工增雨表演那天，越南政府有关部门的领导都站到楼顶上观看。气象局事前还在市区布设了10多个雨量筒，等着收集雨量。结果，有部分雨量筒收集到雨量，另外一部分则无雨量。雨量最大的超过6毫米，气象局所在地也有1~2毫米。这与我在空中看到雨区不大是吻合的。无疑，这是"不是考试的考试"的最好答案。

图9　人工增雨代表团乘坐中国民航专机回国，以阮阐国会副主席为首的数十位越南朋友到机场热烈欢送。图为中越双方在专机前合影留念

图10　数年后越南政府给广东人工增雨代表团每个成员，颁发了友谊奖章（右）和荣誉证书（左），以表彰他们为越南经济建设所做的贡献

7月中旬我们代表团回国，以国会副主席兼气象局长的阮阐先生为首的领导人，全程负责安排我们代表团的接待工作的局办公室主任阮先生，一些气象专家，以及为试验工作服务不辞劳苦在飞机上担任撒播工作的朋友等共数十人，到机场欢送我们，并在我们专机前集体合影留念，浓浓的友谊气氛，彼此依依不舍。

若干年后，越南政府又给援越人工增雨代表团每个成员颁发了友谊奖章和荣誉证书，以表彰他们曾为越南社会主义建设做出过贡献。

忆林西人工防雹试验

李子华　（南京信息工程大学大气物理学院）

1974—1979 年，我在辽宁省气象科学研究所工作。1975—1978 年，领导派我去林西县，负责辽宁设在那里的人工防雹试验。

林西县原是昭乌达盟的一个县，当时归辽宁省管辖，现已回归内蒙古自治区，属赤峰市。

我带着一个试验小组，跟随着雷达车（711 型），走了三天才到达林西。那时路况很差，雷达车开得很慢。实验基地设在林西县城边的东山上，另设两个"三七"高炮点，一个设在林西镇西北 10 千米的和平大队，一个设在林西镇南 15 千米处的十二吐公社。

东山盖了几间草房，一个办公室，一间宿舍，还有厨房，雷达放在山顶上。当时辽宁省气象局抽调了十来个人，有预报员、报务员、雷达观测员，还有放探空气球的人员。每天一早收报，绘天气图，上午要做出有无冰雹的预报，放探空气球的人，每天早晚需要放气球。人员组成相当一个小气象台。参加我们防雹试验的还有中科院林业土壤所（现名生态所）崔启武等 2 人，中国科学技术大学姚克亚等 2 人。有一段时间地震吃紧，我们就在山头上架起帐篷，晚上睡在里面很放心。

山上没有外人，仅住着我们搞试验的人。山上没有水，我们靠驴拉水，因此山上水很珍贵。我们每年 5 月上山，10 月下山回沈阳。在这半年的时间里是无条件洗澡的。当然确认无冰雹天气时，可下山找池塘洗澡。我们请了一农民做饭，吃的多是粗粮，但县政府对我们很关照，专批了一部分白面，每隔几天可改善一次。农民对我们也很友善，常给我们送些蔬菜，有时还牵来一头羊。他们说不要钱，但我们还是设法给人家钱的。山上生活虽苦，但大家都很愉快。无危险天气时，我们组织学习，我负责给大家上数学课，还有一位参加我们试验的中科院林业土壤所的同志给大家讲英语课。晚上大家坐在炕上打扑克，谁输了，脸上贴块小白纸条。有时候，我们还与林西县气象局同志在一起搞联欢活动。

试验期间，我们还接收了北京大学一批来实习的大学生（段英等 5 人）。我们组织他们参加试验点的各观测项目。有空时，还组织他们学习，给他们讲课。

及时识别冰雹云，对于适时作业，搞好防雹具有极大的现实意义。"711"雷达是我们观测雹云的主要设备。为了观测的准确性，我曾请南京大学葛文忠、叶盘锡两位老师来试验点，帮助我们做雷达校准工作。我们利用"711"雷达在这方面做了大量的观测研究。结果表明，识别冰雹云需要综合地考察一些因子，其中有定量的，如回波顶高度、负温区厚度和回波强度等；还有不定量的，如回波的外形结构及其演变规律等。我们利用多因子相关法，建立了定量的综合指标（李子华，《大气科学》，1979 年）。结果表明，这个指标使用方便，准确率和可靠性都比较高。

四年中，我们在林西观测到 33 次冰雹过程。多为弱单体、多单体雹云，还观测到 4 个超级单体雹云，占 12%。对弱单体、多单体雹云作业，都获得了不同程度的效果，但对超级单体雹云作业，效果都不理想。林西县除我们设的两个高炮点外，各公社大队还设有土火箭和炸药包，冰雹云到来时，全面开火，在夜晚可见到天空火光一片。即使这样，对超级单体雹云也无济于事。1975 年 7 月 25 日 14 时 30 分，林西正北八号大队上空先后生成了两块积云回波，17 时合并后，形成钩状回波，紧接着，地面出现了强烈降雹，大的如鸡蛋，使农田受到严重灾害。对这个强雹云，我们两个炮点发射"三七"弹 400 余发，和平炮点炮击后，从和平炮点往南十余千米路径上降了小雹，受到轻微灾害。但是雹云移到十二吐公社时，十二吐高炮连发 200 余发炮弹，与此同时，乒乓球和鸡蛋大的冰雹降落下来，使得全公社 5 万余亩庄稼遭绝收灾害。这件事使我们意识到，过量播散方法对超单体雹云进行减雹可能是不适用的。不同类型的雹云，应该试验不同的人工催化方法，而不能简单地采用一种不变的向累积区播散催化剂的方法。

"7·25"雹云在强烈发展之后，一个陆龙卷在它前方出现，上粗下细的漏斗形灰色云柱由雹云底直伸到地面，防雹高炮对准漏斗状云柱与雹云底衔接处轰击，连击 40 余发炮弹后，漏斗云由上而下很快消失，生命期大约 10 分钟（昭乌达盟气象局人控科，《气象》，1976 年）

"7·25"过程之后，26 日晨，农民在干河沟中发现一块特大的"冰雹"。最长边 59.4 厘米，高 39.6 厘米，厚 14.9 厘米，重约 30 千克。解剖之后，水平分为三层，层与层界限分明，一面透明，另一面和中间层不透明，内含大量米粒大小的气泡。果真是天上掉下的大冰雹吗？王鹏飞先生研究结果指出，它既不是天上掉下来的，也不是地面固有的，而是由第三种途径产生的，即"原料来自天上，工厂建在地面"。这是一种迄今为止未曾定名的天气现象，我们将它定名为"巨凇"。我们在 1980 年《南京气象学院学报》第 1 期发表了《"巨凇"形成机制的探讨》一文后，又写了《"大雹"乎？"巨凇"也！》一稿，对前文作了补充说明，并在《气象》1982 年第 2 期刊登。这两篇文章在防雹研究者中引起了极大的兴趣和争论，许焕斌在《气象》1982 年第 4 期发表《对"大雹乎？巨凇也！"的进一步探讨》，对我们的判断提出了异议。我们认为许焕斌的看法有助于问题的深化，有利于得出更符合实际的结论。经过深入的研究，我们又写了《再论"巨凇"的形成》（《气象》，1982 年第 6 期）。由《探讨》一文的启发，进一步讨论了形成巨凇的空中条件，提出了 CTR 区的理论。这件事表明，通过大家的讨论，甚至争论，有助于对科学问题认识的深化。

人工防雹试验期间，我们对冰雹云进行连续的雷达观测外，还组织过一次超级单体中垂直气流结构观测（李子华，《南京气象学院学报》，1981 年第 1 期）。1976 年 8 月 31 日在飑线上发展一个超级单体冰雹云，它以 50～60 千米 / 小时的速度由西北向我们移来。雷达已观测到无回波穹窿，这是上升气流最强的区域。为了探测云中的垂直气流结构，我们在一个小时内释放了两个大小完全相同的探空气球。第一个球于 14：50 施放，大约距离雹云主体 40 千米，层结曲线表明雹暴的环境条件。第二个球是 15：45 施放的，对照雷达回波，这个球正放在超级单体雹云前的无回波穹窿区，层结曲线标志雹云内的垂直分布。由于气球是在云中强上升气流区内运动，未受到降水的影响，所以我们用气球观测法，计算了云内的垂直气流，得到了雹云强上升区的一些重要信息。这是一次特别难的观测试验，因为雹云来临时风特别大，我们用了 6 个人抱住气球。探空员不断要求施放，雷达观测员则要等到无回波穹窿区的到来。雷达车里传来"施放"口令后，紧张了好一阵子的抱球人才松口气来。这次气球施放后，仅 9 分钟就出了雹云顶。计算结果得到了雹云内上升气流的抛物线分布特征。

四年人工防雹试验，得到了林西县政府和农民的赞扬，更重要的是我们也获得了许多实践知识。

我所经历的我国早期人工降雨工作

俞香仁 [①]

  我国最早的人工降雨是 1958 年从吉林开始的，怎么会想到人工降雨呢？从古到今，人们只知道刮风下雨、闪电打雷是老天爷的事，神话小说中呼风唤雨不过是人们的幻想，近代科学发展有了气象台，气象部门也只是搞气象观测，从观测各地温度和气压、刮风下雨变化、云状改变和移动方向、降水分布等来做天气预报。没有人想到要去搞人工降雨，那 1958 年气象人员怎么会想到搞人工降雨呢？因为 1958 年在吉林遭遇了特大干旱，在历史上每年 6—7 月长春、吉林降水量一般都有 200 多毫米，而 1958 年只下了 2 毫米，干旱使高粱、玉米作物干枯，水田干裂，农田受到严重威胁，小丰满水库水容量由年初几十亿立方米急剧下降到不足 10 亿立方米，水轮发电机停止了转动，东北电网的供电形势十分严峻，缺电对工业影响极大。大家都知道，那个年代东北是我国的重工业基地，若因缺电，工业生产遭到严重影响，对国家会造成极大损失。在这关键时刻，吉林省气象台预报组长董洪年和预报员穆家修等人从《参考消息》上国外有搞人工增雨的报道中得到启示，大胆地向领导提出了建议。吉林省气象局领导认为建议很好，立刻向省委和省政府写了专题报告。很快得到省领导的批准，省委决定由气象局实施人工增雨试验。在省委工业部协调下，中国人民解放军驻长春第二航空学校派飞机支援人工增雨试验并负责

---

① 俞香仁（1937—　），高级工程师。1959 年毕业于北京气象专科学校，一直从事云物理和人工降雨、人工防雹、人工消雾、大气化学理论和室内外场试验研究工作。1984—1997 年任庐山云雾试验站站长（1997 年退休）。

制作人工增雨催化剂播撒器，省气象局派技术员负责人工增雨具体技术工作，如催化剂选择、天气条件和云层条件选择及人工增雨试验后的效果检验等。

根据吉林省气象台天气预报，1958年7月21日，有人工增雨作业的天气条件，省气象局和二航校协商决定抓住时机进行一次人工增雨试验。15时20分二航校检查室主任周正驾驶改装好的"杜2"飞机与省气象台预报组长董洪年等人一起起飞进行人工增雨试验。他们一无经验，二无指导，在设备简陋的条件下，克服飞机强烈颠簸及空中缺氧和寒冷等困难，在长春到桦甸上空播撒氯化钠进行人工增雨，17时飞机返航着陆。据气象观测，这次增雨试验效果不错，但这仅仅是首次尝试性试验，后来查找资料得知干冰和碘化银可作催化剂，吉林化工厂仅用一周时间研制出了干冰。1958年8月8日17时10分由周正驾驶飞机，马大荣领航，气象台台长鲁强和报务员童吉泰一起载着150千克干冰起飞作业，在云中播撒干冰之后，效果很明显，降雨范围长达20千米，宽10千米，降雨量有16毫米。从此，8月8日，人们不会忘记这一天是有基地、有组织、有计划、有作业设计的人工增雨试验有开创意义的一天，这次成功试验是历史性的壮举，开启了我国人工影响天气的先河，后来到9月13日之前又经20余架次试验，基本解除了吉林郊区、永吉、蛟河和舒兰县的旱情，流入小丰满水库的水量达6600万立方米。那时干冰是大块的，一块有15~20千克，用大木箱保温储存，装上飞机后，作业时用榔头砸碎撒入云中。

人工降雨的成功试验引起社会广泛关注，1958年8月15日《吉林市日报》头版头条以《欢呼征服大自然的又一次胜利》大标题，报道了人工降雨成功的大好消息，8月17日《吉林日报》在头版以《我空军某部试验人工造雨成功》的标题作了报道。1958年8月21日《人民日报》也在头版头条以《人工降雨试验成功》作了宣传报道。1959年4月23日下午，全国人大代表、吉林市市长张文海（兼市人工降雨领导小组组长）在全国人大全体会议上做了题为"人工降雨试验成功是我国气象科技发展的新成就"的发言。人工降雨试验的成功轰动了全国，中央气象局高度重视，观象台于1958年秋成立了云雾研究室，专门负责研究云雾降水和人工影响天气原理和技术问题，刚从苏联留学回国的郭恩铭、胡志晋、张纪淮、孙奕敏及从北京大学毕业的游来光、马培民、鄢大雄、许焕斌、周克铭、戴琴、熊光莹和北京气象学校毕业的黄锦、李仁华、蒋耿旺到云雾研究室工作，梁梦铎任主任，郭恩铭任副主任。并派易仕明、钟大庆、马培民、孙奕敏、周克铭、李仁华、蒋耿旺到吉林人工降雨委员会，指导并参加现场试验研究。

为了深入研究云雾特性和各种催化剂对云雾的影响，非常需要在云雾中做实际试验，中央气象局领导决定寻找一个多雾的场地作研究基地。云雾多的地方一般都在南方高山上，经过研究比较，认为江西省的庐山比较合适。庐山一年中有192天雾日，海拔1100米的牯岭镇，有居民一万多人，有街道店铺，汽车直通山上，生活跟在山下的城市里一样方便，购物和运送试验用仪器设备都不成问题，因此中央气象局局长涂长望亲自到江西省与省委和省政府、江西省科学院、江西省气象局等有关部门的领导和单位协商决定在庐山成立天气控制研究所（简称天控所）。在江西省政府的指示下，庐山管理局十分重视并积极行动，拨庐山日照峰路7、8、9号3幢房作为天控所办公和生活用房，任命庐山管理局党委副书记蔡绍玉兼任所长，调庐山管理局工业部长沈洪欣担任副所长，赵敏为秘书，中央气象局观象台派技术人员易仕明、郭恩铭负责日常管理，张纪淮、胡志晋、酆大雄等赴庐山作为技术骨干开展工作，江西省科学院调钟贞根、戴重华、李炎辉等到庐山天控所；江西省气象局派王明生、彭云发、曹志华、袁龙俊、陈越华及成都气象学校刚毕业的苏茂、刁凤莲等到天控所工作。天控所还在庐山招聘知青赵春林、许道国、万玲、李太峰、林智端、袁彩梅等来所工作，庐山天气控制研究所于1959年3月正式成立，设有宏观组、微观组、地面组和化工组，这就是中国首个人工影响天气科技研究所。所内工作人员中除了少数学气象的留学生、大学毕业生和中专生外，大部分都是知青，大家白手起家，边学边干，开始了人工影响天气研究。

1959年8月我从北京气象学校毕业，被分配到中央气象局观象台云雾研究室工作，在研究室工作不到20天就被派往吉林人工降雨委员会工作，和我同去的有刚从南京大学气象系毕业的陆煜均、唐国芳等。而在我们之前，观象台云雾研究室已有易仕明、钟大庆、孙奕敏、周克铭、黄锦、李仁华、蒋耿旺等于1958年秋到吉林工作。人工降雨委员会地址在吉林市天津路的市委招待所的大院内，办公楼是一座漂亮的二层小楼，1960年吉林省人工降雨委员会迁往长春市地质宫广场西侧的西民主大街19号的省气象局大院之内。当时人工降雨委员会主任是张文海，副主任是吉林省气象局长薛统，办公室主任是郑永昌，工程师是钟大庆，后来钟大庆同志调回北京，由孙奕敏同志担任北京派往吉林工作组组长，办公室秘书在吉林市时是郭辉，搬到长春后是王玺九，会计是蔡燕华。而吉林省气象局参加人工增雨的技术人员有武立志、祝贵宾、余惠、张贵等，另外还招聘了十位知青。吉林人工降雨委员会有二个小组，即高空组和地面组，高空组基地在公主岭机场，主要负责人工降雨作业，武立志、蒋耿旺等在公主岭。地面组在辉南县城朝阳镇近郊的钢铁厂内。我被安排在地面组，地面组有7~8人，组长是黄锦，副组长是李仁华，我们和钢铁工人生活在一起。地面组的工作主要有地面烧烟、气球携带、土火箭作业等，燃烧碘化银进行人工降雨试验，一切都是边学边干从头做起。

1959年9月，我刚到吉林省人工降雨委员会不久，就派余惠、黄锦和我三人去长白山做云雾试验。长白山地处吉林省东部，与朝鲜相接，高2744米，山下是广阔的原始森林，从山下到山上植被垂直分布非常明显，山下有瀑布和温泉，温泉水温高达80℃，可煮熟鸡蛋。这里是松花江的源头，山顶时常云雾缭绕和常年积雪，山顶上有天池，距天池不远有天池气象站，有一条土公路通气象站，一年中除8—9月可通行之外，其他月份冰雪封山难以攀登。为了在云雾中做试验，我们从长春坐火车到安图，由安图坐汽车到松江县，由松江换车穿过茫茫原始森林到一个林场，在一户朝鲜族老乡家住了一晚，从这里到长白山就没有汽车了，我们租了一辆牛拉车，把我们和设备拉到长白山脚下的温泉旁，这里原始森林、温泉、瀑布相互辉映，自然风光十分优美。从这里开始我们背上仪器步行登山，经过4~5小时的艰苦爬山，好不容易到达海拔2700米的长白山天池气象站。这里山上光秃秃的，数百千米范围内荒无人烟，邮件一个月送上一次，山上空气稀薄，气压低，米饭做不熟，只好常吃烤面饼（那时没有高压锅），一切生活必需品都请人背运上山，因此气象站专门请了一位背运工人，山上没有水，生活用水靠"烧火融雪"来解决，气象站距天池只有200~300米，站在山顶可遥看朝鲜，气象站同志一年四季与冰雪为伴，生活在冰雪之中。

我们在山上的工作主要是在有云雾天气时，燃烧碘化银和红磷混合物，看看碘化银烟粒对云雾会产生怎样的变化；在上下风方向用手抽式滴谱仪取样，用显微镜和照相机观测云滴变化差异，了解碘化银对云雾的影响效果。我们在山上待了40多天，回来后分析表明，在冷云中用碘化银催化后，云滴有变大的趋势，这就是我所经历的早期人工影响云雾实验。

从长白山回吉林之后，我被安排在地面组工作，我们在朝阳镇用碘化银和液氨溶液混合进行地面烧烟的人工降雨试验。把碘化银和液氨在钢瓶中配制好，肩背人扛把钢瓶抬到朝阳镇北部的一座小山上，在迎风坡搭起炉子，燃烧木炭，把碘化银、液氨溶液喷射到火中燃烧成烟，烟雾随山坡的上升气流升入层状云中，这种作业是在有利的天气条件下进行的。下雪之后，我们派人步行几十千米，分头到周围乡村走访群众，了解上下风方向的雪量大小，以此来分析影响区和非影响区的作业效果。可想而知，群众只能告诉我们降雪一指深，二指厚，这样判断雪量大小是非常粗糙的，但限于条件，当时还没有建立雨量点，效果评估反映了当时的水平，溶液配方也不太严格，火焰温度测量粗糙，缺乏科学性，但毕竟干起来了，干才有发现，才有改进和提高的可能。

我们还用气球携带碘化银红磷药饼，在云中燃烧催化层状云，自己动手把碘化银和红磷、黑大药混合做成药饼，尾部有定时药捻，点燃后用气球携带入云，对层状云进行催化。由于红磷燃烧缓慢所以加入黑火药以加快燃烧速度。这种药饼是红磷和黑火药，都是易燃爆物品，制作十分危险，手工操作非常原始，像和面一样做药饼，一旦红磷不纯，混入了极易自燃的黄磷，极易发生自燃伤人事故，我本人就因做药饼自燃而烧伤了双手掌。

除了地面烧烟和气球带试验之外，我们还在吉林小丰满水库大坝上用高射炮打云做作业试验。1960年春夏之间，观象台云雾室王喜曾和大老郭（郭永泉）从北京专门送来二枚高射炮炮弹，要用高射炮打云做人工影响天气试验。这是破天荒的新鲜事，我感到十分好奇。这是全国首次降雨炮弹打云后会发生什么变化的试验，我们都充满着期待。一天，王喜曾、大老郭、郑永昌和我乘吉普车前往小丰满水库的大坝上，下车后看见坝上有一门高射炮，这里有部队驻扎保卫大坝，经事前联系很快找来了几位士兵，准备打炮。那天是晴天，天上只漂着几块淡积云，就对二块淡积云打了两炮，我们看到炮弹穿云而过，只听到爆炸声，看不出云有什么变化，更没有雨幡等降水效果。万事开头难，尽管事情简单而缺少深入的思考和设计，但毕竟想到了新的人工影响天气的作业手段，带动了后来的高炮作业蓬勃发展。

除了上述工作之外，周克铭用电子显微镜对碘化银烟粒大小进行了检测，我们与吉林大学合作研制人工降雨土火箭，还把烟灰撒雪对雪的融化率进行了观测研究。

我们在吉林工作是一个整体，不分北京的、吉林的，都是吉林人工降雨委员会的。大家都很年轻，没什么经验，对人工降雨也是一窍不通，学校里也没有学过，由易仕明、钟大庆等工程师带着我们干，从很少的文献中得到讯息和原理，动手开展工作。由于前人没干过，我们就什么都想试，飞机、大炮、烧烟、火箭、气球携带等全面开花，可见当时热情有多高。当时吉林省气象局局长薛统有一段话，至今我仍记忆犹新，他说："这惊天动地的人工降雨工作是在党领导下，破除迷信、解放思想、敢想敢干，由我们这些普普通通的人在干，并干出了成绩，大家要感到光荣呀！"60年的时间过去了，今非昔比，但大家都没有忘记人工降雨初期时的艰苦工作。

1961年初观象台在吉林的工作人员全部返回北京，我们一回到北京，就派孙奕敏、鄮大雄和我到河北省涞源县去搞地面人工影响天气试验工作。我们住在一个林场里，这里是河北和山西大同的交界，属太行山区。有一天，有作业条件，孙奕敏和我背着炉子和碘化银、丙酮溶液，下午爬山到海拔较高山坡上，从天黑烧烟，烧了一个晚上，天亮才返回林场，作业效果也无法收集。

1961年4月底我从观象台云雾研究室调到江西省庐山天气控制研究所工作。我被安排在微观组，并很快担任微观组组长，主要工作是在太乙峰峰顶石缝里搭板房，作梯度观测上站；又在峰下200～300米的半山腰的野树林中太乙村拉帐篷作为下站，进行对云雾的梯度观测，来了解云中微物理特征。环境之恶劣，生活条件之艰苦难以想象。所里工作有地面燃烧碘化银丙酮溶液进行人工影响云雨试验，也曾自己动手制作土火箭、土炮弹，自制火药，用气球携带碘化银燃烧药饼影响云雾的试验，还在九江县沙河用双经纬仪观测积状云的生成、发展、消亡演变。这些都是天控所的早期工作。

1966年观象台云雾室搬到庐山与天控所合并，成立庐山云雾研究所。1979年原北京来的人员迁回北京，在北京成立人工影响天气研究所。而我仍留在庐山，庐山天气控制研究所则改成"气科院庐山云雾试验站"，曾由我担任站长。

继往开来，科学发展，再铸辉煌

——纪念人工影响天气 60 周年

洪延超 [①]

今年是我国开展云物理、人工影响天气研究 60 周年，云和降水物理研究为人工影响天气提供理论支撑，人工影响天气是云降水物理重要应用领域。回顾云降水研究和人影事业发展历程，从中学习和体会老一辈科学家艰苦创业和无私奉献的精神、人影科技工作者创新意识和科学进取精神，这对人影事业的发展有益。我们相信，这种精神和智慧的结合会凝聚成集体的力量，激励中国人影人顽强拼搏，努力解决人影中遇到的关键科学问题和核心技术，创造着中国人影事业新的辉煌。

一、历史的足迹和重要进展

我国的人工影响天气始于 20 世纪 50 年代。1956 年，在向科学进军号召中，中科院地球物理所所长赵九章率先提出要发展人工控制天气工作。"云与降水过程和人工控制水分状态的试验研究"列入 1956 年制定的气象科学研究 12 年远景规划。自此，我国开拓出一个新的研究领域：云物理和人工影响天气。于是开展了一系列云雾降水的外场观测研究和人工影响天气的外场试验研究，还培养了学科人才，研究包括云的宏观发展过程、云滴谱的观测、飞机人工增雨试验、高山融冰化雪试

---

① 洪延超（1948— ），研究员。1975 年毕业于南京大学气象系大气物理专业，原中国科学院大气物理研究所博士生导师、党委书记，2011 年退休。长期从事云降水物理和人工影响天气研究，获得国家科技进步二等奖。

验、土炮防雹试验和消雾试验等。1958 年 7 月，吉林省率先在我国开始人工增雨的试验工作。1958 年 8—10 月，以中科院地球所为主，中央气象局和甘肃省气象局、北大、空军参加，在祁连山及兰州一带进行多次地面及飞机增雨试验。顾震潮、叶笃正等参加甘肃飞机人工降水试验，朱岗昆、高由禧等参加祁连山融冰化雪工作。这一年，中科院地球物理研究所与中国科技大学联合创办了地球物理系大气物理专业。1960 年 3 月，地球物理所建成南岳云雾站，此后直到 1962 年，尽管条件艰苦，仪器设备简陋，每年春夏，顾震潮都会组织大批研究人员在南岳、衡山等多处进行高山云雾降水物理观测和人工降水试验。试验期间，地球物理所研制了三用滴谱仪、总含水量仪、云雾风速模量脉动仪、含水量探空仪等一系列云雾观测仪器。1961—1964 年，顾震潮、周秀骥研究了暖云降水过程，提出云中参量的随机起伏过程在云滴增长、形成降水过程中有重要作用，是世界较早提出的暖云降水理论。从 1958 年起，地球物理所开始研究积云动力学，1964 年巢纪平、周晓平等的《积云动力学》出版。1963—1965 年，南京大学与上海民航、中科院地球物理所合作对长江三角洲地区夏季积状云、冬季层状云和雾的结构进行数十次考察和人工影响试验。1964 年，由顾震潮领导，在南京、上海组织中小尺度及雷雨云观测研究，除常规探空外，主要增加雷达、雷雨云综合探测仪、雷电定位仪、电场仪等探测。同年，地球物理所云雾研究人员设计制造出重力加速器、光电雨滴谱仪、大气平均电场仪、开展了大气电学观测。1965 年 7—8 月，顾震潮主持，在北京进行雷雨云结构综合观测研究和大兴安岭雷电定位观测研究。1965 年，以赵九章、蒋金涛为首的中国气象代表团访法考察了其防雹中心及机场的丙烷消雾装置等。1965 年，地球物理所引进日本 3.2 厘米波长 JMA-133D 测雨雷达，云雾组全部进入祁连山托勒地区进行地形积云综合观测和催化试验。此外，建立了暖云室和冷云室，开展暖云催化剂、冷云催化剂和冲击波作用等室内实验。筹建了云降水物理实验室，开展人工冰核性能、吸湿性核凝结增长和水滴碰并增长试验研究。我国很多地方开展了地面大气冰核、气溶胶、雹块微结构和同位素观测研究。为了培养人工影响天气专业人员，派学生到苏联进修，举办人工降水和人工消雹培训班和经验交流会。

20 世纪 70 年代，中科院大气物理所顾震潮等 30 人在大寨开展为期 10 年的冰雹云物理和人工防雹研究，同时研制出雹谱仪、闪电计数器。用多种仪器对冰雹云进行综合探测，并与庐山云雾物理研究所等单位合作，在山西昔阳县开展人工防雹试验（除探空外还用711雷达、SJ-1闪电计数器）此间还开展了爆炸防雹原理研究，证实"炮响雨落"现象。大气物理所还对雹暴进行分类和闪电频数活动规律研究，以求建立雷雨云物理概念模型，研究不同类型冰雹云的形成的环境条件、生命史、演变过程、结构特点和降雹特征，提出冰雹云的识别方法和预报方法；在此后的后继研究中（1980—1985年），给出冰雹云生命史的五个阶段模式和五类冰雹云物理模式及其传播特征。人工防雹有效地减轻了当地的冰雹灾害，发展了我国的雹云物理学，提升了我国人工防雹的技术水平。

20世纪80年代，我国重视云物理和人工影响天气的科学研究。1980年中央气象局提出人工影响天气要加强科学研究，调整、整顿面上工作，在全国停止人工影响天气作业，撤销相应机构。为了加强科学研究，我国从美国引进一批飞机探测仪器。开始设立有一定规模的项目，开展人工影响天气的研究。1985年前，中国气象科学院进行"北方层状云人工降水试验研究"，在我国北方进行人工增雨资源考察和人工增雨试验。飞机飞行区域跨19个省区市。通过试验，获得大量云微物理资料，结合其他资料，分析了云系宏观特征和微物理结构以及降水形成过程，建立了云系的概念模型，提出了多项人工增雨作业的物理判据。此外，通过大气物理研究所为期5年的"梅雨锋云系的观测研究"，建立了云系的概念模型，发现层状云和雷达亮带存在不均匀结构；研究了暴雨产生的物理机制，提出积层混合云容易产生暴雨的观点；研究提出用雷达预测对流云发展阶段、发展趋势和估测降水的方法，可用于选择人工增雨作业云体。随着气象雷达在全国各地广泛使用，开展了对流云三维结构、演变过程、强对流天气和灾害预警等研究；同时云和降水的数值模拟研究在我国兴起，由于云数值模式的发展和探测技术水平的提高，开始用探测和数值模拟相结合的方法研究云和降水问题。

20世纪90年代，国家"九五"科技攻关项目支持"人工防雹减灾技术"和"人工增雨农业减灾技术"研究课题，分别由大气物理研究所和中国气象科学研究院主持实施。不但探测水平有了显著提高，研究方法也从单纯的观测分析发展到观测分析、野外试验和数值模拟相结合，将三维冰雹云数值模式用于人工防雹的技术研究。研究提出了识别冰雹云的指标，研究了冰雹形成的物理过程、催化防雹的机制和催化技术。研究建立了人工增雨概念模型和人工增雨综合技术系统。通过30多年的科学研究、场外试验、室内实验，我国在云和降水学研究领域已取得一大批理论研究成果，人工影响天气的科技水平有了明显提高，我国已初步形成了有一定科学依据的以飞机、高炮和火箭为主要手段的人工增雨和防雹作业体系。

21 世纪初，处于抗旱防灾、减灾和改善生态环境的需要，我国人工影响天气呈现快速发展势头，国家也增大了对人工影响天气研究的支持力度，人工影响天气的理论和探测研究得到快速发展。国家分别在 2000 年、2005 年和 2010 年启动了三个人工增雨技术研究项目，主要研究人工增雨技术和装备。通过研究，我国的云和降水的综合探测水平有了显著提高，云和降水物理以及人工影响天气的理论和技术研究取得明显进展，数值云模式和中尺度模式的模拟研究水平有了长足的进步。结合探测分析，野外试验和室内实验，在云和降水物理过程和降水机制研究、云的微物理结构、云水资源和人工增雨潜力评估、催化条件预测、催化剂和催化技术等方面取得了进展。

经过几代人影科技工作者的不懈努力，人工影响天气事业得到蓬勃发展。中国气象局成立了人工影响天气中心，承担国家级人影业务的指导和建设工作，并开始用数值模式预报人工增雨的条件，指导地方业务。我国已基本建立了国家、省、地、县四级人影业务体制。人影的服务领域不断扩展，由较为单纯的预防、减轻旱灾和冰雹天气灾害延伸到应对污染、森林火灾等突发事件和重大活动的气象保障。人工影响天气不但已经成为我国减轻气象灾害的重要手段，为国民经济和农业的发展做出了重大贡献，对生态环境的保护和改善以及重大活动的保障也发挥了重要作用。依据规划，我国还要建设六个提升人工影响天气能力建设工程。目前我国人影规模、经费投入已达世界之最。

二、当前人工影响天气的思考

中国人影 60 年取得的巨大成就，是人影科技工作者艰苦奋斗、锐意创新、潜心求索、科学进取和不断取得进步的结果。看到今天的成就，我们不会忘记老一辈科学家在极其简陋、异常艰苦的环境条件下开展云雾物理观测的情景，那时候没有现在这些现代化的探测仪器和装备，没有数字化雷达，更没有偏振雷达，也没有机载入云进行微物理探测的系统，他们在刚刚开拓的云雾物理和人工影响天气领域面前仍然做出了许多开创性研究。他们用经纬仪对积云进行宏观观测，研究对流云的发展过程，用土炮做人工防雹试验，还开展一系列的地面和空中人工增雨试验。没有观测仪器，就自己研制，用自制的三用滴谱仪、总含水量仪、云雾风速模量脉动仪、含水量探空仪等一系列云雾观测仪器在高山观测云雾；还研制了重力加速器、光电雨滴谱仪、大气平均电场仪，开展了大气电学观测……他们深刻认识到，对要研究的对象——千变万化的云，必须要深入了解，有条件要观测，没有条件自制仪器也要观测……

当前我们要继承发扬老一辈科学家的艰苦奋斗精神，科学至上，不断进取，用更加严谨科学的态度、以高度的责任感和使命感对待人影事业。

需求推动发展，鉴于我国水资源匮乏和旱灾和冰雹灾害不断，从中央到地方各级领导都重视人工影响天气事业的发展，这是我们的机遇；当然我们也有挑战。目前，人工影响天气的规模空前扩大，开始建设人工增雨工程，国家和地方对人工增雨、人工防雹的投入也逐年增加，期待也加大。人影对国家防灾减灾负有重大责任，但人影需要的一些核心技术问题还没有很好的解决。尽管探测装备较为先进，探测技术也不可同日而语，服务领域不断扩展，但离防灾减灾的需求、重大活动保障的需求、充分提高人影工程效益的需求还有较大差距，目前我们还没有充分科学依据来回答：什么样的云可以做人工增雨作业，进而采用什么样的催化作业技术才能增加降水，催化作业能否增加地面降水，人工增雨和人工减雨的催化剂量的分界剂量是多少，人工影响天气理论和技术研究急需加强。

1. 充分利用人工增雨工程提供的有利条件，加强人工影响天气核心技术研究。

（1）做人工增雨，就要对催化作业云的增雨潜力进行评估，对没有增雨潜力的云或云系催化，既浪费人力物力，还有可能减少自然降水。

（2）有潜力的云系虽然可以做人工催化作业，由于云系不同部位的云物理条件不同，并不是处处都可以催化作业的，要选择具有催化条件的部位进行催化，因此就要研究人工增雨的催化条件。

（3）对符合催化条件的部位做催化，还需要科学的催化方法和技术。

（4）为了改进人工增雨技术，还要研究催化效果的评估方法，只有正确的效果评估才能为改进人工影响天气的技术提供科学依据。这些核心技术研究是相互关联的，对没有催化条件的云体催化，或对没有用正确的技术催化的云体，做效果评估就没有意义，对盲目催化的云体做效果评估同样没有意义。

2. 云降水物理学是人工影响天气的理论基础，为了提高人工影响天气的科学性，探索新的人工影响天气的原理和方法，需要进一步研究云和降水物理中相关的科学问题，对云的微物理结构、降水形成的物理过程进行深入研究。加强对作为人工增雨催化作业对象的北方层状云的综合探测，充分了解云系不同部位的微物理结构，要全面了解和理解自然降水的形成过程，尤其要清楚对降水做出重要贡献的物理过程，研究对这些过程的人工影响的方法和技术。

3. 对我国实施人工增雨的地区，在飞机人工增雨的同时，开展云中微物理条件的普查性研究。人类活动的加剧，使得大气气溶胶浓度有上升的趋势，在气溶胶浓度增加的背景下，我国云中微物理结构有没有发生变化，气溶胶作为凝结核和冰核对云和降水产生何种影响，云中是否缺少冰晶，这些问题对于从事人工影响天的科技人员来说是应该面对和关注的。

最后说句题外话。人工影响天气必须讲究科学，那种没有经过科学决策的催化作业是一种不负责任的行为，必须坚决反对。为了使人工影响天气不受行政的影响，人工影响天气工作者要大胆地、科学地和实事求是地向社会、向各级行政人员，尤其是各级领导干部进行人影科普，让他们理解人工影响天气还是一项不够成熟的技术，还有一些核心技术没有解决，需要继续研究。对一些不符合增雨条件的云体，不能因为缺水，或受行政影响，或为了能够交账而盲目催化作业。

三、结束语

今年是我国人影事业发展60周年，值得我们纪念。在回顾人影事业发展历程和取得重大进展的同时，我们既面对着人影事业发展的大好局面，也面临着人影存在的问题和难题。只要我们要继往开来，继承和发扬我国人影科学家们艰苦创业、锐意进取的精神；只要我们发扬科学精神，牢固树立科学发展的意识，中国的人影事业一定会再铸辉煌！

国庆阅兵气象保障的回顾

黄培强 [①]

热烈祝贺我国人工影响天气事业 60 周年。六十年来，军事部门十分重视人工影响天气工作，20 世纪 50、60 年代，曾经和老一辈科学家一道在空军机场，积极开展人工降雨、人工消云试验，结下深厚的情谊。之后，在国庆阅兵等重大活动中，又并肩战斗，得到多位专家的指导和帮助，友谊长存！

回顾国庆阅兵气象保障工作，20 世纪 80 年代到 2009 年，空军组织了 3 次具有一定规模的人工消云消雾试验，另外，还组织了一次较小规模的试验。在我国军事气象史上，有着特殊的意义。我有幸全程参加了这 4 次试验，回顾往事，十分亲切。

国庆 35 周年阅兵

国庆阅兵气象保障是一项政治任务，必须保障几十架、上百架受阅飞机从机场安全起飞、安全集合、安全编队、安全通过天安门广场。

国庆 35 周年前夕，1984 年 9 月空司气象局在北京西郊机场，设立人工消云消雾办公室，开展消云消雾试验。试验得到中国气象科学研究院（以下简称气科院）游来光、陈万奎等老师的热情指导。气科院派出陈万奎为首的小分队，带着配有 FSSP 的探测飞机，自始至终参与试验。当时，由于参试人员缺乏专业知识，还专门

---

① 黄培强（1938—　），教授。1962 年毕业于南京大学气象系，同年分配入伍。国防科技大学气象海洋学院（原解放军理工大学气象学院、空军气象学院）教授，2001 年 6 月退休。

请陈万奎老师开设小课堂，讲解人工消云消雾基本知识。他热情地承担任务，普及人工影响天气知识，得到大家赞扬。图1是时任空司气象局副局长唐万年和陈万奎及技术组成员合影。

图1　空司气象局唐万年副局长和技术组合影

这次试验，播撒固态催化剂的飞机只有3架，一架安-26，两架运-5。安-26上，只装有一个漏斗，完全依靠人力搬运倾倒，播撒能力十分薄弱。经过多次外场试验，消云取得了效果。有一次，运-5飞机在稳定的层积云上方播撒盐粉，位于其后的探测飞机观察到播撒区出现一条云沟。云沟的宽度约机身三倍，云沟的深度约是宽度的三分之一。喜出望外，机上人员立刻用摄像机将现场拍摄下来。回到驻地，将这一段摄像记录重新播放多遍，最终记录获得确认。闻讯后，大家兴高采烈、欢欣鼓舞的场景至今难忘。为什么只出现一道云沟，是不是催化剂播撒率太小，播撒不均匀，播撒面积不够大，共同认为：有进一步开展试验的必要，播撒设备必须改进。

历史上，10月1日北京出现低云天气概率36%，出现降水概率小于20%。然而，不巧了，1984年国庆节，恰恰遇上了满天低云，给阅兵气象保障增添了巨大的难度。困难面前，大家齐心协力勇于战斗。能装较多催化剂的只有一架安-26，怎么办呢？唯一的办法就是快装多跑。在西郊机场与集合点之间，安-26往返播撒作业6个多小时。机上操作太累，时任空司气象局技术处处长李福林，就忙碌在这架飞机上，高强度劳动，累得他疲惫不堪。

那天，我的任务是在唐山机场保障受阅飞机安全起飞。早上 7 时左右，从地面可见安-26 飞机来唐山空域播撒催化剂。之后，本场起飞两架直升机，不停地盘旋在机场上空。一会儿，巧遇风向转了，能见度提高到 2～3 千米。受阅飞机平安起飞，顺利完成了任务。

据飞行员反映：经过人工作业，空中集合点的能见度略有好转，但仍无法目视飞行，只能依靠仪表飞行。天安门上空，低云密布，受阅飞机时隐时现。总的来讲，效果并不理想。

国庆 40 周年阅兵的前期准备

为准备迎接国庆 40 周年阅兵，1988 年 9 月空司气象局提前于唐山机场组织了一次规模较小的人工消云试验。参试技术人员，主要是空军气象学院（简称空气院）的老师们。调用两架运-5，一架用于播撒，一架用于探测。

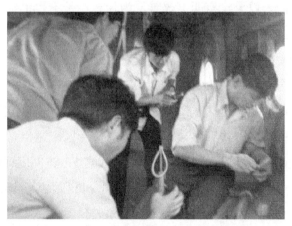

图 2　空军气象学院老师们在飞机上工作

受条件限制，空气院的老师们仿制了南京大学气象系的仪器，用在运-5 飞机上探测，获取云含水量、云滴谱、云内温度等气象资料。年龄偏大的老师们，用比较简易的方法坚持空中探测，他们的敬业精神值得赞扬。图 2 是老师们在飞机上认真取样。

9 月的唐山，天空晴朗，多淡积云。几场人工消云，成功率很高。时任空司气象局局长李化添，来唐山检查工作，亲眼看到飞机播撒、淡积云消散的全过程，十分高兴。

国庆 50 周年阅兵

1999 年 9 月空军在定兴机场开展了第三次人工消云试验。两架运-8 飞机参试。一架是经过改装播撒设备的飞机，催化剂装载量 4 吨，有流量指示器。一架是探测飞机，安装有总参大气所的仪器。播撒设备比 1984 年有了很大改进。空中作业的劳动强度减轻了，播撒精细化了。

外场试验前，为了获得云室实验资料，空气院老师到气科院的大云室，做催化剂吸湿性及沉降速率实验测定。期间，得到张纪淮老师的热情指导和帮助。张老师诚恳待人、平易近人、兢兢业业工作的为人风格，受到大家敬佩。

此外，我们还做了消云的数值模拟。总的来看，这次人工消云试验有云室实验、外场试验，数值模拟多环节组成，设计比较完整，前期准备工作细致认真。

技术组由空气院、空七所、总参大气所联合组成。经过多次外场试验，表明播撒强度加大之后，消云效果没有明显改善。为什么？是不是单架飞机播撒面积不够大？国庆节临近，试验是否继续进行？空军党委十分重视。指派空军作战部部长亲临现场考察，观看播撒前后云体的变化程度。召开专门会议，听取时任空司气象局局长李福林专题汇报。最后，决定停止这场试验。为了慎重，空军司令员还亲自到定兴机场视察，并邀请北京地区人工影响天气专家对此评审。气科院游来光、张纪淮；大气所沈志来；北京市人影办秦长学、张蔷等专家应邀出席；总参大气所何绍钦，空七所余德湘也出席会议。专家们对播撒飞机设备改进高度评价，对试验成果给予恰当肯定，并一致同意中止这场试验。会后，司令员和大家合影留念（图 3）。

图 3　空军司令员刘顺尧和大家合影

国庆 60 周年阅兵

国庆 60 周年阅兵前夕，2009 年 9 月空军在大同机场成立"国庆阅兵人工影响天气指挥部"，由空司气象局崔廉清副局长主持工作。技术组由空七所、解放军理工大学气象学院组成。图 4 是崔廉清副局长和技术组合影。

事先，空司气象局召开了试验方案评审会。聘请气科院胡志晋、郭恩铭、张纪淮，北京市人影办张蔷等人工影响天气专家评审人工消云消雾试验方案。崔廉清副局长听取了专家们坦诚中肯的意见，会议一致通过了试验方案。

图 4　空司气象局崔廉清副局长和技术组合影

为这次国庆阅兵，空军专项改装了 18 架飞机（8 架支援北京市气象局），48 台涡喷消雾车。其中，人工消雾试验由停放在唐山、杨村、遵化、南苑机场的涡喷消雾车实施。经过多次外场试验，效果良好。国庆当天能圆满完成任务。

各级领导十分重视人工消云外场试验。从组织上看，不仅试验规模大，改装飞机多；参试人员多，而且人员素质高。某航空兵师师长亲自领队，带领 10 架运输飞机（5 架运-8，5 架安-26）。图 5 是师长带领机群参试。机上操作人员，曾参加四川汶山地震实施抗震救灾高空跳伞的空降兵某团特种兵，他们多次从该型号运输机上练习跳伞，一定能在规定时间内，快速将催化剂播撒完毕。

图 5　某航空兵师师长带领机群参试

9 月初，试验团队入驻大同机场后，选择阴天多云气象条件，实施了 6 次外场试验。从地面拍摄的照片以及空中侦察机拍摄的视频看：能消除小范围薄云，能让厚云变薄、云底抬高。试验效果让人放心，当然，外场条件多变，还会有许多不确定性。

10 月 1 日凌晨，能见度较好，没有系统性天气入侵。局部有云团，强度弱。严阵以待的 260 余人，等待命令。根据天气实况，国庆阅兵人工影响天气指挥部建议按计划实施，消除飞机集合区域的云团。空中梯队指挥部首长下决心，同意建议。于是，上午 9 时到 10 时 50 分，5 架运-8、5 架安-26，装满催化剂分别于杨村机场、飞机集合点、通州作业区域等地实施作业。作业后，航线上的云团基本消除。据飞行部队反映：天气晴朗，人工影响天气效果好，非常满意。喜讯传来，这些"幕后英雄"胜利完成了中华人民共和国成立以来最大规模的国庆阅兵人工影响天气作业，可庆可贺。

几点体会

（1）认真贯彻习近平关于"必须坚持政治建军、改革强军、科技兴军、依法治军"思想，是军队的根本宗旨。空军人工影响天气试验，从初期小规模，到调动大部队；参试人员从几十名，到几百名；播撒飞机从一二架运-5，到 18 架大型运输机。规模不断壮大，依靠的是正确的战略思想。

（2）军队人工影响天气科技人才不断成长，技术水平有明显提升。国庆 35 周年阅兵时，不少参试人员缺乏云雾物理基本知识，而 2009 年国庆 60 周年阅兵时，参试人员中有 4 名博士，6 名硕士；高工、教授 6 名。人才是有创造性、主动性、独立性和责任心的人。有了高素质人才，事业一定会欣欣向荣，兴旺发达。

（3）坚定不移走科技创新道路，坚持实事求是工作作风。我认为：目前人工消云仍处于试验阶段，没有达到实用程度。像1984年10月1日出现的系统性暖性低云，实施人工消云，还没有足够的理论支撑。力尽所能，充分准备，尽心尽责，最大努力做好国庆阅兵气象保障，就是不辱使命。

（4）作为一名人工影响天气老科技工作者，为军队人工影响天气事业蓬勃发展感到无比兴奋，为广大参试人员的敬业精神感到无比钦佩。国庆人工影响天气是一项科学试验，更是重大的政治任务。我能4次亲历国庆阅兵人工影响天气试验，感到无比自豪，感谢组织上对我的信任。

回顾往事，铭记心怀，终生难忘！

风雨跌宕　不离不弃

李大山[①]

上小学时在自然课老师及我家邻近的大军区气象处（今武汉市气象局）引导下，曾涉猎了初步的气象观测。但正式入气象之门，还是 1959 年高考以后。因自报出身偏低，被清华工程化学系放弃录取。北大地球物理系则以高于清华分数线、该系湖北考生第一名、第二志愿让我进入了密级稍低的气象专业。虽学过大气物理、云雾物理、地面及高空观测等课程，但从未想到过会搞人工影响天气工作。大学六年以后分配到黑龙江。当时的毕业生一律派到基层，也是偶然因素，恰逢北大、南大大气物理专业的两位学长，担任科研所人工降水组组长。接触几天以后，他们以工作急需执意把我要到组内，并让我放手干各项工作。这才有了今天的我。

想起来，我涉缘气象有 70 年，入气象门近 60 年。经历人工影响天气工作多次起伏。真正从事这项工作并不够足年。但不离不弃，毕生的精力耗尽在人工影响天气工作上。临近耄耋之年，许多往事历历在目。60 周年时，应予响应、回顾和追寻。因篇幅所限，不能按时间序列，仅择述几件事。

在全国"人影"低谷中寻找复苏生路

因"盲目作业，劳民伤财"，而使全国人工影响天气工作 1980 年下马。1985 年，

---

① 李大山（1940— ），研究员，1965 年北京大学地球物理系毕业，获国家科技进步奖三等奖及省部级以上科技奖励 14 项，在国内外学术刊物及学术会议文集共发表论文 40 余篇，出版专编译著 6 本。2000 年退休，历任黑龙江省人工降雨办公室主任。1992 年享受国务院特殊津贴。

我请游来光和黄美元等专家来讲学，共同研讨出路和突破口。共识是首先主攻盲目作业问题。黄美元说加拿大有以雷达通信为主的作业系统。我们没有这么先进的雷达等监测手段。为了弥补监测缺陷，可增加要素，扩大信息量。我联想到1982年在全国气象现代化高潮中受丁士晟启发，我曾公开发表了《省以下气象业务现代化总体设计》。1985年，为了寻找人影作业依据，我把它扩展到人影信息化上，起草了三万字的白皮书《黑龙江省人影信息化多尺度综合技术系统》。在1986年第九届全国人影科学报告会上大会报告。因为不同于前几十年来人影发展模式，当时有些同行持有异议，但中国气象科学研究院人影所、中科院大气所专家及国家气象局主管局长章基嘉院士支持，并让我在随后的"全国人影技术政策研讨会"上第一个发言。章局长当场表示支持，并要将报告提纲作为向国务院报告的附件。次年，在大兴安岭扑火作业及部分地市试用了技术系统阶段成果。1989年，国家气象局专家组视察了初建的黑龙江人影技术系统。章基嘉院士和专家组予以充分肯定，列为全国重点推广应用项目。1992年国家气象局在哈尔滨召开了全国人影推广应用现场会，全面推广。从此，为了缓解对盲目作业的抨击而建立的信息化技术系统，开始复苏了人工影响天气工作的生机和活力，得到有关各方的认可，起到了历史性、阶段性积极作用。后期的任务在于研发针对不同条件下的各种作业判据、指标及概念模型的软件包，充实系统的核心部分。这个问题我在《人工影响天气现状与展望》中有详细阐明（2002，气象出版社），此处从略。

特大森林火灾扑火作业大大提升了人影的社会认可度

1987年5月6日大兴安岭特大森林火灾，举世瞩目牵动全国人民的心。正处低潮的黑龙江人影根本无法参与扑火作业。哪知，在大火狂烧三四天仍束手无策的情况下，9日深夜，防火指挥部电话直接打到我家称："国务院紧急会议刚结束，决定搞人工增雨。"让我第二天凌晨6时乘飞机去火场，向省委书记、省长和林业部长等组成的扑火前线总指挥部汇报人工增雨扑火工作。我赶到火场一看，局面混乱无法有效指挥人影作业。火场上空3000米以下都成了一个大火盆。考虑到我10年前曾到过火场上空这片林海所见的情况，查阅了资料得知，当地正处在降水负距平干燥期，我感到，必须采用特殊外场设计并提出：首次采用两架安-26较大飞机，远离火场，基地设在齐齐哈尔。采用深层降水性层状冷云，充分利用过冷水层，大剂量、多批次，往返撒播的概念模型。试用部分技术系统，每天都要提供两吨干冰，需要当地政府和空军支持，当地气象局抽调人员撒播。我负责协调政府和空军，组成专业团队，选择天气时机，统一指挥每次作业实施。

为了绝不放过任何有利天气，采取不间断飞行作业。遇对流云系时采用18门高炮上阵。空中和地面连续四天十八次作业，过程总降水量50~80毫米（边防团雨量点），特大林火完全熄灭。每次作业空军记者站都向全国报告，央视《新闻联播》等媒体连续几天报道"人工降雨成功"。林业部刘广运部长答复外国记者称，人工增雨是扑火第一技术措施。著名记者、后任新华社和《人民日报》总编辑、全国记协主席的翟惠生写了对我的专访，向全国发表。他是先在外围采访所有人影参战人员，最后只与我谈了十几分钟，主要是核实内容，见证当事人是否值得专访报道。

大火熄灭后，国务院验收组常务副总理田纪云一行，所到之处，扑火军民都赞扬增雨作业，都为人工增雨请功。在接见有功扑火人员时，我们站在队伍最犄角。空军副司令李永泰向我不断招手，我挺木讷，不知何故。后来才知道，田副总理要求首先接见人工降雨的技术负责人，我就跑了几百米，由李副司令引荐到副总理面前，田纪云同志亲切地说："你们干得好，前线军民为你们请功"。在3个月后，经过统计分析，我才在气象核心刊物上发表这次过程的论文，总结了作业技术及效果评估等问题。这篇文章也在世界气象组织学术会议上发表。国际云降水物理专业委员会主席Hobbs看了我的论文说："世界上这样一类的应急作业，很少有详细的总结报告，你的概念模型等一些技术问题都符合世界气象组织的科学结论，你们的作业是成功的。"

扑火作业三十年来，我始终认为这次轰动国内外的人工增雨成功，是"天帮忙，人努力"的结果。如果没有这场深厚的降水云系，如果没有适合的概念模型、时机选择和作业实施，如果没有空军机组、后勤及作业人员的共同努力，也不可能连续作业降下大雨来。

为什么公认这次扑火作业提升了人工增雨社会认可度，甚至对人影复苏产生了重要推动作用呢？我想，一是以国务院指令开始，以国务院验收、全国人大表彰结尾。属于具有重大社会政治经济影响的国家层面的重大事迹；二是受到前线5万军民和全国公众异口同声的赞扬，社会反响极大；三是增雨方案设计、作业实施及效果分析等全过程受到国内同行和世界顶级专家的理解和认可；四是这场特大火灾增雨作业是前30年后30年均未出现过的历史大事件；五是对于正处于低谷的人工影响天气工作激发了再度复苏的动力。从此，人影逐渐启动并再度发展起来而且更加兴旺。所以普遍认为这场扑火作业是我国人影从低谷走向兴旺的转折点。

省级试验研究历经波折跌宕

众所周知，省级试验研究困难重重。一是缺人才团队；二缺先进监测设备，无信息采集及资源共享的基础；三是缺科技带头人、指导专家；四是无发展序列；五缺人影科研的舞台和氛围，缺独立思考自我创新的环境，常常被陷入人为的内耗之中等等。

1985年要我们大干时，不仅处于全国低潮，而且是"五无"的空壳子。必须从无到有，重建舞台。要把因"下马"而由省政府已划归气象部门的机构编制经费之外，再新建一套，等于要财政重复拨款，这是违纪违规的。我只能硬着头去找各单位各部门千方百计求援。最后，在省委、省政府向国务院报告（责成我代拟文件）获得批准以后，解除了"下马"的定势，才算又建起来了新一套人影的机构、编制、经费等基础条件。人影风风雨雨，起起落落，这已经是我第五次跑批人影相关的舞台了。

黑龙江是边远地区，人才是更大的问题。人影专业无生源，当时只有非专业的中专生、转业兵或自学电大生。本科生最多时只能维持8～10人。召集人员，培训上路。像带徒弟或研究生一样，从读书、写读书报告开始，根据基础和特点，逐步分配课题和任务。人才流动不断更新，一池活水，进进出出，总数约有近百人，最多时维持28人。除了送培研究生10人以外，这些年，经过人影锻炼出来的人有：

正研3人、副厅3人、高工处级约40余人（不含工程师与科级），经人影送培提高，后获博士3人，1人后获"中国气象青年科学家"称号、北大博导。

用了两三年才凑齐了上述那些省级试验研究的基本条件，才有十年磨一剑。但真正干只有七八年。到1995年底，黑龙江人影独立获得国家科技进步奖三等奖和三项省部级二等奖，国家专利两项及其他省部级科技奖励共十四项；在国际国内学术刊物和会议上发表论文四十余篇。《人工影响天气技术体系研究》《人工影响天气现状与展望》等专编译著共六部。连续多年不断向全国人影广泛推广应用创新成果。据不完全统计，先后关注黑龙江人影的有叶笃正、陶诗言、周秀骥、赵柏林、程纯枢、吴国雄、黄荣辉、章基嘉、许健民、丁一汇、陈联寿、吕达仁等院士及黄美元、游来光、毛节泰等多位科学家。得到人影所、大气所及北大专家的支持。自1988年起，黑龙江人影在全国同专业中首先开展与美、苏（俄）等国人影科技交流与合作，随后逐步拓展与法国、意大利、加拿大、古巴、沙特、蒙古等国的人影交流。多次接待国内外同行，国家主管部门和专家视察参观，国家气象局8位局领导有10多次深入视察。受到美苏（俄）等先进国家人影中心专家和负责人的好评。国家自然科学基金会气象专家组全体和国内十多位顶级专家院士给予充分肯定。美国国家大气海洋局（NOAA）局长 W-Friday 指出："你们的设备好，软件也丰富，能不能把这些移植到武汉中尺度系统中去。"美国多位院士专家留言称："你们的工作，给我方代表团留下了深刻印象。你们的工作热情和专业素质将赢得广泛的赞扬。"美国双院士、国际著名资深气象学家、中科院特邀研究教授张捷迁大师考察后写道："特别看到有辉煌成就的黑龙江省人工影响天气中心十分感到欣慰。"美俄人影专家还邀请我们去国家气象中心（NICA）和国家防雹中心（BrN）做学术报告。因科研经费下降，美俄专家要将最先进的全套设备无偿提供我们使用，信息双方共享等等，不胜枚举。

所有这些都发生在这边远地区，人影基础薄弱的小单位里。表明虽然省级人影试验研究异常困难，但在改革开放的春风推动下，只要没有干扰和折腾，也能产生独立创新的奇迹来。但仅仅只有这几年红火，便因上述各项基本条件在某种因素下已经丧失，人影试验研究自然也不得不被滑坡下来。这是全国同行都耳闻目睹、感同身受的，都是懂得的。

愿下一个 60 年有重大突破、更大成绩

人工影响天气在风雨跌宕中走过了60年，取得了许多成绩，获得了许多来自各方的赞扬和褒奖。但熟悉本专业的同行们深知困难不少。国际同行也并不景气，20年内难有重大突破。

我认为，我国人影首先要寻找一个平衡点，即在减灾防灾、生态建设的迫切需求与人影科学技术尚不成熟不完善的差距之间寻找平衡点。仅仅有需求而技术支撑薄弱，这是一个无法忽略的关键问题。处理好这个问题，就可守住既不萎缩气馁也不浮躁虚夸的正确工作作风。

其次，这项科学技术的发展有待于全国乃至全球科学技术的进展。权威性公示，我国科技比先进国家落后 30 年。对于人影则有一个基础和时间的差距问题。

再次，目前人影专业方面的人才、带头人、监测手段、技术基础、催化模式，云物理理论研究和严格科学的试验计划等方面与国际上还有很大差距。

其四，"创新是引领发展的第一生产力"是"核心竞争力最关键因素"，创新也是人影发展的动力所在。人为地遏制创新，不仅抵制了改革开放的大势，而且压制了人影发展的生机。类似实例，大家是不言而喻的。

还有一些具体问题。我曾在《人工影响天气现状与展望》一书中提到，也曾在电话中向国家气象局领导一口气反映过大约有 13 个问题，阻碍当前人影的进步和发展。可在适当场合仔细展开，此处从略。

为了人工影响天气后 60 年发展更好，有重大突破，还希望主管部门组织有关人员深入研讨。但愿我国这项独具特色的减灾事业在后 60 年走得更好，取得更多、更好、更大的突破，为减灾防灾生态建设做出更大贡献！

创新催生双翼　助力人影腾飞

——全国第一个人工增雨基地和联合开放实验室创立回顾

汪学林 [①]

时光荏苒，白驹过隙，六十年弹指一挥间，吉林人工影响天气事业的发展与共和国人工影响天气事业的发展同呼吸、共命运。笔者有幸在这一发展历程中，与同志们共同作为亲历者、见证者，经历了数十载风风雨雨，切身感受到我国人工影响天气事业发端于吉林是有其必然的，是吉林人勇于创新，敢为人先的真实写照。我在吉林省人工影响天气办公室工作期间，经历了许多吉林人影创新发展的艰苦历程，许多事情历历在目，尤其是全国第一个人工增雨基地和第一个省部合作联合开放实验室的创立，为人影事业的科研业务从组织架构和物质储备上打下了进一步基础，如同风之两翼，助力人影事业展翅腾飞。现回顾创立过程，以飨读者。

一、创建吉林人工增雨基地

（一）需求催生创建吉林省人工增雨基地

吉林省是国家主要商品粮基地，也是全国旱灾比较严重的省份之一。旱灾主要集中在春夏两季。西部三个地市多数情况是春夏连旱，历时多达 120 天。历年平均受灾面积达 800 万亩，平均减产 7 亿～10 亿千克，个别年份减产达 40 亿千克。这

---

① 汪学林（1940—　），正研级高级工程师。1963 年南京大学气象系毕业，1987—2002 年任吉林省人工降雨防雹办公室主任。获国务院政府特殊贡献津贴，国家科技进步二等奖、三等奖、科学大会科技成果奖，吉林省人民政府劳动模范奖多项。2002 年退休。

不仅严重阻碍了农业的丰收与发展，连年干旱更加剧了生态环境的进一步恶化，加速了土地的沙碱化。白城地区的沙化面积 25 年来增长了 23.4%，还使土地资源遭到了严重破坏，地力下降和草场严重盐碱化，大风扬沙天气增多，农作物倒伏加剧，PM_{10} 空气中颗粒物的浓度大增，严重地威胁着人类的生存与健康。因此，1958 年 8 月 8 日，吉林省在空军和吉林化肥厂支援下，使用干冰首先在全国开展了人工增雨外场催化作业，取得了一定效果。从此，这种应急性增雨作业从未间断过。截止到 1986 年累计作业 200 余架次，为工农业生产和改善生态环境做出了贡献。但是，这种应急性增雨作业，还远远不能满足人工影响天气全面向深度和广度服务的需求。主要表现在：

（1）探测和催化等技术手段落后；

（2）对天气系统、云系统特征认识不足，缺乏针对性的人工增雨科学模型和催化潜力及作业指标；

（3）没有长期有设计的人工增雨试验，效果评估不够严密；

（4）人工催化局限于应急性救灾增雨，缺少有计划的储备性调控增雨；

（5）没有固定的人工增雨飞行基地和飞机，很难保障科学试验和大规模的作业飞行。

为此，我和时任省气象局的丁士晟局长、白城地区的几位领导一致认为，必须要建立自己的"吉林人工增雨基地"，才能有效地解决以上问题。于是就建立吉林人工增雨基地的必要性、可能性、可行性和效益估计等问题，多次向省委、省政府领导行文和口头汇报，得到他们重视和关心。时任省委书记高狄同志指出：人工增雨在吉林省是成功的，已被广大群众认可，要建立人工增雨基地，以后不但春季搞增雨，夏季、秋季也要搞。不但要租飞机，还要买飞机。这个问题省委、省政府已经确定。你们有关部门要抓紧拿出方案。于是 1987 年省政府正式向国家气象局提出建设"吉林人工增雨基地"申请。并向当时的李鹏总理和田纪云副总理做了汇报，他们分别于 1987 年 11 月 3 日和 11 月 16 日签署意见，一致同意批准国家计委给予大力支持。1988 年 6 月 8 日中国气象局行文批准同意建设"吉林人工增雨基地"。同年 7 月 14 日，我们又邀请了全国十七位著名专家对建立"吉林人工增雨基地"进行了专家论证，大家一致同意建立。认为基地建成后，将是我国第一个较完善的人工增雨基地，不仅为吉林省工农业增水服务，也应为支援邻省区服务，成为全国科研试验基地。吉林省计委经国家计委批准后，以吉计经农字〔1998〕68号文正式批复列项建立"吉林人工增雨基地"。

（二）吉林人工增雨基地建设的主要内容

按照国家的批复，增雨基地分两期进行：第一期1989—1996年；第二期1997—2001年。第一期工程共投资1500万元，其中国家补助700万元，省、市（地）自筹800万元，第二期拟投资1395万元。

建设内容一期工程共分五大系统：

1. 建立全省人工增雨指挥中心

建设省指挥中心大楼2700平方米，该楼是综合利用楼，集指挥、办公、实验室和机组招待所为一体。其指挥中心内建立现代化云物理工作站，它以SGI工作站为中心，由资料收集、信息加工处理、资料存储显示、通信传输等组成。能及时分析显示全省旱情分布，天气预报和实况、人工增雨可能性分析，飞机飞行与作业轨迹、作业效果的初步分析。

2. 建立白城人工增雨农用机场，购置增雨飞机及飞机保障附属设施

经省政府和空军商讨，一致同意将伪满留下的白城大青山机场进行维修改造完善，建立二级标准机场跑道800米×45米。建设飞行指挥、通信导航、油料供应和机务保障等装备和建筑。在飞行基地还建立了候机楼1060平方米。

购买了运-12和运-5飞机各一架。对运-12飞机进行了适当改装，并加装了部分人工增雨探测仪器和催化设备，以适应人工增雨飞行作业和探测的需要。

通过以上的建设我们就可以从自己的机场，用自己的飞机及时有效地实施人工增雨作业和云雨探测研究，在作业的时空分布上都有很大提高。

3. 装备机载云物理自动探测和催化系统

在中国气象局人影所的帮助下，从美国PMS公司进口了热线含水量仪、FSS-P云滴谱仪、2D-P粒子测量仪和机载碘化银播撒器等装备，基本实现了对云雨的自动化探测和催化。

4. 建立白城人工增雨指挥中心

建立指挥中心大楼1800平方米。该楼集指挥，办公和飞行机组招待所为一体。指挥中心仪器设备基本和省指挥中心相似。但更强调与大青山机场直接对接。

　　5. 建立全省地面增雨防雹作业网

　　为弥补强对流天气或各种原因，空域飞机管制不能及时起飞作业的损失。本着县、乡（镇）自愿，我们适当资助的模式，在全省布设 200 余门"三七"高炮和 80 余个火箭发射点。

　　在第一期工程基本完成后，吉林省人民政府于 2001 年 1 月 3 日，以吉政文〔2001〕5 号文向中国气象局发去了继续建设吉林人工增雨基地，将二期工程纳入国家"十五"投资建设的三北"东北、西北和华北"人工增雨基地系统建设工程，完成吉林人工增雨基地的续建工程。这也为今天建设的东北区域人工影响天气中心打下了坚实的基础。

二、创建人工影响天气联合开放实验室

　　一次，时任分管省长刘淑莹来我们单位视察人工增雨基地建设取得的成就和存在的问题，她对我说："你们增雨基地建设业绩很突出，效益显著，装备和技术水平都比较高。但是要更上一层楼，有所突破，是否可以考虑建立开放实验室，吸收国内外科学家一起来帮助你们攻关突破。"她的指点触动了我的灵感，我认为改革开放是解决我们前进的重要途径。于是当场请教她很多关于建立开放实验室的问题，她都一一作了详细的指点。接着我又多次去有关单位开放实验室调研，终于，在 1995 年初拿出"关于建立吉林人工影响天气开放实验室的设想"。得到了时任省气象局局长宋玉发同志的全力支持，吉林省气象局于 1995 年初以吉气〔1995〕3 号文向省科委作了请示。与此同时，我和宋局长陪同刘淑莹副省长一起赴北京找中国气象局马鹤年副局长和科教司肖永生司长研究与沟通，双方一致同意成立"中国气象局、吉林省人民政府人工影响天气联合开放实验室"。后经与中国气象科学院人工影响天气研究所张纪淮、王广河所长、胡志晋、游来光研究员以及北京大学赵柏林院士、毛节泰教授和大气所黄美元研究员等专家、领导的研讨、修改，最后向中国气象局和吉林省人民政府递交了"人工影响天气联合开放实验室可行性报告"并获批准，1998 年 6 月 10 日联合开放实验室在长春挂牌成立。

　　（一）建立的目标

　　实验室的建设目标是为适应我国北方经济、社会和人工影响天气自身发展的需要在中国气象局和吉林省高水平科技力量的基础上，实行联合、开放、流动的运

行机制，充分利用双方外场和室内试验研究条件，吸收国内外专家学者参与人工影响天气科学试验计划，开展相应的科学研究，力争取得一批有创新的科研成果，培养、锻炼一批跨世纪的科研人才，逐步发展成为具有一流学术水平、实验水平、管理水平的实验研究示范基地和学术活动中心。

（二）实验室的主要研究内容

实验室主要从事具有北方区域特征的人工影响天气领域的重大科学技术问题的应用基础研究和应用研究。

其主要研究内容是：

（1）人工影响天气机理及应用基础研究

①开展人工增雨、防雹、防霜、消雾等的机理及外场试验研究；

②云雾降水、催化剂扩散、效果检验模式的研制；

③不同云和降水的动力学、微物理学结构及其演变规律的研究；

④我国北方空中水资源分布变化规律及人工增雨潜力的研究。

（2）人工影响天气综合技术方法的试验研究

①先进的云雨物理和大气化学综合探测方法及其配套软件的研制；

②空中和地面两种作业体系的催化剂、催化工具和相应的催化作业方法的研究和改进；

③科学的作业效果和效益评估方法的研究；

④人工影响天气条件的预报、判别方法以及作业指标、判据的研究；

⑤现代化综合技术指挥系统软件的研究。

（3）人工影响天气新课题、新方法、新途径的研究

①人工影响天气新领域的探索研究；

②人工影响天气新途径的探索研究；

③人工增雨防雹高效催化工具的研制；

④人工防冻新机理及新方法的研究；

⑤人工影响天气数值模式的改进和数值试验研究。

（三）实验室的组织管理和运行

中国气象局、吉林省人民政府人工影响天气联合开放实验室是全国第一个人工影响天气联合开放实验室。实验室由中国气象局和吉林省人民政府双重领导，挂靠

在吉林省气象局和中国气象科学研究院；设立长春、北京两个分中心，长春分中心设在吉林省人工影响天气办公室，北京分中心设在中国气象科学研究院人工影响天气中心，分中心下设办事机构，负责处理日常事务。

开放实验室首席主任和副主任分别由汪学林和张纪淮担任。

为加强联合开放的力度，实验室设协调指导小组和学术委员会。协调指导小组由中国气象局、吉林省人民政府、中国气象科学研究院、吉林省气象局、中国气象局科教司的有关领导组成，中国气象局马鹤年副局长和吉林省政府刘淑莹副省长分别担任第一届协调指导小组组长和副组长。

学术委员会由全国人工影响天气知名专家组成。开放实验室第一届学术委员会由赵柏林院士担任顾问，主任由中国气象学会大气物理委员会主任胡志晋研究员担任，副主任为吉林省人工影响天气办公室汪学林研究员，委员包括中国著名云物理和人工影响天气的 17 名专家学者，其中中科院院士 1 人，研究员 13 人。

学术委员会每年开会一次。主要听取实验室的工作汇报，审批开放课题。对实验室的研究方向、目标，发挥自身优势，保持学科前沿的研究水平和培养高水平人才等问题提出意见和建议。

为使实验室高效规范化运行，经过多次讨论，制订了《中国气象局、吉林省人民政府人工影响天气联合开放实验室管理办法》和一整套的规章制度，使开放实验室的管理工作一开始就打下了规范化、制度化、严格化的基础。

为实现开放、流动的运行机制，吸收更多的专家、科技人才参与实验室研究工作，我们每年向全国各省（市、区）气象局、人影办和各有关科研单位、大专院校发布"人工影响天气联合开放实验室科学基金资助课题指南"，每年都收到各单位申报课题近 40 余项，学术委员会全体会议采用评议和无记名投票办法，评选出年度资助课题 15～20 项，其中重点课题 5 项；截至 2002 年赞助课题已基本按期结题。由实验室资助的"人工影响天气新型吸湿性焰剂"的研制，在 2001 年获得了中华人民共和国国家知识产权局的发明专利。"人工影响天气宏观综合参数测量系统""层状云播云催化剂在非均匀、非正常环境中输送扩散模拟研究""机载微波辐射计的研究"经专家鉴定均已达到国内领先水平。在一些省（市）推广使用，取得显著的经济与社会效益。我们研制的"松辽平原飞机人工增雨指挥系统"，经赵柏林院士等 12 位专家鉴定，结论为：硬件设备齐全，自动化程度高，软件内容丰富，功能多，多有创新，有很高的实用价值，处于国内领先水平，1999年获得吉林省科技进步二等奖。

三、两大创新成果

通过基地和实验室的建设及运行，截止到2002年我们获得国家科学大会奖一项，国家科技进步二、三等奖各一项，吉林省科技进步二等奖两项，国家专利一项以及厅（局）级奖若干项。

结合这些科研成果，共撰写论文60余篇，其中在一类杂志上发表12篇，在国际会议文集上发表5篇，同时还出版了两部论文集。

由于增雨基地和开放实验室进一步加强了科研成果的转化和外场作业。1987—2002年使用飞机抗旱作业300余架次。在全省装备"三七"高炮200余门，火箭发射架100余部，据统计计算，增雨效果达25%～40%，投入产出比为1∶50～1∶100，不但有效地缓解和解除了农业旱情、工业增水发电，增进城市供水，也为改善生态环境做出了贡献。受到了各级政府领导的多次表扬，受益县（市）纷纷向省政府发来感谢电，给我办赠送锦旗和慰问品，农安县还带来县黄龙戏剧团来慰问演出。

同时我们还支援贵州、广西、山东、浙江、辽宁、广东等12个省（区、市）进行过飞机增雨作业和科研探测，特别在1999年夏，深圳市发生严重旱灾，不但农田受到严重影响，深圳向香港供水的水库也快接近死水位，一旦停止向香港供水，其影响和后果不堪设想。为此，深圳市政府请我们帮助进行飞机人工降雨。我们带去了机载仪器和播撒设备，和广东热带气象研究所和深圳市气象局一起，4月25日—5月20日，选择人工影响潜力大的云层和潜力区飞行作业16架次，使影响区内多次出现比较大的降水，此间各雨量点累积降水量均在100毫米以上，最大达180毫米，与历史同期比较，平均多21%，解决了严重缺水局面，受到当地政府的赞扬，给我们赠送了锦旗，并向省政府发送了感谢信。

与此同时我们还拓宽了服务领域和服务面。先后参加和开展了大兴安岭人工增雨森林灭火；丰满水库人工增水发电；全国第九届冬运会人工增雪等特殊人影项目。特别是1999年1月10日全国第九届冬运会在吉林省召开，但是滑雪场没有足够的积雪，时任省长洪虎同志紧急召见宋玉发局长和我，要我们应急实施人工增雪。抓住有利天气，我们用立体作业方法，飞行作业5架次，火箭作业一次，使北大湖滑雪场出现 8.8 毫米的降雪，周围对比区只降了 2 毫米，滑雪场积雪厚度增加了 22 厘米，满足了比赛的需要，受到省长高度赞扬，轰动了全国冬运会。

我们也曾赴朝鲜人民民主主义共和国帮助他们设计和操作世界第十三届青年联欢节人工消雨工作，也和国家气象局的专家一起赴非洲佛得角共和国指导他们开展人工增雨的调研和准备工作。

为了使开放实验室成为学术交流中心和培养人才基地。我们经常请赵柏林、游来光、胡志晋、马培民、张纪淮、黄美元、毛节泰、许焕斌、叶家栋等专家学者来讲课与指导。

在国际上曾请过美国的奥维尔和澳大利亚的别格教授以及俄罗斯和乌克兰的几位专家来实验室讲题指导。

中科院大气所、南京气象学院、陕西省增雨办、中国人民解放军 3305 厂和四川省增雨办等单位的有关专家和科研人员也先后来开放实验室进行合作科研工作，取得了一批有价值的科研成果。同时，我们还接待过北京大学三批实习生，南京气象学院两批实习生。更培训了佛得角共和国和朝鲜的人工影响天气专家组。

在这段时间内，我们经常接待全国各省市的领导和人工影响天气的同行，他们主要来参观和取经我们已经建立的人工增雨基地和联合开放实验室。后来在全国很多省区也陆续建立了人工增雨基地，有些省（市）还建立了开放实验室。可以说，我们这两个项目建设，不仅为吉林省人工影响天气事业提高科技水平、锻炼培养人才、增加经济和社会效益做出了贡献，也为全国人工影响天气工作起了一定示范和推进作用。

通过几十年的人工影响天气实践，使我深深地体会到：人工影响天气工作一定要本着改革开放的宗旨，协作创新，坚持服务生产与科研相结合，作业与试验相结合，以服务生产来带动科研，以科研来提高服务水平，这样循环往复，不断前进，才能使人工影响天气工作快速发展，适应经济建设、改善生态环境和人民生活水平提高的需要。

十二年的坚持
——回忆古田水库人工增雨试验

福建省气象科学研究所（福建省人工影响天气中心）

今年是我国人工影响天气工作 60 周年。古田水库"人工降雨效果及其检验方法研究"（古田水库人工增雨试验）作为国内首个有严格统计学设计的科研和生产相结合的试验项目，研究成果为提高我国人工增雨效果检验的客观性、科学性做出了重要贡献。

古田水库人工增雨试验历程

二十世纪五六十年代，我国各省陆续开展以抗旱和水库蓄水为目的的人工增雨工作。福建省有组织地开展人工影响天气作业始于 1959 年。1959 年 1 月，福建省气象局成立人工降雨工作队，由孙岳云负责，进行了人工降雨作业工具和催化剂的试制研究。此后陆续开展了一些试验，但都停留在小规模的水平上。

1972 年，根据省政府的批示，结合大面积抗旱需要，福建省气象局开始加强人影专业队伍，扩大试验规模。1974 年，福建省气象局和南京大学合作，决定在古田水库开展人工增雨随机试验。试验方案的初稿由南京大学叶家东老师设计，试验区选择在古田水库流域，作业点确定为位于建瓯、古田交界处，海拔 1625 米的石塔山。

古田水库是福建省第一座大型水库，控制流域面积 1325 平方千米，总库容 6.41

亿立方米。试验区雨季月平均雨量为 217.76 毫米，月平均降雨日数为 22.1 天，自然降雨条件较好，人工降雨试验环境适宜。作业点海拔高，小火箭或高炮能发射到云顶左右，作业后的云移向下游的古田水库流域，作业效果好。

1975 年，古田水库人工增雨试验开始，此后一直到 1986 年的每年 4—6 月，福建省气象局的人工影响天气科研人员都上石塔山进行现场作业，持续开展了 12 年。

1977 年，福建省气象局设立"人工降雨效果及其检验方法研究"随机试验项目，由福建省气象科学研究所（以下简称福建气科所）陈汉耀（原所长）主持，曾光平为技术负责人，南京大学气象系、南京气象学院大气物理系和中国气象局气象科学研究院人工影响天气研究所为协作单位。考虑到降水自然起伏对人工增雨效果评价的影响，曾光平对方案进行完善，采用区域控制模拟试验方案研究这一影响，确定了统计显著度大于 0.95 的水平检出增雨效果大于 20% 所需的样本数，为试验研究提供科学依据。由于当时还没有先进的计算条件，大家用手工计算模拟了上万次试验，其工作量之大是难以想象的。此外，还确定随机试验区包括古田、屏南、建瓯、延平 4 个县（区），面积约 14000 平方千米。由于 1975—1981 年的试验阶段性成果得到了上级的认可，1982 年起该项目被列入中国气象局重点课题。

1982 年之前的试验研究是以统计检验为主，由福建气科所的曾光平、方仕珍和南京大学的叶家东老师等为主。由于学术界认为单做统计检验只是把结果拿出来，不能说明问题，整个结果应该通过物理检验和数值模拟来验证。1982 年之后项目加入物理检验和数值模拟研究内容。物理检验包括大气冰核的检验、雨水中碘化银含量测定、雨滴谱观测和雷达检验等工作，承担该工作的主要有福建气科所的肖锋、林长城、林祥明和南京气象学院的黄文娟、周文贤老师等。数值模拟工作主要由福建气科所的吴明林、郑淑真和气科院的胡志晋老师负责。

1975—1986 年，项目组在古田水库开展了为期 12 年的试验研究，作业样本达到 244 个。统计研究结果表明：人工催化可使试验区 1500 平方千米范围内绝对增雨量 1.21 毫米 /3 小时，相对增雨 23.81%，统计显著度达 0.99 以上，投入和产出经济效益比为 1∶50。该研究项目 1987 年通过中国气象局组织的鉴定，专家组认为该项成果"具有国内先进水平，居领先地位。类似结果在国际上也为数不多""在国际上具有一定影响"。

而这些成绩的背后，离不开科研团队十二年的坚守和努力。

工作再辛苦，依然坚守梦想

古田试验期间，项目组成员年龄大多为三四十岁，上有老下有小。为了工作，大家经常"抛妻弃子"，上山一待就是几个月的时间，而这一坚持就是12年。1984年，曾光平的岳父去世，由于山上没有汽车，他走了十几千米的山路赶到半山腰，再由部队的战士帮他拦了一辆过路车才赶到家，当时岳母指责他："岳父生病的时候没有照顾他，连最后一面也没见到。"对于这件事曾光平一直觉得很内疚。有次工作路过肖锋妻子上班的大目溪水电站，在那匆忙吃了顿午饭。曾光平和方仕珍劝肖锋在那住上一晚，多陪会正在生病年幼的孩子，但他不愿意耽误试验，依然坚持跟大家一起回到山上，走的时候孩子抱着他哭得好伤心。邓家铨的妻子在工厂负责支部工作，工作很忙碌，在他上山的几个月里，家里两个年幼的孩子就根本顾不上。

石塔山上的工作条件非常艰苦。试验初期，为解决通信联络问题，他们购买了几十捆电话线，每捆500米，从石塔山上作业点，一直拉到古田县凤埔乡西溪村邮电所。十几千米的电话线路拉线工作，由地方民兵协助，在孙岳云带队下，从早到晚翻山越岭，完成任务后大家已经筋疲力尽。工作中，一旦电话突然中断了，不管刮风下雨还是大雾，立即派人分头查找原因，直到信号接通。

古田人工增雨试验区域共布了近百个雨量点。每年上山前，先得准备好雨量计上的虹吸管、量杯、橡皮泥、自记纸，以及维修工具等，然后乘坐一辆没有顶棚的吉普车在周边6个县气象站和水文站收集资料，每次需跑3~4天时间。有一次，在周宁至屏南的大山上，汽车出了故障，又逢大雨，从早上8时到下午4时，方仕珍、曾光平、肖锋、黄逸和四位同志，足足熬了又冷、又饿、又渴的8小时。

1975—1981年，因为没有"三七"高炮，所以在1976年时福建省气象局办了个小火箭厂，自己生产自己用，每年均派火箭厂工人上山教民兵发射。1982年改用高炮作业，每年都要从福州运一两千发人工降水专用的碘化银炮弹，由于是危险品，手续很烦琐。从省人工降水办公室开出炮弹调拨单，到市公安局办理运输手续，定时、定点、定路线，专车专人押运，并电报告知古田县公安局。搬运时，工作人员还得自己动手搬运重达39千克的炮弹箱。1982年的一天，方仕珍、肖锋和驾驶员陈楚跃开着4吨大卡车，搬运2000发炮弹（一百箱）押运到山上的危险品弹药库，搬完后三人全身被汗水湿透。

大气冰核测定采用 BIG 云室，需要用到冰块，这在当时可是紧俏的东西。刚开始他们从福州带上山，但由于山区公路有 210 千米，到山上需近 10 小时，冰块都已融化，后来考虑就近购买。为解决保温问题，大家试着用两个炮弹箱合并成一个大箱，里面放些泡沫塑料和棉花制成保温箱，到 60 千米远的古田县城购买，但当地只有冰棒没有大冰块。他们继续在周边寻找，终于在 80 千米外的建瓯县城买到了冰，虽不是大冰块，但解了燃眉之急，买一次的量可以观测两次。

作业前后的雨滴谱变化是检验人工增雨作业效果的有力证据。项目组在试验区域内的石塔山、古田县和屏南县布置 3 个取样点，雨滴谱测量采用滤纸斑迹法。当时设备落后，采样回来的滤纸都需要靠人工识别。一次作业样品有几十张滤纸，一个滤纸上则有几百上千个大小不一的雨滴痕迹。肖锋、林祥明等就是用尺子把一个个雨滴直径测量出来。为了防止雨滴痕迹消失，他们夜以继日地测量数据，每次工作结束，他们的眼睛都布满了血丝。

碘化银含量的水样分析工作，要求很高，大家去布点时，除了个别由自己取样，大多数的点得请当地群众帮忙。我们虽然做了反复详细介绍，但还是经常收到带有泥土、酱油、虾油、盐巴、油污等各种不能使用的水样。一般每 10 天一次，他们就要把 5 个点的水样收集好送到中国科学院福建物质结构研究所采用石墨炉原子吸收法进行测定。

1978 年南京大学师生近 20 人到石塔山实习，老师有陆渝蓉、张瑞莲、许绍祖。学生有十几人，由于条件差，只能老师睡床铺，学生睡在小火箭箱上。我们还特别交代他们，不能有火种，不能抽烟，以防爆炸。以后几年都有南京大学和南京气象学院师生来山上实习。

环境再恶劣，依然爱岗敬业

每年 4—6 月正是福建的雨季，石塔山经常处在云雾中，每月累计只有六七个晴天。山上的湿度非常大，再加上房子都是石头砌的，墙壁、木地板到处湿漉漉，上山的几天得用木炭炉烤地板和房子，顺便烤洗过的衣服，不然衣服都没穿的。山上的海拔高，气压低，开水 85℃就开了，所以饭煮不熟，后来我们就改炖饭，米先用开水泡，然后再重复烧开，这样才能吃上熟饭，烧开水也是这样。

有几年山上天太冷，把水管冻裂了，我们只好自己动手安装水管。有时抽水泵坏了，我们得跑下山100多个台阶的水井去挑水。山上电力紧张，只供照明用电3～4小时。我们也曾为了作业和生活需要而自己发电，由于山上水汽大，加上没有维护技术，一部汽油发电机，一部柴油发电机，几年时间就生锈报废了。后来，随着伙食补贴的提高，并添置了电冰箱，生活条件才有了改善。

石塔山路非常崎岖，工作人员上下山极不方便。有一次，方仕珍、曾光平和肖锋，坐一辆破旧的吉普车出去收集雨量资料，车子在山路上翻了，他们全身都受了伤，但他们简单处理后，继续前往雨量点收集雨量资料，等资料收集齐了才到医院治疗。

山上湿气重，再加上早晚温差大，工作人员很容易出现感冒，拉肚子。山上虽然有常备药，但病情较重的人员就没办法解决。1983年，我所李顺来同志胃部疼痛，并伴有出血症状。方仕珍、王祖炉就连夜乘坐解放牌大卡车赶了60多千米的山路把他护送到古田县医院，他在急诊室门口吐了近一痰盂的血，把大家都吓坏了，好在当时送医及时，经过古田县医院2天紧急治疗，送回福州治疗后痊愈。

在项目组里，像这样爱岗敬业的人还有很多。南京气象学院的黄文娟老师，那时身患癌症，但她为了工作，还是忍着病痛，多次带领学生到石塔山参加雨滴谱取样和大气冰核滤膜取样，直至完成论文（黄文娟老师已于1992年病逝）。

生活再清苦，依然微笑面对

石塔山上工作和生活虽艰苦，但大家都积极乐观。碰上难得的好天气，也是大家相对清闲的时候。有的同志就会早起晨跑，运气好的时候还能遇到云海，原来的小山头成了孤岛，云海稍有起动，就像大海中涌动的波涛，真是美不胜收。有时大家晚饭后会一起去散步，去看看日落余晖下小村旧镇风光。站在高处，四周山头尽收眼底，真正体会到登高望远的心境。有时他们也会从漫山遍野的杜鹃花中，摘上一束带到宿舍。

要是周末刚好遇上好天气，他们还会和部队来场篮球友谊赛。因人员不够，而郑淑真曾是福州大学篮球队队员，于是他们就组成男女混合队参赛。军民的密切交往，还促使了郑淑真和部队的一位技师结成伉俪，这也成为古田试验的一段佳话。

功夫不负有心人，正是因为大家的坚持和付出，1978年古田水库人工增雨试验的阶段性成果获得全国科学大会奖和福建省科学大会奖，1989 年获得中国气象局科技进步二等奖。

[本文根据该项目的参与者曾光平、邓家铨、肖锋等同志对当年研究和试验情况的口述，以及参考方仕珍（已逝）同志的《回忆石塔山》整理而成。文稿整理：王芳、林文；文稿审定：冯宏芳]

回顾与思考

周和生[①]

    1946 年，美国著名物理化学家、1932 年诺贝尔化学奖获得者朗格缪尔和他的实验室助手谢弗尔博士在华盛顿山进行结冰和云中液态水含量观测时发现，只要云中有冰晶，它们就会增长并产生降雪，他们认为如果冬天云中温度在冰点以下，含有大量过冷水滴，没有适当数目的冰晶是不会下雪的。因此，他们决定在实验室里进行实验以证实他们的想法。

    谢弗尔利用一台容积约 113 升的冰箱，用黑绒衬里，让一束光线射进冰箱里，以便观测冰箱里发生的变化，如果出现了冰晶他就能看到。谢弗尔向里面呼气，湿气便凝结，形成和普通云滴相似的雾滴，他将许多不同物质细末分别送进冰箱里想形成冰晶，虽然冰箱温度已经-23℃，但没有看到冰晶。直到有一天，冰箱里的温度不够低，他想让温度再低一点，他就取了一大块干冰投入冰箱中去降低温度，忽然间冰箱中立即充满了冰晶。接着他发现，即使很小一块干冰也能使冰箱里充满冰晶。他取一根在液态空气中浸过的针，将这根针在冰箱里经过一次，结果也产生了无数个冰晶，这个效果很快散布到整个冰箱。进一步研究发现临界温度约-39℃，即水银冻结的温度，在这个温度下冰晶就会自然形成。根据这个实验结果，他们认

[①] 周和生（1941— ），研究员。1964 年毕业于南京大学，主要从事云雾物理和人工影响天气、雷达气象、大气污染和大气环境保护等试验研究工作。获四川省科学技术进步三等奖；2003 年退休，现任四川省老科学技术工作者协会高级专家咨询组成员。

为要想对天空中缺乏冰晶的过冷云进行人工影响就是一件极其简单的事了。当时他们似乎对 1933 年在葡萄牙里斯本召开的国际大地测量和地球物理联合会第五次全体会议上贝吉隆发表的"云和降水物理学"中冰晶效应的微物理过程并不了解。

1946 年 11 月 13 日谢弗尔进行了一次有历史意义的飞行，在纽约斯克内克塔迪东面的格雷洛克山上空，他从一架小型飞机上对云高约 4300 米，云中温度-20℃的一块过冷层状云，沿着一条大约 5 千米长的航线播撒了 1.36 千克干冰，大约在 5 分钟后，这块云产生了降雪，在云下降落了约 600 米才蒸发掉，这是人类第一次对一块自然过冷云进行科学的人工影响天气作业。在谢弗尔完成历史性飞行的第二天，冯内古特博士发现碘化银烟是一种很好的冰晶核，在水汽饱和的条件下，温度降低到-4℃，碘化银微粒就可以活化成冰晶，很快碘化银便被成功的用到人工影响天气试验中。

紧接着报纸报道了他们的成果，在以后的几年中，大众刊物引用了朗格缪尔的话，对"天气控制"将要带来的好处作了极为乐观的预言。由于在科学界的崇高威望，朗格缪尔的观点得到科学家和观点相同的民众的强烈支持，以致 20 世纪 40 年代末和 50 年代初期人工影响天气研究和作业十分兴旺。然而，美国天气局局长弗朗西斯·里奇德霏认为朗格缪尔的主张有些夸大，为了向公众负责，天气局发表过公开声明，指出任何一块云即使将云中云滴全部转成雨水，最多也只能产生几毫米的降水量。

由于对人工影响天气的效果存在分歧，1953 年 8 月 13 日，经美国总统艾森豪威尔批准成立了美国人工控制天气顾问委员会，任命曾任美国海军气象室主任、美国气象学会主席霍华德·奥维尔为该委员会主席。该委员会在 1956 年 12 月提交的报告中主要结论是：从冬季播撒碘化银作业资料发现，在美国西部山区增加降水量是可能的，但同样的统计检验用在非山区则没有什么效果。报告强调人们的人工影响天气知识还很缺乏，建议作更多的研究工作。

二十世纪六七十年代，以色列进行了人工增雨随机试验，得到的人工增雨效果结论曾得到广泛的认可。他们试验的物理基础是：①由于云中缺乏大水滴（降水尺度的水滴），即使在很低的温度下，冰晶的浓度也很低，以致自然降水效率不高；②云中存在大量过冷水能满足引晶催化后冰粒子的增长。第一次人工增雨随机试验结果人工催化增雨 15%～18%。第二次增雨试验对二个目标区分析表明总体来看没有增雨效果。但是对二个目标区分别分析后发现北试验区增加降水 10%～15%，而南试验区减少相同降水。时任希伯来大学教授的罗伊洛夫·布洛恩提茨认为这可能是沙尘或霾对以色列云微物理结构影响的结果。

1995 年美国华盛顿大学教授 Peter V. Hobbs 等人对以色列人工增雨试验统计检验结果提出了质疑，他们根据新的以色列云微结构的报告发现与以前的报告相反，在以色列云中存在大云滴、降水尺度的水滴以及在高温区（低于 0℃）冰粒子浓度相当高，而且以色列第一次增雨试验样本不多，因此他们认为不可能取得显著的增雨效果，对以色列冬季气团通过引进人工冰核增加降水也是不可能的。1997 年 Peter V. Hobbs 进一步指出，负责实施以色列人工增雨试验的希伯来大学研究人员没有观测到被催化云中高冰粒子浓度的原因是，他们没有注意到云老化对云中冰特性的影响。

2001 年世界气象组织在关于人工影响天气现状的声明中指出：根据目前所掌握的知识，我们认为对气流流经高山上空形成的云撒播成冰剂是最具前景的，而且是在经济上可行的增加降水的方式。对这种类型的云进行人工影响天气作业极具吸引力，因为从水资源管理方面来说，它们大有潜力，也就是可以将水储存在水库或高海拔地区的积雪场。统计证据表明在一定条件下，现有的技术能够增加过冷却地形云产生的降水。对一些长期试验项目提供的地面降水记录进行统计分析后表明降水确实有季节性增加。但并不意味着在这种情况下增加降水的问题已被解决了。我们仍然有许多工作要做，以加强试验和研究结果，提出更加有力的统计和物理证据来证明降水的增加确实是在延长的时期内发生在目标地区的，并且要确定是否存在地区外效应。我们还需改进现有的方法以更加准确地确定播云催化的时机以及不适合播云的时间和状况，从而最优化地使用有关技术并使结果得到量化。同时还应该认识到成功地进行试验或作业是高难度的工作，需要合格的科学工作者和业务人员来操作。

人工增雨的基础是：对有可能产生降水但没有降水或降水效率不高的云，用播云技术提高云水转化为降水的速率，达到增加降水量的目的。人工增雨的效果，除催化技术外，主要与云的自然条件有密切关系。

对冷云来说，云中的温度条件十分重要。在低于 0℃ 自然冰晶较少而过冷水较多的冷云中播撒人工冰晶，通过冰晶效应迅速长大成为降水粒子，从而使缺乏冰晶的冷云增加降水；在大气层结动力可播度较大的条件下，在对流云上部过冷层引入大量人工冰晶，在冰水转化过程中同时产生的潜热可使云中温度升高，从而加大浮力，促进对流云发展，以增加降水量。就整个云体来说，通常云顶温度最低，故常将其作为估计云中自然冰晶浓度的参数。当云顶温度低到一定程度时，云中常会自然形成大量冰晶，此时采用人工催化方法来增加冰晶，效果就不显著。反过来，如果云顶温度太高，碘化银等成冰催化剂的成冰能力太低，也不利于人工催化。云中冰粒子的形成与气溶胶背景浓度（性质）、环境温度和云的发展阶段有关，由于各地气溶胶背景浓度和性质不一样，冰粒子形成的阈温也不同，一般来说当环境温度低于-25℃时，云中将会产生冰粒子。所以对冷云催化降水来说，云顶温度是一个重要的条件，对一些地形云和积云的人工降水试验结果的统计分析表明，当云顶温度为-25～-10℃时，人工降水的效果比较明显，这一最适宜的温度区间即为播云温度窗。

对暖云来说，被催化的云中是否缺乏大水滴（降水尺度的水滴）是关键。如果被催化云中已经存在足够多的大水滴，想用播撒吸湿性颗粒，使云中迅速形成大云滴，通过碰并过程迅速长大成雨滴增加降水的目的很难达到。被催化的云中是否已经存在降水粒子尺度的大水滴，可以根据实时雷达观测资料做出判断，由于雷达的反射率因子与云中水滴浓度和水滴直径的 6 次方成正比，而云中含水量与云中水滴浓度和水滴直径的 3 次方成正比，在云中含水量不变的情况下，只有当云中存在大水滴时，才会产生比较强的回波，当被催化云中只有小云滴没有降水粒子时，回波是很弱的，在厘米波测雨雷达显示器上是看不到回波的，我们在测雨雷达显示器看到的回波是降水粒子产生的。

值得注意的是：对人工增雨而言，由于目标区蒸发量远小于水汽输送量，因此目标区降水量的大小，主要决定于出入该区域气柱中的水汽量的多少。因此决定人工增雨目标区增雨潜力主要因素是：在人工影响天气作业期间，从目标区域外能输送过来多少水汽（含云）以及有多少水汽会凝结成可能产生降水的云。

中国高度重视人工影响天气工作，2011 年、2012 年和 2013 年连续三年中央一号文件对人工影响天气提出要求：加强人工增雨（雪）作业示范区建设，科学开发利用空中云水资源；强化人工影响天气基础设施和科技能力建设；加快推进人工影响天气工作体系与能力建设等。

科学开发利用空中云水资源，不仅要有科学的人工影响天气技术和方法，而且人工增雨目标区要选择在可降水云资源丰富的地区，在目标区下游地区应有蓄水功能，如水库、湿地等，以便增加的降水能储存起来，供干旱地区需要时使用。而缺水时干旱地区可降水云很少，这时进行应急性人工增雨作业很难取得增雨效果。因此，将人工增雨纳入水资源综合管理系统，有利于以开发云水资源为目的人工增雨作业方案设计，提高人工增雨作业效果。

60 年来，我国人工影响天气工作在缓解水资源短缺、支持农业生产、防灾减灾以及重大活动气象保障服务中发挥了积极作用。据报道为保障第 29 届奥运会开幕式不受降水的影响，北京市人工影响天气办公室按照北京 2008 年奥运会开幕式人工消（减）雨保障工作预案，在北京郊区和河北省进行了大规模地面火箭人工消减雨作业。当天下午北京周边出现了对流云并很快旺盛发展，向"鸟巢"逼近。根据人工影响天气指挥中心雷达探测实时分析，对流云团经大规模火箭消（减）雨作业后，降雨强回波中心明显减弱，云体被打散，降雨主要出现在西南部房山和东北部密云地区。有效保证了国家体育场外围降水云（系）提前降水或减弱，成功完成了国家体育场奥运开幕式拦截降水任务。实现了奥运史上首次成功进行的人工消雨试验，参加人工消减雨保障工作的俄罗斯气象和水文局人工影响天气专家柯涅夫教授对取得的成绩表示钦佩。

2008 年北京奥运会开幕式气象保障服务取得成功的云物理过程可能与人工影响天气作业产生的扰动有关。早在 20 世纪 60 年代，科技工作者在人工影响天气作业中有时发现"炮响雨落"现象，在人工防雹作业时，发现降落的大雨滴温度很低，70 年代用 711 测雨雷达探测发现，出现"炮响雨落"现象时，被催化的云已经出现较强的回波，通过室内实验、数值试验和外场试验对"炮响雨落"现象进行了研究，认为这是因为云中已经产生了降水粒子，由于云中上升气流的支托，这些降水粒子悬浮在云中，但是这种平衡很不稳定，人工影响天气作业产生的扰动破坏云中降水粒子与上升气流之间的平衡，导致降水粒子（包含有可能形成冰雹的过冷大水滴）提前或者加速降落产生降水，从而影响了云的自然降水过程。在一定条件下，可人工影响自然降水的落区；对冰雹云，由于过冷大水滴提前降落，冰雹云中缺乏形成冰雹需要的过冷水，从而影响了冰雹的形成，达到人工防雹目的。

对流云是空中漂浮、不稳定的水库，在一定条件下，通过人工影响技术，可以达到增加水资源储存、减轻洪水、冰雹危害的目的，值得进一步探索、研究。

感恩前辈

——中国人工影响天气 60 周年感怀

吴 兑 [1]

岁月荏苒，光阴似箭，自懵懵懂懂接触到人工影响天气以来，已匆匆 45 年矣！

记得 1974 年，在石家庄大郭村四航校参加河北省飞机人工降雨实习，正值春寒料峭，秦瑜老师说来了一位人工影响天气专家，待我赶到宿舍，看到一个精干的中年人，正在侃侃而谈，时而谈及四川冕宁的人工防雹盛会，时而谈及人工降雨的理论与实践，深奥的科学道理，在他口中通俗易懂，且其人极具亲和力，让你觉得似曾神交已久，秦瑜老师介绍说："这就是大名鼎鼎的游来光"。

其后，无论是游来光老师来银川贺兰山机场，还是在气科院人影所他的办公室，或在庐山整编北方五省区降水性层状云资料，在西安开办飞机探测云物理资料讲习班，在宜昌空 13 师 39 团改装伊尔-14 专用云物理探测飞机与试飞，以及风雨黄山，漫步碑林、兵马俑，远足青城山……每每得到他的教诲，都有茅塞顿开、豁然开朗的感觉。

1979 年，游来光老师致力于飞机云物理观测，当时的仪器非常落后，手动为主，如含水量仪、云滴谱仪、冰雪晶取样器等，地面观测用的还有云凝结核计数器、冰核计数器等等，最大困难是还面临飞机改装问题、航线设计问题、资料处理

① 吴兑（1951— ），满族，中国气象局首批二级研究员，2011 年退休。享受国务院政府特殊津贴专家，首届"全国野外科技工作先进个人"荣誉称号获得者。广东省五一劳动奖章获得者。现为中山大学教授，博士生导师，暨南大学二级教授。

问题……都急待统一，游来光老师每每都有奇思妙想，化解了一个个难题。

当时已经出现了机载自动仪器，如云粒子取样器、荧光粒子计数器、冰粒子计数器、云凝结核计数器、冰核计数器等等，都是动辄数万美元，当时折算需要数十万、上百万人民币，在游来光老师的呼吁下，除人影所购买了国内首套 PMS 粒子测量系统外，有的省区购买了一些关键设备。如宁夏就购买了 Mee 公司的 M 130 云凝结核计数器。

游来光老师 1979 年率先提出买专用云物理探测飞机的观点可谓高瞻远瞩，他的愿望在 30 余年后的今天已经实现了，可以告慰在天之灵了。

游来光老师不幸于 2005 年 11 月 25 日在北京仙逝，吾有感而发，沉痛悼念恩师：

恩师游来光驾鹤西归至今仙逝 13 年矣。恩师领吾步入云物理之门，也已匆匆 45 余年矣。恩师来光高风亮节，乃中国人影事业一代宗师，无冕之王，毕生倾全力于中国人影事业，对云降水物理之研究极为精深，对人影科学各领域之动态了如指掌；恩师来光淡泊名利，顾全大局，每每将穷毕生积累之精要馈与同仁；恩师来光不但学问深厚，而且视晚辈如树之幼芽，尽其所能，鼎力相助，无私无怨，每忆及此，敬仰感激之情油然而生；学生做学问师法恩师，做人亦是以恩师为楷模；呜呼，恩师已去，风范犹存。恩师，安息吧。

依稀记得 1980—1984 年，数次借调到中国气象科学研究院人工影响天气研究所，蜗居于中央气象局招待所，追随恩师游来光，在他的指导下，整编我国北方 5 省飞机探测云物理资料，及编写飞机观测仪器的使用方法与资料整编办法。记得恩师因筹措 2 万元出版费未果，该资料集未能出版，成为终身遗憾。学生南来后，辗转皖粤，始终保存着原稿，希望能在有生之年，完成恩师遗愿。在 25 年中集腋成裘，课题费数千元时，积得几十元，课题费数万元时，积得几百元，课题费数十万元时，积得数千元，课题费数百万元时，积得数万元，终于积得 10 万元出版费，得以联系气象出版社出版。聊以实现恩师遗愿。

尤其是有恩于我的周克铭前辈，对老同学、室友游来光情真意切的回忆使我对恩师来光的情操有了更深入了解（附录：周克铭悼游来光）；也非常感谢当年在极其艰苦的条件下为观测、整理飞机探测云物理资料而付出巨大贡献的前辈、同行，以及执行探测任务的机长与空军机组。

在此中国人工影响天气 60 周年之际，让我们共同以敬仰与敬畏的心情怀念恩师游来光：

> 一代宗师悄然逝，
>
> 人影奇葩满园香。
>
> 无冕之王鞠躬尽瘁死而后已，
>
> 百花争春静隐山林丛中微笑。
>
> 天妒英才人影遗恨，
>
> 一代宗师乘鹤西归。
>
> 用仁心公心做学问，立千秋典范，
>
> 以云雾降水写华章，成一代宗师。

早年常在一起的老同志，记得有河北石岸英、陕西陈君寒、内蒙古夏彭年、吉林汪学林、广东周克铭、四川周和生、甘肃陈立祥、湖南陈历舒、新疆王鼎丰、宁夏陈玉山、北京邬家学、山西童永奎、青海杭鸿宗，人影所游来光、马培民、鄞大雄、许焕斌、胡志晋、郭恩铭、陈万奎、张纪淮、何绍钦，大气所黄美元、沈志来，北京大学秦瑜、张铮，南京大学叶家东、莫天麟，南京气象学院周文贤、章澄昌等老师。时至今日和这些前辈老师在一起的时光犹在眼前。

老师秦瑜、毛节泰长期以来与我亦师亦友，在长达 45 年时间里，无论是云物理启蒙，还是后来的气溶胶、酸雨研究，都是在两位老师的指导下开展研究的。内容涉及云和降水物理化学特征研究、海盐气溶胶研究、雾的物理化学特征研究、气溶胶物理化学谱分布研究、黑碳气溶胶研究等，都取得了一定的成果。

我的毕业实习导师是夏彭年，一个儒雅的江南才子，一生扎根内蒙古，他首创的飞机人工降水移动区域效果检验方法，至今仍有启示作用，令人肃然起敬。当时他安排我统计呼和浩特周边地区云与降水的气候特征，并强调基础工作的重要性，以及到基层获取第一手资料的必要性，因而我只身一人赴凉城、托克托、和林格尔、武川、清水河，抄录云和降水的原始资料，培养了我一丝不苟的基本科研素质。

我从事人工影响天气工作 30 余年，2000 年以后主要转向气溶胶与大气环境研究，游来光老师带我进入云物理科学研究殿堂，在秦瑜、毛节泰老师长期指导下，我 2001 年获得享受国务院政府特殊津贴专家称号。是首届"全国野外科技工作先进个人"荣誉称号获得者，广东省五一劳动奖章获得者。2009 年晋升中国气象局首批二级研究员。退休前担任广东省气象部门首席专家、中国气象局广州热带海洋气象研究所首席研究员、广东省人工影响天气办公室总工程师。2003 年以来被陆续评聘为中山大学兼职教授，硕士生、博士生导师。现返聘为暨南大学质谱仪器与大气环境研究所二级教授。主持国家自然科学基金课题 6 项，其中联合基金重点项目 1 项（U0733004 珠三角城市群灰霾天气的细粒子污染本质和陆气输送过程及边界层特征研究），面上项目 4 项（49975001 南岭山地浓雾的物理结构和能见度研究，40375002 珠江三角洲城市群大气气溶胶辐射特性的观测研究，40775011 华南大陆与南海北部黑碳气溶胶谱 20 年变化研究，41475004 海盐气溶胶对华南沿海工业城市能见度恶化的影响）和大陆与香港合作项目 1 项（40418008 珠江三角洲和香港地区气溶胶污染与能见度下降问题研究），主持 973 课题 2011CB403403 "珠三角季风区气溶胶对亚洲季风影响的实验研究"，担任 863 课题 2006AA06A306 "区域大气复合污染的模拟、预测技术及应用"副组长，共获省部级以上奖励 13 项，共发表论文 316 篇，其中在《Atmospheric Chemistry and Physics》《Journal of Geophysical Research》《Science of the Total Environment》《Atmospheric Environment》《Chemosphere》《Science in China Series D》《气象学报》《环境科学学报》《大气科学》《中国环境科学》《环境科学》《中山大学学报》《高原气象》《应用气象学报》《环境化学》《热带气象学报》《环境科学与技术》等国际、中文核心学术刊物发表论文 265 篇，被 SCI、EI 收录 86 篇；第一作者论文 207 篇；出版著作 9 本。招收硕士研究生 16 人，已毕业获得硕士学位 11 人，其中 3 人被评为优秀硕士论文获得者。招收博士研究生 3 人，已毕业获得博士学位 2 人。

我个人的经历，从一个小小侧面反映了中国人工影响天气事业从无到有，从理论到实践，从初级到高级的发展过程，当前我国人工影响天气事业的科学发展局面，是与数代前辈艰苦卓绝的初创，低潮中持之以恒的坚持，对后学的扶持密不可分的，在今天人工影响天气蓬勃大发展的时候，更应该缅怀前辈，感恩前辈！

附①：周克铭悼游来光

1958 年秋，我毕业分配至当时的中央气象局观象台研究室，跟老游（游来光，编者注）同事，宿舍同一寝室。老游比我早一届，毕业后先去北京东郊果园劳动一年，然后参加人工影响天气试验研究工作。不久老游去河北、老马和我去吉林，都是长期出差，连户口都迁去。老游来过吉林一次，记得他回北京我送他去火车站，冬天马路积雪，表面冻结，非常之滑，我一出门就摔跟斗。老游自幼生长在北方，可能会溜冰，"底盘"比我稳得多，就把我手上装有显微镜的木盒接了过去，用带子跟他的旅行包拴在一起，然后盒在前、包在后，挂在肩上迈开步，让我空身走，不知道是谁送谁了。

老游正直、善良。多年相处中，从他对一些问题的看法和态度充分表明他是个有良知的知识分子、不阿世媚俗。当年搞野外人工降水，我们的任务是试验研究，希望多得数据，循序渐进、实事求是。地方上的协作单位要争取上级支持、拨发经费，解除实际干旱，可能对人工降水所处的发展阶段了解也不太够，有时不免操之过急，说些过头话。我记得是老游第一个向罗漠台长反映和汇报这方面的问题，尽管他平时话不多。

老游跟我一样"擅长"晕飞机，跟老马、黄锦他们不是同一族类。偏偏我们的工作要在复杂天气上天。我飞行次数不多，但当年"翻江倒海"吐怕了的情景记忆犹新。老游一直硬顶着，坚持数十年，从未改换工种。作为"缴公粮"一族我深刻体会锲而不舍何等不易！要有多大的毅力和奉献精神！老游最终事业有成，当之无愧地成为行中翘楚。相形之下我浅尝辄止、专业荒废数十年已成白丁，愧对泉下故人。

老游秉性活泼多才多艺，在校时就帮严开伟先生搞实验，动手能力很强。他的绝活"左手写反字"（左右相反的"镜像"方块字），我怎么也学不会。后来组装半导体收音机，水平也非我所能及。然而生活和工作的担子使他性格变得越来越严肃，不那么诙谐了。也许这是成熟必须付出的代价。但我想是外因通过内因起作用，要坚持做人的底线，轻松不起来。

20 世纪 90 年代初我丁忧赶回上海，事毕取道北京回日内瓦，到北京正好是农

---

① 写于 2005 年 12 月，已邮件知会本人，首次披露，以飨后学。

历大除夕。寄宿国家气象局招待所，匆忙中没带全国粮票，没法到食堂吃饭。人影所一位年轻同志帮我到处找人，结果找来了老游。我问他借些粮票，他要我跟他回家一起吃年夜饭。我说我臂缠黑纱不便上门叨扰，老游说他和他夫人都不忌讳这些，坚持拉着我回家。这一餐菜肴很丰盛、印象深刻，一直不能忘怀。难得的是游兄伉俪不嫌弃我当时热丧在身的这份情谊。此后就再无机会聚首，一饭之恩至今无以为报。

老游先我们走了。旧时同仁告诉我：他住院前连一天都没休息过。真可谓鞠躬尽瘁了。走当盛世也是福。如果现在来过三年困难、十年动乱的日子，不堪设想。

纪念我国人工影响天气 60 周年

张鸿发 [①]

我国开展人工影响天气研究和应用已经历了 60 周年，深切缅怀那些我国人工影响天气开创者竺可桢、涂长望、顾震潮等先生，我的老师前辈高由禧、黄美元、游来光、杨颂禧、龚乃虎等，他们将毕生奉献给气象事业，影响带领我从事人工影响天气工作。

我国人工影响天气主要有：人工增雨、增雪、消（防）雹、防霜、消云、消雾、消雨等，在防灾减灾、云水资源利用、生态环境建设、森林草原防火及重大活动保障等方面取得了显著成效和明显的社会和经济效益，为社会经济发展做出了突出贡献，已经成为我国各行各业运行和社会活动安全等方面的保障工程必不可少事业，并培养造就一批相关专业人才，促进了大气探测、气象雷达、数值模式、天气气候、云雾降水宏微观等多学科和科学技术的发展。

一、近期我国人工影响天气的成就

人工影响天气是在适当条件下通过科技手段对局部大气物理过程进行人为干预影响，是基于对自然规律的深入理解和把握，利用开发云水资源趋利避害与自然和谐共处的可持续发展。

[①] 张鸿发（1951— ），中国科学院寒区旱区环境与工程研究所研究员。1977 年北京大学地球物理系大气物理专业毕业，毕业后一直从事云雾降水、强对流风暴、雷达气象、人工影响天气和灾害性天气的实验观测研究，曾获中国科学院科技进步二等奖、三等奖，甘肃省科技进步一等奖。

如《青海三江源自然保护区生态保护和建设总体规划》重点工程的青海三江源人工增雨工程，实施5年人工影响增加降水258亿立方米，湖泊水位上升，山草滩恢复，水源涵养功能恢复，显现美丽的黄河源头"千湖景观"。并为黄河、长江下游多级水库发电发挥巨大作用。

在2006年4月12—19日云南丽江、2006年5月黑龙江和内蒙古、2009年4月黑龙江沾河等多起森林大火的扑救过程中，人工增降雨发挥了关键作用。

在2008年北京奥运会开幕之夜，在气象部门21轮次人工消雨作业下，确保"鸟巢"滴雨未下的显著效果。圆了中国百年奥运梦，为大规模有组织计划成功实施的人工影响天气作业，具有开创性示范作用，并为中华人民共和国成立60周年首都庆典活动、广州亚运会和山东全运会等重大活动实施人工影响天气作业的成功奠定了基础。

在城市运行、环境治理、突发事件应对等方面，各地也开展了有益实践。如江苏实施人工增雨作业来治理太湖蓝藻；在四川、重庆、福建等地开展人工增雨作业来改善空气质量、应对突发污染事件；在上海、浙江等地开展了夏季人工增雨、城市降温作业。

人工影响天气作业还广泛应用于经济社会发展的诸多方面，迸发出勃勃生机。在北京、天津、广西等地积极开展了人工消雾作业，为航班安全飞行起降和山区高速公路顺利通行；在新疆开展冬季适时大面积人工增雪作业，为来年农业生产保墒蓄水，也为雪水渗透地下以提高地下水位增加开采石油产量，是一举多得的利国利民的措施。

目前，随着全球气候变化，灾害天气频发大背景下，特别是我国社会不断改革开放发展的迫切需求，高科技快速发展，高速动车，民航，军航和高速公路迅速实现，人民对改善环境生态，消除改善雾霾，还青山绿水要求越来越高，以及2022年我国承担冬季奥运会和各种国际重大活动等，对我国人工影响天气事业的深入发展是一机遇，也将提出更加严峻要求和考验。

二、中科院寒旱所开展人工影响天气的试验和研究

中国科学院寒区旱区环境与工程研究所高原大气室（原中科院兰州高原大气物理研究所），是我国最早开展人工影响天气单位之一，与我国人工影响天气科学技术同步发展壮大。

20 世纪 50 年代后期，高由禧院士带领中国科学院地球物理研究所气象组到兰州，以改变河西干旱气候为目的，组成兰州地球物理研究室，多次率领战友和同事们赴祁连山、西北干旱区开展了人工融冰化雪、天气气候、云及降水形成的宏观物理特征研究，人工防雹消雹、人工降雨雪取得明显效果和经济效益及河西国防气象等方面大型综合科学考察实验和专项研究，从原理机制等方面做了大量开创性工作。于 1974 年成立中国科学院兰州高原大气物理研究所，高由禧院士任所长，1980 年任国际大气电学委员会委员，国际云物理学会委员。

中国科学院寒区旱区环境与工程研究所在平凉白庙乡贾洼村一队的雷电与雹暴试验站（简称"平凉白庙雷达站"），是中国科学院设立在我国著名六盘山东沿黄土高原沟壑梁峁地带的综合科学观测试验研究基准台站。自 1971 年该站建立以来，从事 40 多年云和降水物理、雷达气象、强对流雹暴、雷电、大气探测、人工影响天气和防灾减灾的实验观测研究。多年来该台站在地方政府关怀和各级领导支持下，与平凉市崆峒区农业局（原平凉市农林局）和平凉地区气象局有多年协作和良好关系。

平凉雷达站造就一批国内外有影响的科学家，培养了大批研究生博士和专业人才，促进了专业学科和交叉科学的发展，多项科研成果达到国际水平。先后承担国家重大、国家基金、科学院、中外合作项目和横向课题百余项，在国内外发表论文 300 余篇，获得国家、省部级奖十多次。与加拿大、美国、日本等国科学家合作到站开展工作和访问，国内学者和专家到站工作交流达百人以上。

在 2006 年 7 月中国科学院对平凉台站的考核评审中，该站取得的科研成果和台站的基本建设给予高度好评，这些成绩的取得是与平凉市政府的领导和地方各级部门协助分不开的，也是平凉市政府和人民的荣誉。40 多年来该台站在科学试验研究同时，直接为地方防雹减灾增雨（雪）抗旱，取得良好效果和社会经济效益，为地区农业生产经济发展和脱贫做出了贡献，得到科学院好评和地方领导群众欢迎和认可。

该台站早在 20 世纪 70 年代初由科学院资助和省政府建议支持下建立，率先引进天气雷达进行冰雹云演变和判别的观测科研，开展冰雹结构和爆炸对人工消雹的实验研究，取得了十分显著的效果和影响，并以"平凉防雹基地"著称。80 年代以来在全国大范围开展人工影响天气时，我所已取得多方面科研成果，达到国内领先。特别在雷达识别冰雹云，进行人工防雹消雹作业，开发线圆偏振雷达，研发双线偏振天气雷达探测冰雹增长机理和动力结构达到国际水平，填补国内空白。

1985 年甘肃省政府明确赋予我所在贫困山区的平凉白庙雷达站为地方进行人工防雹工作，并给予 6 万元的支持费，我所将原有三门高炮防雹作业点增设到七个，并建立与各防雹作业点指挥作业无线通信联系系统。该站利用先进探测手段和科研方法进行长期探索研究为地方防灾减灾。

1986—1995 年，我所在该地区实施人工影响天气消雹作业，这 10 年直接为地方年均减少冰雹灾害 27%～42%。用前 10 年与后 10 年当地农业夏粮生产产量的统计分析，年均增长 6%，在扣除种子、化肥、水土改造及地方防灾费用外，为年均增长产量的 85%，仅有年均增长产量的 15% 为减少地方冰雹灾害和增雨抗旱损失，平凉市崆峒区乡镇（原平凉县 29 个乡镇）每年减少雹灾对农作物直接损失至少达到 300 万元以上（1995 年价格），受到中国科学院通报好评，获得省科技进步奖。

随着科学院体制改革科研项目课题负责制和地方经济发展迫切需要，我所为地方防雹救灾增雨抗旱工作的责任越来越大，省上给予人工防雹的支持经费一直没有增加，平凉还属于落后地区。我站长期为地方防雹手段的主要工具天气雷达，至今已在科研和为地方防雹工作达 40 多年。特别在科学院改革创新以来，科研与国民经济密切结合，该站研制先进天气雷达进行人工防雹监测（国内最新多功能雷达和多项雷电观测预警系统）和指挥作业，已成为地方农业生产不可缺少的一部分。

随着地方经济发展迫切需要，我所为地方防雹工作的责任越来越大，2004 年我站又研制成功全相干偏振多普勒天气雷达，进行冰雹云形成机理和冰雹识别观测研究，这将极大提高我所为平凉防雹减灾的成效。

我所平凉雷达站 40 多年在平凉农业生产起到的作用，尤其是我所是科学院系统唯一长期开展人影的科研单位，在全国气象和地方大范围进行人工影响天气中具有地位，对在平凉防雹监测预警和指标提出更高要求，需国家气象部门支持。根据省政府要求，我所平凉站科研为地方防雹服务的精神，以及平凉雷达站在平凉农业生产起到的作用，我们认为科学院应该在该领域开展人工影响天气新理念和新技术方法的科学实验研究。

近些年，我所仍在发挥 40 多年人工影响天气科研成果的作用，于 2008 年由我所出资专门购置 X 波段测雨防雹天气雷达，2011 年平凉市政府资助委托平凉气象局购置 LLXB-G 全相参多普勒天气雷达，安设在平凉雷达站，由我所进行实时监测强对流灾害天气和预警通报，共同为地方人工防雹。

三、我所参加人工影响天气科研和实施工作的 40 年

我自北京大学地球物理系大气物理专业毕业，分配到中科院寒旱所高原大气室（原中科院兰州高原大气物理研究所），40 年来一直从事云和降水与人工影响天气相关的科研和试验研究工作。

1977 年有幸在杨颂禧老师带领下，参加平凉消雹基地人工防雹的宏微观的野外雹谱观测取样和方法研究，获得第一块加拿大阿尔伯特测雹板，进行模拟测量不同雹块下落末速度和冲击动量，对不同农作物叶面损害的影响实验和计算分析。

1978 年在徐文俊老师带领下，参加了爆炸冲击波对气流影响的试验研究，得到了人工影响催化炮弹爆炸冲击波对水平和垂直气压梯度分布影响试验结果。参加平凉雷达站下属高炮防雹点，学习高炮操作和作业过程。

1979 年在蔡启明、龚乃虎、徐宝祥等老师带领下，学习如何用 X 波段天气雷达探测强对流冰雹云的回波演变特征、识别和指标，雷达定量测量回波的标定实验和后向散射计算等。向张喜轩老师学习用探空资料分析大气对流发展指标，用余额不稳定度判断和预报应用方法。

1980—1982 年由徐宝祥老师带领，对原 X 波段天气雷达进行交替线圆偏振雷达改造试验和初步观测分析研究，用平凉站 C 波段天气雷达监测强对流雷雹暴云，参加地方人工防雹作业。跟杨颂禧老师研制我国第一台冷风冰雹切片机，对雹块微结构分析发现强对流云形成冰雹是经历多次循环增长轨迹。

1983—1985 年参加 X 波段数字化雷达测量甘肃临夏积石山区降水精度，负责测量不同降雨类型雨滴谱谱型的计算分析。有幸参加吕达仁院士雷达与微波辐射仪联合观测的试验和反演计算研究。

1986—1988 年参加 C 波段双线偏振天气雷达的改造，负责 X 波段天气雷达观测平凉地区冰雹云预警和指挥地方人工防雹的消雹作业，测量不同降雨类型雨滴谱和分析计算研究。根据汤懋苍老师指示，对黄河流域上游阴湿地区域（红河、诺盖尔、郎木寺等地），对开展大面积飞机人工增雨作业的考察调研，并在西安尚德路黄河上游委员会就实施飞机人工增雨可行性分析报告。

1989—1992 年参加 C 波段双线偏振雷达探测强对流雷暴雹分析研究，负责平凉地区强对流天气雷达观测预警，指挥地方人工防雹和人工增雨（增雪）作业，负责测量不同降雨类型雨滴谱谱型与偏振雷达定量测雨精度的关系计算分析。得到兰州分院青年基金资助"偏振雷达探测冰雹云研究"。

1993—1996 年参加亚洲最大黄土大坝巴家嘴水库流域场外测雨，负责平凉地区人工防雹预警和指挥地方消雹作业。与刘黎平博士共同支持"九五"攻关项目分课题"平凉雷达探测冰雹云技术研究"。协助航天部 41 所开发研制 WD-1 增雨防雹火箭试验作业和效果检验的观测和分析。

1997—2001 主持国家自然科学基金"平凉冰雹云演变过程模型研究"，负责平凉地区人工防雹预警和指挥地方消雹作业，协助人工引雷和闪电物理机理研究的雷达增强观测。

2002—2003 负责寒旱所创新项目"沙尘暴起电的影响"的野外观测和计算分析研究。2002—2006 年与张义军研究员共同负责中科院知识创新项目第七分课题"青藏铁路沿线雷暴闪电放电对铁路影响的探测研究"。参加部分平凉地区强对流雷暴雹天气预警和指挥地方消雹作业。

2006—2016 年，每年 4—9 月负责平凉地区强对流雷暴雹和局地强降雨天气雷达观测预警，实时预报通报给平凉气象局和相关部门，包括回波特征性质、回波发展移动趋势、回波强度云高，提前通报预测可能产生灾害乡镇通知给预报科（根据国务院文件，平凉防雹作业由平凉气象局操作），并对每年汛期雷达观测回波类型、降雨降雹灾情资料整理分析和总结汇报。

这期间，每年 11 月至次年 4 月承担负责"丽江玉龙雪山冬季人工增雪试验研究"，与丽江气象局和玉龙县气象局共同实施玉龙雪山景区人工增雪催化作业，并为玉龙雪山区发生山林火进行人工降水灭火作业，为丽江玉龙雪山景区冬季进行人工增雪的旅游事业可持续性发展，养育保护我国最南端玉龙雪山冰川的消融。并对每次增雪作业后，玉龙雪山降雪测量和取样化验，对作业时段丽江天气雷达观测的被催化云的回波特征变化、玉龙雪山周边乡镇降雨降雪量以及丽江历史平均降雨量进行对比计算分析，对玉龙雪山冬季增雪作业效果进行评估分析总结。

综上所述，我所参加所有科研试验工作，都与人工影响天气密切相关。特别是多年在平凉站参加为地方防雹减灾，雷达监测强对流云演变中识别出冰雹云时，指挥地方人工消雹作业，得到答复作业点乡镇没有受灾而感到由衷高兴和骄傲。多年来也受到地方政府、气象部门和农民朋友们认可赞赏。

以下简要给出我所平凉站 2011—2015 年 5—9 月汛期，用 LLXB 多普勒天气雷达监测平凉地区发生强对流天气雷暴、雹暴、局地暴雨等灾害性天气过程，包括天气系统、锋面过境、中尺度对流系统、飑线、强单体或超级单体、多单体及台风外围云系和受六盘山地形影响山地云，对可能产生危害都提前（1～2 小时）或实时（10～30 分钟）预警，通报给平凉气象局或相关部门。

2011—2015 年 5—9 月平凉站雷达开机天数、观测用时、测到雷暴冰雹天数、降雨过程、预警通报次数

观测期间 / 观测天数 / 雷达用时	强对流天气过程 / 雷暴雹次数 / 过站顶次数	降雨过程 预警灾害通报次数
2011 年 4 月 1 日到 9 月 8 日平凉站工作 5—9 月雷达观测 113 天，用时 1014 小时，强对流 28 例（雷暴雹 20 例 / 过站 13 次），降（阵）雨 28 过程，预警通报 77 次		
2012 年 4 月 16 日到 9 月 16 日平凉站工作 5—9 月雷达观测 119 天，用时 911 小时，强对流 77 例（雷暴雹 54 例 / 过站 20 次），降（阵）雨 50 过程，预警通报 69 次		
2013 年 5 月 15 日到 9 月 20 日平凉站工作 5—9 月雷达观测 111 天，用时 1169 小时，强对流 36 例（雷暴雹 19 例 / 过站 15 次），降（阵）雨 50 过程。预警通报 51 次		
2014 年 5 月 16 日到 9 月 20 日平凉站工作 5—9 月雷达开机 101 天，用时 1069 小时，强对流 45 例（雷暴雹 14 次 / 过站 12 次），降（阵）雨 38 过程。预警通报 21 次		
2015 年 5 月 20 天到 9 月 20 日平凉站工作 5—9 月雷达观测 96 天，用时 812 小时，强对流 54 例（雷暴雹 11 次 / 过站 6 次），降（阵）雨 47 过程。预警通报 39 次		
合计：雷达年测 108 天次，年均用时 1093 小时，年均雷电日数 23.6 例次，年均降雨 43 过程，年均预警通报 51 次		

以下简要介绍 2006 年 2 月至 2016 年 4 月我所承担"丽江玉龙雪山景区冬季人工增雪作业"人工增雪作业的概况。在这 11 年冬季为丽江玉龙雪山景区开展人工增雪（增雨灭火），当每次增雪作业后不久或实时，玉龙雪山景区产生降雪，雪线下降到 3000 米而感到十分欣慰。尤其是 2006 年 4 月 12—19 日丽江玉龙雪山区发生

山林大火，连续9天监守火场，用车载火箭流动对局地云和山地云进行作业17次人工催化产生降水，为扑灭森林火起到关键作用，地委书记邀请我同桌吃饭，给予鼓励赞赏。12月为迎接省旅游局检查和国家旅游局率200多人对玉龙雪山评审5A级景区，要求人工增雪作业达到适度降雪，不妨碍评审团上玉龙雪山景点视察，经数日多次用流动火箭和遥控播撒对玉龙雪山区局地云进行人工催化降雪作业，取得了非常好的效果。得到玉龙雪山旅游管委会表彰，并要求延续为玉龙雪山冬季人工增雪作业至今。

2006年2月—2016年3月玉龙雪山景区冬季人工增雪（增雨灭火）作业概况

冬季作业时段	作业过程	增雪/灭火	流动/定点	火箭/烟条	雪山降雪状况
2006年2月至2008年3月	59（4不批）	38/21	30/21	79/138	9次中大雪>3～10厘米积雪 11次小雪>1～3厘米积雪 18次飘雪雨<1厘米雪
2008年12月至2012年3月	56	42/14（含气象局增雨灭火）	44/12	229/000（含气象局JXF榴弹）	11次中大雪>3～10厘米积雪 14次小雪>1～3厘米积雪 17次飘雪雨<1厘米雪
2012年12月至2016年3月	29（3不批1不需）	25/00	25/00	77/000	7次中大雪>3～10厘米积雪 14次小雪>1～3厘米积雪 4次飘雪雨<1厘米雪

注：人工增雨灭火作业无记录、雪山降雪状况，以人工增雪作业后到雪山测量或根据我所冰川站测雪仪测量为准。

4不批、3不批为民航军航不准作业；1不需，是有增雪作业条件，玉龙雪山管委会为保证游客上雪山和观赏安全，取消这次人工增雪作业。

陕西飞机人工增雨 60 年

樊 鹏 [①]

陕西省飞机人工增雨工作和全国一样，走过了风风雨雨六十载，从 20 世纪 70 年代以来一直到退休，我经历了飞机增雨的各个时期，其中有甜、有苦、有累，更有乐。特别是当增雨飞机起飞时还没有下雨，作业完返航降落时地面湿淋淋的一片，脚踩着地面上的雨水感觉真是心里很甜；当天气还在下雨时，由于其他各种原因，导致增雨飞机不能起飞时，心里特苦，特难受；飞机增雨我们脏活累活都得干，特别是高空作业，飞机上缺少氧气，有时还有生命危险；当增雨作业结束后，在分析各种降雨资料的过程中有一种快乐感，当分析研究出云体宏微观变化与飞机人工增雨有关的证据时，这才是更大的乐趣，当然，不是每次飞机增雨都是成功的。所以，飞机人工增雨是为民造福的伟大工程，是为人民服务宗旨的根本体现。

陕西省开展飞机人工增雨工作始于 1959 年。1959 年夏季全省严重干旱，在省人工控制天气委员会的领导下，得到中国科学院和甘肃省气象局的帮助，兰州空军司令部和陕西省气象局组织了两次飞机人工降雨试验。6 月 25 日在宝鸡市，6 月 28 日在西安市，使用伊尔-14 型飞机，在空中播撒干冰后产生降雨效果。1960 年使用伊尔-14 型、里-2 型飞机增雨试验 10 架次。在催化剂使用上，除干冰外，还用了盐粉作为催化剂。1961 年，中央气象局提出人工控制局部天气必须土洋结合，以土

① 樊鹏（1951— ），陕西省人工影响天气办公室正研级高级工程师。1977 年北京大学大气物理专业毕业，2011 年退休，二级正研。长期从事飞机降雨和野外防雹等工作，多年来完成多项国家、省部级科研项目，获陕西省科学技术二等奖 2 项，三等奖 1 项；2006 年获得"陕西省有突出贡献专家"称号。

为主。陕西省飞机人工降雨试验停止。

1973 年，陕西干旱严重，停止了 12 年的飞机人工增雨又重新开始，配合农业抗旱，在关中粮棉区作业，使用的催化剂主要是盐粉和尿素。到 1978 年，共飞行作业 64 架次。与此同时，20 世纪 70 年代中期，在伊尔-14 飞机上安装了从苏联进口的云物理机载仪器，有含水量仪、云滴谱仪、冰雪晶取样器等，取得了一批陕西层状云的宏微观资料，进行了分析研究，初步认为陕西省空中水资源充沛，人工增雨催化潜力很大。这一时期，陕西省飞机人工增雨工作开始走上了抗旱作业与科学试验研究相结合的轨道。

本人于 1977 年 2 月从北京大学地球物理系大气物理专业毕业后分配到陕西省气象局人控室工作，当时人控室挂靠省气象局业务组，自己有幸参加到当时轰轰烈烈的飞机人工增雨中，飞机人工增雨既是体力劳动，又是脑力劳动。说到体力劳动，我们是扛着盐袋子走过来的一代人，从仓库里把盐粉一袋一袋装好，扛到汽车上拉到机场，等作业命令下达后，又将盐装载到伊尔-14 飞机机舱的前边，当飞机起飞后，又一袋一袋地挪到机舱的后边，遇有作业条件时一袋一袋的播撒。说到脑力劳动，在飞机上首先要认识云，还要进行云滴、冰雪晶的观测取样，回到办公室以后，在显微镜下读数，一个人读粒子的大小或者形状，另外一个人在表格上记录，然后对资料进行整理分析研究。

1980 年 3 月，在西安机场 39111 部队招待所举办了北方层状云人工降水试验研究飞机观测学习班，我有幸聆听了游来光、马培民、陈万奎、汪学林、夏彭年、陈君寒等老一代人影专家的亲自授课。该学习班有来自新疆、内蒙古、宁夏、陕西、吉林、中国气象局人影所等单位的学员，大部分是北京大学 70、73、74、75、76 级毕业的同学，我们有幸欢聚一堂，在实践中深化了原来课本所学知识，学习内容大概是怎样改装增雨飞机，如何观测获取飞机上的宏微观资料，整理分析资料，研究云微物理特征变化等等。学习班虽然只有一个星期的时间，但学习内容十分丰富，有些是我们以前大学课本上没有学过的，最后还进行了统一考试，相当于拿到上岗证一样。该学习班为此后北方层状云人工降水试验研究培养了大量人才，他们在课题研究中发挥了重要作用，游来光先生在北方层状云人工降水试验研究课题总结报告中对每一位参加者所做的工作一一做了说明。北方层状云人工降水试验研究课题 1992 年获国家科技进步二等奖，陕西省陈君寒同志为该课题获奖人之一。同年"陕西层状云系水资源和云降水物理模式的研究"课题获陕西省政府科技进步三等奖。

飞机增雨随着国家政策的调整，陕西省在停顿了五六年之后，于 1987 年恢复。该年春季，陕西省干旱严重，省政府决定在关中和渭北旱塬地区重点进行飞机人工降雨作业。在户县机场使用空军 16 航校的伊尔-14 型飞机至 1992 年，从此伊尔-14 型飞机正式退役。1993—1995 年，在凤翔机场使用安-24、安-26 型飞机。使用的催化剂主要是尿素和盐粉，还有苯酐。1994 年，引进宁夏人影办研制的碘化银-丙酮溶液燃烧炉。2001 年，引进美国液态二氧化碳（LC）播云技术。2002 年，自主研制开发的液态二氧化碳播撒设备在飞机增雨中投入业务应用，在使用液态二氧化碳播撒设备的同时，2002 年在增雨飞机上还安装了内蒙古 566 厂生产的碘化银烟剂播撒设备。2004 年，改用航天四院中天火箭公司生产的设备。1996 年后，先后使用广州空军 13 师、空军十六飞行学院、空军航测团、兰州空军运输团、中国飞龙航空公司等单位的安-26、运-7、运-12 型飞机在临潼、武功、户县、镇川堡、汉中、延安等机场进行人工增雨作业。从 1996 开始首次开展了秋季飞机增雨作业。榆林市从 2001 年开始每年单独租用飞机进行增雨作业。

从恢复飞机增雨作业的 1987 年到 1995 年近 10 年期间，陕西省飞机增雨经费一直徘徊在每年 30 万元。1996 年春季，由我起草的陕西省人工影响天气"九五"发展计划，经过省政府第二十五次常务会议审定通过，时任陕西省气象局局长程廷江和我列席了会议。该次会议决定了陕西省飞机增雨经费由省财政全额承担，花多少，省上拨多少，结余部分留作下年使用；高炮、新型火箭防雹增雨用的弹药经费由省财政补贴一半，地、县负担一半的原则。该政策一直延续到今天，这 20 多年来，是陕西人工影响天气事业大发展的最好时期。

这里最值得一提的是 2001 年我们争取到国家科技部"十五"国家"西部开发科技行动"攻关项目"黄河中游（陕甘宁）干旱半干旱地区高效人工增雨（雪）技术开发与示范"（课题编号：2001BA901A41）课题，科技部资助 400 万元，当时是省一级人影办拿到国家科技部经费最多的单位。该国家课题的主持单位为陕西省人工影响天气中心，当时陕西省人影办和省人影中心是两块牌子，一套人马，由于省人影办是管理机构，所以以省人影中心名义申报课题。课题的协作单位有陕西省气象科学研究所、中科院大气所、甘肃省人影办、宁夏气象科学研究所等单位。在中国气象科学研究院、南京气象学院有关专家的大力支持下，经过课题组三年的联合攻关研究，全面完成了课题任务。2004 年 10 月 17 日在北京组织召开的验收鉴定会上，以中科院曾庆存院士为主任的鉴定委员会认为：该课题研究总体上处于国内先进水平，在多尺度催化云物理响应的监测分析、液态二氧化碳（LC）催化、作业成套技术等方面达到国内领先和国际先进水平。该国家课题荣获 2005 年度陕西省人民政府科学技术二等奖；另外，我们研究的"渭北人工防雹减灾技术研究示范与推广"与"飞机人工增雨播撒方法的有效性研究"分别获 2003 年度陕西省人民政府科学技术二等奖和三等奖；2003 年我们还申请到 50 余万元的国家科技部社会公益研究专题"人工消冷雾新技术试验与研究"课题。在黄河中游课题研究过程中，在核心期刊发表论文 10 多篇，其中 4 篇被 SCI 收录，有一篇发表在 2005 年美国应用气象杂志上，2003 年由气象出版社出版《陕甘宁人工增雨技术开发研究》专著一本。

该课题的最大特点是充分发挥国内、国际及中央和地方的人才、技术、设备资源优势，促进了国际技术合作，提升了研究能力，发挥了攻关资金的整体效益。主要采用中科院大气所引进的美国 PMS 机载粒子测量系统和 GPS 技术对降水云系进行了跟踪综合探测，结合气象卫星、天气雷达、加密探空、空基和地基微波辐射计、自动气象站、雨滴谱等观测，通过科学设计探测方案，获取了成套观测资料，为系统研究提供了基础，将探测与增雨作业相结合，即发挥地方作用促进了成果的应用。在飞机增雨作业中引进开发了美国液态二氧化碳播云新技术，在卫星遥感云物理反演新技术应用中，促进了中国、以色列技术合作，开展了极轨卫星的反演应用。日籍美国人福古塔教授和以色列 Rosenfeld 教授分别两次来陕西进行授课和学术交流，大大提高了陕西省科技人员的技术水平和研究能力，我们将野外探测、试验和数值模拟相结合，较为系统地研究了播云技术及催化效果，形成了成套技术，为开发空中水资源提供了技术支撑。

该课题重点研究了播云的物理效应，使用机载 PMS、微波辐射计及热线含水量仪、结合使用地面卫星、雷达及加密探空、自动气象站、雨滴谱和地基微波辐射计等多种宏微观探测手段研究了播云的物理效应。通过用 PMS 云粒子系统中的 FSSP-100 云滴探头和 2D-C 冰晶探头检测作业前后云微物理参数变化，发现作业后 2～5 微米的小云滴增加一倍多，冰晶含量增加一个数量级；由 NOAA-14 卫星观测发现了播云后产生的云沟现象，这是国内外首次利用极轨卫星资料来直观地揭示播云的物理效应，并对该现象进行了云微物理反演；由天气雷达观测发现了播云后产生的孪生水平冰晶热泡，进一步讨论了孪生水平冰晶热泡的上滚膨胀（RETHT）——下落增长引起侧向空气扩散（FILAS）反馈播撒机制中最佳利用相变能量的概念结构。通过以上研究分析，发现了作业有效的物理响应证据，从而印证了人工催化层状云可以改变云的相态结构，促使云水转化，增加地面降水的理论。

另外，该课题还对作业工具、催化剂、催化部位、催化时机与用量等催化技术进行了引进、开发和试验。通过中美技术合作，引进了美国人工增雨专利技术，结合国内材料及工艺水平，开发研制生产出新型 LC 播撒设备，播撒装置由储液钢瓶、可调节钢瓶倾角支架、排液管和喷头组成。并进行反复试验，成功应用于外场飞机增雨作业。主要优点是在高空 0℃能够稳定核化形成大量人工冰晶（10^{12}/ 克），核化率几乎与温度无关，核化时间短，几乎是瞬时核化，而传统的 AgI 成冰阈温为-4℃，LC 特别适合于陕甘宁春、秋季层状云云顶温度较高的云层。

该课题能够顺利实施并按计划完成任务的关键是有一套组织管理措施。我们成立了项目领导小组，陕西省科技厅和陕西省气象局主要领导亲自抓。领导小组下成立了工作小组和技术小组，分别负责项目的组织实施和技术攻关。聘请了黄美元、游来光两位国内资深的人工影响天气专家为项目总顾问；同时还聘请了富有经验的飞机增雨外场专家陈万奎研究员做顾问，他一直和我们吃住在外场，深入第一线进行具体指导。我们将该课题分解为 4 个分课题和 11 个专题，经费落实到位，分课题和专题负责人每月书面汇报进度情况和下个月安排，在完成当月进度后每人方可领取 800 元的劳务费，为了鼓励大家按质按量地完成课题进度，本人作为负责人，每月只领取 500 元的劳务费，大大激发了其他科研人员的干劲。在延安机场飞机增雨期间，除了协调降雨飞机起飞外，还和大家一起把液态二氧化碳罐子抬到飞机上，虽然年过半百，力气活照样干，从不叫苦叫累。

回顾陕西省飞机人工增雨 60 年所走过的历程，是曲折的 60 年，发展的 60 年，辉煌的 60 年。

难忘的记忆伴随我走过"人影"40年

——记与游来光等老专家在一起的科研片段

段　英[①]

从 1958—1988 年的 30 多年中，我国人工影响天气的事业经历了几次起伏或波折性的发展。1990 年，我国正处于改革与快速发展的年代，由此全国人工影响天气事业也开始再次复苏，国家气象局及时提出了依靠科技提高人工影响天气水平和效益的指导意见，至此，我国的人工影响天气事业开启了新的发展时期。

我本人 1978 年从北京大学毕业来到河北省气象局工作至今已经 40 个年头，其中 1978—1989 年的前 10 多年中，在河北省气象科学研究所大气物理研究室工作，1984 年起担任副所长职务，期间有幸参加了一些国家级有关人工影响天气的科研工作。比如，曾参加了游来光、胡志晋、马培民三位老先生主持的北方层状云研究项目，参加了气科院人影所王雨增、张沛源等老专家的防雹研究课题组在张家口万全县开展的人工防雹试验等科研课题。这些科研经历对我来说，虽然仅仅是参加，但是也属机会难得，使我接触和认识到了更多的高层次专家，这是我向老前辈、老专家们学习、向实践学习难忘的一段经历。在过去 40 年的人影经历中，很多具有纪念意义的事情至今难以忘怀。

① 段英（1953— ），河北省人工影响天气办公室正研级高级工程师。1978 年北京大学大气物理专业毕业，2012 年，晋升为二级正高。享受国务院政府特殊津贴专家，河北省人事厅记二等功奖励；2012 年获得人社部"全国人工影响天气先进个人"荣誉称号。

一、游来光老师指导我搞科研

河北省人工影响天气事业的发展与全国一样，从 1990 年恢复机构开始步入正轨。1990 年 3 月，河北省人工影响天气办公室由原省气象研究所的大气物理研究室原班人员为基础组建成立，我本人由原来的研究所副所长被任命为新恢复组建的人影办常务副主任并主持工作。此时，借着全国人影迅速发展的大好时机，我及我的团队对我国和河北省人影事业未来的发展充满了希望和期待。结合河北人影恢复初期主要是开展飞机增雨的实际需求，作为单位负责人的我，反复思考着如何将开展飞机业务性作业和科研紧密结合的问题。当时正值申请河北省科技厅科研项目的时间，我打算在开展飞机增雨作业的同时，借助当时国内已经改装的几架比较先进的飞机（国家气象局人影所、新疆人影办均引进并改装的机载云物理观测平台），与有关方面协作开展相关研究工作。为此，我多次专门请教了当时刚刚主持完成科技部项目"北方层状云研究"的游来光老师等有关专家，在多方奔走咨询专家学者指导意见的基础上，及时起草了河北省"八五"科技攻关项目"河北省人工增雨的气象条件与作业技术研究"申请书，是游来光老师不仅亲自帮助我修改了申请书还答应与我来河北一同主持这个攻关课题。与此同时，时任河北省气象局主管人影业务的副局长游景炎研究员也乐意与我和游来光先生三人一道主持我们拟申请的这个课题。紧接着按照课题申请的时间节点上报后，很快被河北省科技厅批准立项为河北省"八五"重点科技攻关项目。

上述科研课题顺利立项启动的时刻，正值我们飞机增雨外场开始的时候，该课题的顺利启动，对我和刚刚组建的河北省人工影响天气办公室的人员是一个极大的鼓舞。

该课题从 1990 年初开题到 1994 年 12 月完成历时 5 年，期间先后与中国气科院人工影响天气研究所、北京大学、新疆人影办、河北省气象台、河北省气象研究所等单位进行了有效的协作研究。由新疆人影办和气科院人影所改装的具有探测云物理性能的飞机（飞机上均安装有从美国引进的 PMS 系统）交替承担了在河北科技攻关课题任务中每年的飞机探测任务。在与气科院人影所、新疆人影办合作的 5 年中，时任气科院人影所所长的张纪淮老师、新疆人影办的两任负责人史文全、高子毅研究员都给予了全力的支持与配合。其中连续几年与河北人影办人员一道来河北参加飞机观测和课题研究的专家技术人员有人影所的王守荣（后曾任中国气象局副局长）、陈万奎、王广河、楼小凤、汪晓滨等，新疆人影办的张建新、廖飞佳、李斌、吴志芳、李金玉、王文新等。

为使课题获得更好的研究水平，在气科院人影所马培民老师（原世界气象组织人影专家组成员）的精心策划和安排下，在该课题进行期间的 1992 年初，由河北省"八五"攻关课题组成员组成的技术考察组先后去美国人工影响天气计划办公室（博尔德）、沙漠研究所、NCAR、盐湖城大学、UCLA、堪萨斯外场试验基地（Hobbs 主持的风暴试验计划）等地进行了科学技术考察。

回国后，我和游来光老师及我们课题组在认真分析美国在云物理研究方面的科学进展后，大家认为当时的美国在云降水物理与大气探测方面都有我们需要学习的内容，特别是微波遥感技术的应用很值得借鉴。随后，在游老师的具体指导下，很快由我主持并组织申报了"利用微波遥感技术测量云中液态水分布规律的研究"的河北省自然科学基金项目。该项目是我第一次接触的自然科学基金项目，也是河北省气象部门首次申请的省级自然基金项目。该项目利用北京大学赵柏林院士主持研制的双通道微波辐射计，由朱元竟、胡成达两位教授具体负责辐射计的外场观测，首次在河北省结合飞机探测进行了历时 3 年的外场观测研究，获得了很多有益的科研成果，在国家级核心期刊发表论文多篇，其成果获得 1997 年河北省科技进步三等奖。

1994 年底，由我和游来光、游景炎两位老先生共同主持的河北省"八五"科技攻关项目"河北省人工增雨的气象条件与作业技术研究"历时 5 年顺利结题。该课题利用 166 架次中比较具有典型降水云系结构特征（西风槽、西南涡、华北回流、冷锋云系）的 62 架次飞机观测云物理资料，以及雷达、卫星、辐射计、加密探空等空地综合观测资料，结合数值模拟研究结果，在飞机人工增雨的天气背景、典型云系宏微观结构、降水机制、催化条件、云物理概念模型、作业综合判别指标、指挥系统建设、效果评估等方面获得显著进展。该项目共完成科研报告和论文 102 篇，公开发表 83 篇，译文 20 篇，出版研究文集一本。

1994 年 12 月，在河北省科委组织下，由中国科学院程纯枢院士、陶诗言院士，中国工程院章基嘉院士及大气科学界知名专家胡志晋、王昂生、申亿铭、许焕斌等研究员和教授组成的专家鉴定委员会对该项目研究成果进行了技术鉴定。一致认为，"该项研究总体上达到国际上同类研究的先进水平"。

　　该项目成果，1995 年获得了河北省政府科技进步一等奖。这是当年河北省政府共授奖的 200 多个科技进步奖中只有 7 个一等奖中的唯一一个由气象部门主持完成的获奖项目。因此该课题成果获得了省部级一等奖的消息，在河北省气象部门产生了热烈的反响，为河北省气象局填补了 1954 年建局以来没曾获得过省部级一等奖的空白，至今又 20 多年过去了，河北省气象部门还没有再次获得该级别的奖项。

　　在课题进行的 5 年期间，游来光先生身先士卒，说到做到，他每年 3—10 月间的大半年时间就住在河北省气象局条件简陋的招待所所里或者是随飞机转场所到的不同机场的招待所里。5 年中，我们先后经历了驻守在石家庄大郭村军用机场，以及转场外地沧县、张家口、故城军用机场起降飞行，累计外场工作 510 天，累计实施飞行探测或作业 166 架次，累计飞行时间 273 小时，航程近 10 万千米。做过同类工作的同行们都可以想象到，那时候从事飞机人工增雨外场工作是多么得不容易，尤其是要实现增雨业务作业和科研计划的完全紧密结合，同时要力求实现每次具有空地综合观测的设计又是多么得不容易。

　　在河北课题实施的初期，游来光老师曾多次表示，与河北的合作是他自己的选择，期待能在实施该课题的过程中，继续他在"北方层状云研究"课题中，因受条件所限而未能实现的一些设想，所以他把全身心的精力投入了河北课题的研究中。没有飞行任务的时候他就与大家一起分析资料，对于每次天气过程的飞行探测或作业计划都要与我们一起认真讨论设计，有时不顾高龄亲自登机指挥，如果因故他不能亲自登机时就嘱咐我和我们课题组当时负责登机指挥的刘海月、石立新、吴志会等有关登机技术人员要如何识别云层特征，如何做好观测记录，如何与地面指挥中心进行实时信息沟通以及如何将飞行探测计划变成飞行员的实际行动等都几乎是反复耐心的叮嘱。游老师说的话大家都乐意听，他那和蔼的笑容，亲切而富有感召力的语言，言传身教的实际行动，每时每刻都在感动着与其接触过的每个人。游老师他还用自己刚刚主持完成的"北方层状云"研究课题的近 10 年外场经历用讲故事的方式勉励大家，使课题组人员具有身临其境的感觉，获益匪浅。所以是在他的感召和指导下，大家齐心协力，努力做好了科研环节中的每一个细节，从而较好地保障了所获得的各种资料的可靠性，并实现了科研与业务的一体设计、同步实施。该课题之所以进展顺利并最终获得省部级一等奖，以及 1996—1998 年，中国气象局将我们获得的"八五"一等奖成果作为科技成果推广项目，在华北地区省、市进行的推广中，都凝聚着游来光老师的很多精力。

游来光先生与我们河北省人影办连续合作的 8 年中，完成了河北科技攻关和自然基金两个省部级科研课题，为河北省的人影人才培养倾注了大量心血。截止到 1998 年，我办人员共获省部级科技进步奖 6 项，其中一等奖 1 项，三等奖 3 项，有 16 人次获省部级科技进步奖，31 人次获司局级奖。一批中青年专门科技人才在工作中做出了显著的成绩，其中有 4 人先后获得河北省政府优秀科技工作者、河北省青年科技标兵、中国气象局优秀青年科技工作者荣誉称号，有 11 人次先后获得河北省气象部门青年科技骨干、拔尖人才、学科带头人称号，飞机人工增雨和技术保障团队被河北省创建青年文明号活动组织委员会授予"青年文明号"。

河北省人工影响天气办公室结合业务工作大力开展科学研究，提高人工影响天气科学水平取得的丰硕成果，受到国内同行专家的高度评价。先后有 8 位院士、多名国内知名专家学者对河北人影办承担的科技攻关项目及人工影响天气科研与业务进行过指导或鉴定。1997 年，中国气象局首次组织的全国人工影响天气科学技术咨评委首选河北，经评审后认为"河北省的人工影响天气工作总体上处于全国领先地位"。这次科技咨评委由中国气象局马鹤年研究员、副局长带队，专家评委有北京大学赵柏林院士、中科院大气所黄美元研究员、中科院兰州高原大气物理研究所王致君研究员，南京大学叶家东教授，空军气象学院黄培强教授，以及农业部、水利部等 13 个部委的专家。

毫无疑问，游来光老师不仅是河北省科技进步一等奖成果的主要贡献者，在上述河北人影科研的进展与所取得的成绩中，都凝聚着游来光老师的一份无私奉献。我们曾与游老师在一起合作过的每个河北人影人都有切身体会，大家无不对他的治学严谨、学识渊博所敬重，大家被他对事业的热爱、对工作的热情、对同事的谦和以及诲人不倦的人格魅力所深深感动。

对于我个人来说，游来光先生是我走上工作岗位后遇到的第一位始终支持、鼓励我坚持做科研和如何做好科研工作的导师，是游老师指引我走上了科研道路。如果说我作为后人也做了些有关人影科研工作并有所收获的话，毫无疑问，那都是游老师等先辈栽培和引导的结果。事实上，我从大学毕业就有幸多次得到过游来光先生的指教机会，到后来和先生一起搞科研，以及直到 2005 年他的离去，我们一起相处近 30 年，他所给予我的关心和帮助是多方面的、始终如一的。

1998 年后，虽然我和游来光先生没有再次一起合作过课题，可是，直到 2005

年游老师离开我们的近 10 年中，我先后又主持完成了河北省科技攻关课题 2 项、自然科学基金 3 项、国家自然科学基金 1 项，骨干参加了科技部科技支撑项目 1 项，以及其他有关的科研工作甚至对我个人的发展，游老师始终都给予了我支持和帮助，他是我从事科研工作的指路人。所以也可以说，游来光先生不仅是我的恩师也是益友。如今游老师离开我们已经十多年了，但是，游来光老先生对我国人工影响天气事业发展所做出的成就将会被历史所铭记，他对河北省所做出的贡献，对我本人的诚挚关怀和亲切教诲将会永远铭刻在我的心中。

图 1 为游来光先生与我们在一起。

图 1-1　本人与游老师在一起

图 1-2　游老师在河北"八五"攻关课题鉴定会上

图 1-3　游老师与河北部分课题组人员讨论

图 1-4　课题鉴定会议现场（图中程纯枢、陶诗言、章基嘉院士在座）

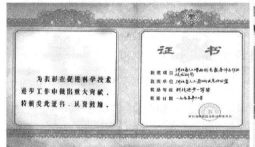

图 1-5　研究成果获得一等奖证书

图 1-6　游老师与课题组部分人员合影

图 1　游来光先生与我们在一起

二、我与许焕斌老师合作的防雹科研

1995 年，我与游来光等主持的河北省"八五"重点科技攻关课题成果获得河北省政府科技进步一等奖后，对刚满 5 周岁的河北省人工影响天气办公室来说，无疑是受到了极大的鼓舞。这时，游来光老师及时鼓励我及我的同事们，希望大家要继续坚持走科研与业务紧密结合的路子。在游老师与我们认真分析讨论的基础上，结合当时防雹科研的需求，我主持编写并申报了河北省"九五"重大科技攻关计划"人工防雹与农业减灾的研究"项目，并邀请许焕斌老师与我们一起攻关研究（图 2），该项目被河北省科技厅列为 1996 年重大公共计划，2001 年按计划顺利完成。

经过 5 年的努力，该项研究应用现代化多普勒天气雷达、闪电定位系统等技术装备获取雹云观测资料，采用数值模拟、外场试验与理论研究相结合的方法，进行了多学科攻关研究；在冰雹云天气背景条件、冰雹云演变规律、人工防雹原理、冰雹云概念模型、作业综合判别指标、作业技术和方法及作业预警系统建设等关键技术方面获得了重要研究成果，项目组共发表论文 40 篇，正式出版专著书籍 2 部。这些科研成果的交流和发表，在国内外学术界产生了广泛的影响，对推动学科发展起到重要作用。该项研究获得的应用成果在河北省 11 市的人工防雹作业中应用，部分成果在其他省、市得到了推广应用，获得了重大济济社会效益。该项目提出得冰雹增长"穴道"理论与建立的防雹概念模型在国内外进行了广泛的学术交流，引起了学术界的广泛重视（图 4）。该项目在河北冰雹多发的涞源县进行了历时 2 年 14 次爆炸防雹试验。初步结果表明：对积云进行炮击后，云体在 1～5 分钟内出现断裂、减弱、消散等现象，表明爆炸对云体会产生直接影响；应用数值模拟方法得出了爆炸对冰雹云的动力、微物理和粒子运动状态等方面的作用机理，其结果在多个核心期刊发表。

该项目于 2001 年 10 月，由河北省科技厅组织并主持了鉴定，鉴定委员会由我国著名大气科学家中国科学院陶诗言院士、赵柏林院士和中国工程院李泽椿院士（图 3）及国内知名同行专家胡志晋、酆大雄、郑国光、申亿铭、章澄昌、洪延超、王广河等组成。鉴定结论认为，"该项目成果处于国内领先、国际先进水平"。该成果获得 2003 年河北省政府科技进步二等奖（见图 5 奖励证书）。2001 年该课题完成后，我又与许焕斌老师合作完成一项有关突发性雹云形成机制研究的河北省自然科学基金项目，到 2003 年，许焕斌老师与我及河北省人影办连续合作研究历时 8 年。

毫无疑问，上述防雹课题的顺利完成，许焕斌老师是课题组的核心成员，是该项成果的主要贡献者（图 2）。回顾 20 年前许老师和我们一起在河北 8 年时间的日子里，他对河北省人工防雹、对课题所付出的精力和心血很难用文字准确地描述。那时，许老师已经年过六旬，可是，为了做好河北的防雹课题，他是全身心地投入，无私地奉献。为了进行爆炸防雹作用的试验，他连续两年和课题组骨干成员刘海月带领部分课题组人员在涞源县艾河村驻村开展外场试验。那时农村的生活条件相对比较艰苦，无论是开展工作还是生活涉及的衣食住行都遇到了诸多困难，这些困难都被我们课题组和许老师一一克服了，大家以苦为乐，不计较个人得失。遇到天气过程时，许老师和我及课题组的同事们要跟踪观测天气，随时进行外场作业试验。没有试验天气条件时，白天组织大家讨论课题技术问题，晚上还要进行资料分析。就这样坚持 2 年，最终顺利完成了外场试验计划。我清楚地记得那时的许老师已经身患有糖尿病，需要在饮食起居等方面予以足够的注意，可是他对生活条件没有任何要求，吃住简单，保持乐观，是他对待生活、对待人生的态度。我们有时提醒他注意自己的身体，他却常常用风趣而又富有幽默感的语言安慰大家，他给我们多次回顾过曾在江西干校下放劳动中所经历的很多故事并与现实的情况进行比较，事实上，许老师是用此方法激励大家投身于工作和科研的积极性。

从 1996—2003 年间，我与许焕斌老师有幸一起合作研究 8 年，他身为大气物理和人影科研方面的大家（Great master），是我从事人影科研和业务工作 40 年中遇到的又一位好导师，是他那种对事业和学术永不停止的追求，对同事的言传身教和亲

图 2　许焕斌老师与河北课题组讨论

图 3　陶诗言、赵柏林、李泽椿三位院士在河北防雹课题鉴定会上

雷达回波　防雹作用区　穴道　——流线　——水平速度零线
自然粒子运行增长轨迹　人工粒子运行增长轨迹

图 4　课题组建立的防雹概念模型

切的指导以及无私的奉献精神感染了我
及其他有关的人。是与许焕斌老师的愉
快合作，使我坚定了继续坚持科研工作、
永不放弃的信念，是许焕斌老师帮助我
及河北人影持续了科研的正确方向。他
对我国防雹科研及人影事业和学科的贡
献有目共睹，他对我本人的教诲及帮助，
我将永远难以忘怀。

图 5　获得的河北省政府科技奖励证书

三、良师益友——王守荣

自从 1990 年初，我主持河北省人工影响天气办公室工作到以后的近 20 年中，
因为工作关系，我去北京到气科院人影所几乎成了常态。那时的王守荣已经在人影
所工作多年，所以同行们都知道，自从人影所 20 世纪 80 年代初引进美国的 PMS 系
统、改装云物理与大气探测飞机起到游来光老师等主持完成"北方层状云研究"课
题结束的 10 多年里，王守荣不仅仅是"北方层状云研究"课题组的主研人员，而
且一直是维护机载 PMS 系统、保障仪器正常运行的主要技术专家之一，也是游来
光老师的得力助手和挚友。是他与马培民老师一起用心守护着那套气象部门首次引

进的先进仪器并保持着良好的运行状态，才保证了"北方层状云研究"课题的顺利完成。

"北方层状云研究"项目进行前期，我也有幸参加过其中部分活动，期间我开始与王守荣多有接触和交流。记得有一次游来光老师组织我们很多比较年轻的同志，利用约半个多月的时间到庐山云雾所处理分析北方层状云课题组获取的飞机观测资料，这次活动使参加者都收获满满，学到很多分析云物理资料的分析技术，也为我们有关年轻人后来开展的同类研究打下了良好的基础。

从那时起，在我与王守荣的工作交流与接触中，由于他年龄比我长几岁，从事人工影响天气工作的资历比我深，能力比我强，所以我习惯性地称他为老兄。到1990年以后，由于我与气科院人影所协作，与游来光老师共同主持河北省的课题，这时候我对熟悉和掌握PMS仪器性能的渴求很强，向王守荣和马培民老师请教、学习有关技术问题就是常态的事情了，因此，事实上王守荣也是我的老师。另外，在与王守荣较长时间的交往中，有时我们不仅仅谈论工作，讨论事业，而且还谈学习、谈生活，甚至是"无话不谈"。所以，一直以来，在我的心目中，王守荣他一直就是我的良师益友。

记得是在1991年的春末初夏期间，气科院人影所改装的空军某部"796"号安-26飞机来石家庄执行飞机探测和作业任务，这时王守荣是以人影所的副所长身份带领人影所的技术人员一起来的。由于科研与业务工作的需要，在大约一个多月的时间里，我和王守荣以及包括空军机组人员等许多人一起食宿在机场。期间，我和守荣一起作为飞行指挥人员同时登机实施了多次飞行探测和增雨作业。那时的PMS系统，资料收集记录用的是磁带记录仪的技术，运行和维护都不是件容易的事，必须有人值守，王守荣主要是负责机载PMS系统的观测和记录。我很珍惜这样的学习机会，每次飞行期间，我几乎总是设法利用更多的时间向他请教有关仪器的性能与原理、操作程序和资料获取技术等，一次飞行结束后的其他时间，我们还会继续讨论有关问题。虽然这期间我和王守荣近距离接触一个多月时间不是很长，但是，他那种对工作认真负责的态度、对事业勇往直前的追求精神，对同志、对朋友热诚、率真的品质，深深地感动了我并至今难以忘怀。

随后的更多时间里，我和许多从事过人影的同事交谈过，大家几乎都记得，王守荣1986—1994年担任气科院人影所副所长、院长助理，对人影科研的发展做出了很大贡献。他虽然在 1994 年由于气象事业发展的需要，有一段时期离开了人影岗位并获得中科院大气所气象学的博士学位，到晋升为正研级高工，先后在国家气候中心、中国气象局总体室、浙江省气象局等多个新的岗位工作并做出了很有成效的业绩，直到 2004 年被任命为中国气象局副局长，可是在他的心中留驻的那份"人影情结"是永恒的。

2004 年后，王守荣身为中国气象局副局长，虽然没有直接分管人工影响天气工作，但是他对我国人影事业的发展却倾注了很多精力，给予了实实在在的关注。比如，他在分管全国气象计财工作期间，对于中国气象局与国家发改委联合推动的全国人影发展规划和有关重大工程项目的立项起到了他人无可替代的作用。即使在王守荣他身处中国气象局领导期间，我曾多次在不同的时间、地点或场合与他接触过，每次见面他总是先问我"老段，最近河北的人工影响天气工作怎么样？"如果时间允许，还会聊些细节的事情。他对人影事业的持续关注，对人影老朋友的这种诚挚关怀和爱护，也是他心存"人影情怀"的具体体现。

2010 年，亚运会在广州召开，做好期间的天气条件保障工作自然就落在气象部门。为此中国气象局和广东省气象局分别承担了不同的保障任务，其中人影保障团队分别在中国气象局人影中心和广东省人影办组建，受中国气象局减灾司委派，我有幸全程参加了在广东人影团队的保障工作。

2010 年 11 月 27 日，是亚运会闭幕的一天。当天下午，从北京赶来广州的王守荣副局长在参加完亚运会闭幕式的最后一次天气会商后，在时任广东省气象局局长余勇的陪同下，分别到人影指挥中心等保障团体看望慰问了亚运一线的气象服务团队，使大家倍感亲切和鼓舞（图 6，图 7）。当时我们在现场为人影服务的人员有陈联寿院士、王广河、王晓辉、钟晓英和我以及冯永基、吴志芳和其他有关人员。

2011 年王守荣副局长退休后，中国气象局、人影中心等单位领导为了继续发挥他在专业技术方面的作用，先后聘请他作为《中国气象百科全书》的常务副主编和西北人影工程专家组的成员并承担多项专业技术工作。在编写《中国气象百科全书》初期，是王守荣提名我加入了有关"人影条目"内容的编写与相关编委会的工作中，使我在此期间的几年中又有了新的学习机会并收获了很多。

最近几年，中国气象局人影中心在推动全国人影业务"三年行动计划"中，我本人亲身感受到了王守荣等老专家所贡献的智慧和发挥的作用，在推进西北人影工程建设方案的设计和讨论中，有关决策部门曾在多方面采纳了王守荣等老专家具有高屋建瓴的意见或建议，从而为新时期我国人影事业的发展做出了新的奉献。

图 6 王守荣副局长在基层调研

图 7 王守荣副局长慰问亚运会人影保障团队

四、后记

在纪念我国人影事业发展 60 周年的今天，我作为与国家改革开放同时步入人影战线连续工作 40 年的人影人，在科研方面也曾做了一些工作，自己曾主持或主研完成国家、省部级科研课题 10 多项。其中在 1990—2010 年中，先后主持完成河北省"八五""九五""十五"重点或重大科技攻关课题 3 项，主持完成河北省自然科学基金项目 4 项，主持完成国家自然科学基金面上项目 1 项，主持国家 973、国家科技支撑项目子课题三项。同时也获得了相应的一分收获，自己共获得省部级科技进步奖励 10 项，其中一等奖 1 项、二等奖 2 项、三等奖 5 项、四等奖 1 项，中国气象局科研先进集体奖 1 项。

近 20 年来，累计在国家级核心期刊、国际学术会议或者期刊发表论文约 30 余篇（其中第一作者 15 篇，与他人合作发表 SCI 4 篇），参加国际学术会议 10 多次，累计主编或者与他人联合编著出版专业技术书籍 11 本。获得了一些荣誉，分别为：1996 年，被评为"河北省气象部门学科带头人"，同年被中国气象局评为"全国气象部门双文明先进个人"；1998 年，被河北省人事厅、省委组织部、省科技厅、省科协联合授予"河北省优秀科技工作者"荣誉称号；1999 年 6 月被聘任为正研级高级工程师；2001 年，被河北省政府部门授予"河北省农业科技先进工作者"荣誉称号，并同时被河北省人事厅给予记二等功奖励；2002 年被国务院批准为享受政府特殊津贴专家（同时被河北省政府列为享受政府特殊津贴专家）；2006年，出席全国气象科技大会，被中国气象局授予"全国气象科技先进科技工作者"荣誉称号。2012年，晋升为二级研究员（正高二级）；获得人社部"全国人工影响天气先进个人"荣誉称号。

回顾我走过的40年人影历程，自己深深感到在这40年中，我国的人影事业得到了很大的发展，尤其是近5年发展速度更快，业绩更为辉煌。

时光如梭，如今我本人即将退休，过去所经历的很多事情，随着时间的流逝大都渐渐淡忘。但是，在过去40年中曾指导过我学习、工作、研究的老师们很多，我都难以忘记，更准确地说，是难忘的记忆伴随我走过人影40年。尤其是在过去40年中像游来光、许焕斌二位分别连续和我一起合作研究七八年之久的老师，我将永远无法忘记！同时在40年的人工影响天气工作中，也曾结交了许多朋友，我也不会忘记，尤其是像王守荣这样的良师益友，我也将永远无法忘记！

拨开云雾 方得始终

牛生杰 [①]

2018 年是中国从事人工影响天气事业 60 周年，应编委会邀请撰写本文，把我自己先后在宁夏气象局、南京气象学院（2004 年改名为南京信息工程大学）学习、研究和实践云物理学及人工影响天气 40 周年的工作进行回顾，与同行共勉。

1978 年 7 月高中毕业，有幸考取全国重点大学南京气象学院，于 1978 年 10 月 16 日至 1982 年 7 月 30 日学习人工影响天气专业。入学后听老师讲，根据气象事业发展的需要，中央气象局在南京气象学院设置人工影响天气专业，是全国唯一，后来知道也是全球唯一。该专业曾更名为云雾物理专业，毕业前夕定名为大气物理专业，老师讲是因为专业知识拓展了，也是出于扩大学生就业面的考虑，有几位同学毕业时就被分配到了环境保护部门工作，学校领导真有远见！

那时南方的高校寒假 3 周，暑假 5 周，每周上课 6 天，每节课 50 分钟，学生花在学习上的时间很多，每天学习基本都在 10 小时以上，用功的同学每天要学习 12 小时。大四第二学期学校从校外邀请了几位著名专家为我们讲专业课，邀请黄美元研究员讲授《暖云降水》，叶家东教授讲授《积云动力学》，胡志晋研究员讲授《云和降水数值模拟》时说他自己年轻时每天工作 14 小时，进一步鼓舞了同学们学习的劲头。南京气象学院重视数理教学，有口皆碑；在专业知识传授中，理论与实际结合，

---

① 牛生杰（1962— ），博士，博士生导师。1982 年南京气象学院大气物理专业毕业，现任南京工业大学副校长、校党委常委，全国优秀科技工作者，全国优秀气象科技工作者（省部级劳模），享受国务院政府特殊津贴，主持完成多项国家科研项目，获得江苏省科技进步奖等省部级科技奖励多次。

形成了重基础、强实践的办学特色，毕业生受到用人单位的广泛好评。新专业就有新课程，王鹏飞先生凭借自己渊博的学识，查阅国内外文献，编写了《云雾降水物理讲义》（宏观部分、微观部分）并亲自讲授，戴铁丕老师讲授《雷达气象学》两学期（一周 4 学时），这两门课程为我们从事云物理人工影响天气工作打下了坚实的基础。

毕业前夕，同学们分别到中国科学院大气物理研究所、中国气象科学研究院人工影响天气研究所及其所属的庐山云雾试验站等单位，在专家指导下完成毕业论文。同学们兴奋地见到了著名云物理人工影响天气专家黄美元、徐华英、何珍珍、王昂生、游来光、胡志晋、许焕斌等前辈。本人有幸在何珍珍老师指导下研究不同尺度水凝物粒子谱的特征并对其进行全谱拟合，这些资料取自泰山、衡山、上海、新安江等地，有地面观测，也有飞机观测，十分宝贵，本科毕业论文发表在《高原气象》（第 14 卷，第 1 期，114-120 页）。到中国气象科学研究院人工影响天气研究所做论文的同学有幸参加了飞机云物理观测，这是国内引进的第一套机载粒子测量系统，为游来光研究员主持的国家科委重点项目"北方层状云人工降水试验"飞行探测，收集资料。1978—1982 年，宁夏气象科学研究所在飞机人工增雨作业的同时，用仿苏云物理仪器观测云滴谱、含水量、冰雪晶，本人撰写的论文《宁夏夏季降水性层状云微结构观测分析》见《高原气象》第 11 卷第 3 期。

1984 年 7 月，宁夏气象科学研究所应用气象研究室主任陈玉山高工带我到固原地区进行人工防冰雹，我们住在位于六盘山顶的气象站职工宿舍里。8 月 7 日 13 时许，位于山顶的对流单体开始降雹，我俩穿起雨衣，提着广口瓶收集冰雹 395 个，在中国科学院兰州冰川冻土研究所的低温实验室里做成切片，研究了冰雹胚胎的结构。结果表明这次降雹霰粒雹胚约占 2/3，且有多个干湿生长层，霰粒多呈圆锥状；冻滴雹胚约占 1/3。研究论文发表在《大气科学》（1990 年 9 月，第 14 卷，第 3 期，369-374 页）。这是我在气象业务部门工作 20 年唯一经历的降雹天气。

1984 年 7 月 20 日宁夏海原县郑旗乡发生超级单体降雹，收集到最大冰雹直径6.4 厘米，将冰雹做成切片并进行同位素氘分析，推断了冰雹在云中的生长轨迹。研究论文发表在《大气科学》（第 15 卷，第 3 期，24-32 页）。

1984 年宁夏气象科学研究所设置多个雨滴谱观测站（滤纸法），系统研究了冷锋、低涡、西风小槽三类主要降水系统的雨滴谱特征，研究论文见《高原气象》（第 21 卷，第 1 期，37-44 页）。

宁夏用冰雹切片方法研究冰雹微结构得到了中国科学院兰州高原大气物理研究所杨颂禧老师的指导。1990年在硕士学位论文的基础上，申请国家自然科学基金项目"人工防雹效果的数值模式检验"获资助，本研究得到了徐华英老师的指导。

1993年5月5日甘肃省河西走廊发生了特强沙尘暴，影响方圆500千米，造成直接经济损失3.2亿元，中国气象局于1993年9月在兰州召开沙尘暴监测预警研讨会，使沙尘暴研究成为热点。我在学习调研的基础上，于1995年申请国家自然科学基金项目"贺兰山地区沙尘暴若干问题的观测研究"获得资助，课题组成员深入腾格里沙漠、巴丹吉林沙漠、毛乌苏沙地开展沙尘天气综合观测，该项研究建立了该地区沙尘气溶胶微结构概念模型（质量浓度、粒子谱、光学厚度、化学组分），揭示沙漠地区微气象特征，在《气象学报》发表论文2篇（第59卷，第2期，196-205页；第60卷，第2期，194-203页），在《大气科学》发表论文1篇（第25卷，第2期，243-252页），在《高原气象》发表论文2篇（第20卷，第1期，82-87页；第24卷，第4期，604-610页），在《中国沙漠》发表论文3篇（第20卷，第1期，55-58页；第20卷，第3期，264-268页；第27卷，第6期，1067-1071页）。章澄昌老师多次亲临沙漠地区指导研究工作，秦瑜老师帮助该项目获得后期资助，使得研究工作更加完善。

二十世纪八九十年代，SCI之风尚未吹进国内，我国科技工作者完成的学术论文主要在国内刊物发表。国内核心科技期刊，尤其是《气象学报》《大气科学》顶尖期刊主要是发表国家级气象科研单位专家的研究成果，省级气象科技人员能在这两种刊物发表文章，真是凤毛麟角，即使在SCI之风盛行的今天也实属不易。

引用某双一流大学党委书记评价该校大气科学学院的一句名言："在落后地区做出了先进成果"，似乎能够客观反映我在这个阶段的奋斗过程。

1992年4月担任研究室主任后，要全面负责飞机人工增雨作业的全过程。层状云降水系统一般要维持几十个小时，当满足一定条件即安排飞行作业，但问题是下次作业距上次作业的时间如何掌握。从云物理理论可知，催化后发生冰水转化过程，过冷水蒸发消耗，冰晶凝华增长；但云系还在维持，过冷水还有恢复的过程，催化后过冷水从消耗到恢复的时间尺度是多长。我于2001年以"层状云催化后过冷水消耗与恢复规律的观测和数值模拟研究"为题申请国家自然科学基金项目获得资助，研究成果见《大气科学》[2006,30（4）：561-569]《气象科学》[2007,27（2）：

126-132〕。

我在 1992—1997 年主持宁夏飞机人工增雨作业的 6 年时间里，努力协调与飞行有关的多个单位的关系，使得用于人工增雨作业的飞机可以 24 小时随时起飞作业，我亲自参加飞行作业累计超过 200 小时。夜间复杂气象条件下飞行作业难度较大，要动用机场近百人进行飞行保障，协调难度很大，这种高难度的协调工作，极大地锻炼提高了我的组织管理能力。利用 1990 年、1992—1996 年分别与甘肃省人影办、陕西省榆林地区气象局和内蒙古阿拉善盟气象局合作进行飞机人工增雨的机会，我提出了跟踪天气系统跨省区飞行作业的观点并在合作作业中实施，取得了较好的效果，撰写的论文《努力提高人工增雨有偿服务的综合效益》发表在《气象继续教育》（北京气象学院主办，1996 年第 1 期，总第 3 期，30-32 页）。

2001 年 9 月到南京气象学院，师从孙照渤教授攻读大气科学博士学位，深深为母校的快速发展和引进人才的迫切需求所感动，2002 年 10 月毅然辞去担任了 6 年的宁夏气象局副局长职务调到母校担任教授。学校人事部门的领导说，我是学校引进的第一位带着国家自然科学基金在研项目和经费来校工作的人才。大学的学术氛围好，科技平台高，学术交流活跃，我很快融入了这种令我向往已久的环境，投身于科学研究和研究生培养。在该校工作期间，获得资助的主要科研项目有：国家自然科学基金重点项目"层状云降水物理过程及人工催化物理效应的观测研究"、面上项目 2 项"高压输电线路覆冰的微物理特征观测及成冰机理研究"和"辐射雾爆发性增长的精细观测和大涡模拟"、气象行业专项"长江三角洲雾害监测预警及灾情评估研究"、科技部科技支撑计划"南方冰雪灾害天气预测预警评估研究"第一课题"南方冰冻雨雪天气野外观测试验"、教育部博士点基金"沙尘气溶胶辐射模型构建及其气候强迫研究"、江苏高校自然科学基金重大基础研究"雾害形成的物理化学过程及其污染机理的综合研究"等项目，还合作申请国家自然科学基金项目两项、科技部社会公益项目一项。这些项目的实施，研究云和降水形成的物理机制及催化的物理响应、雾物理结构及形成机制、电线积冰增长模型、沙尘暴内部热力动力结构及近地层气象要素分析规律、沙尘气溶胶辐射模型等。指导近 70 名研究生完成学位论文（其中博士研究生 23 名），在核心及以上刊物发表学术论文 160 余篇，这些论文发表在《中国科学》《科学通报》《气象学报》《大气科学》《地球物理学报》《大气科学学报》《高原气象》《气象》《气象科学》《中国沙漠》《气候与环境研究》《大气科学进展》、美国气象学会《应用气象与气候》、美国地球物理学会《地球物理研究杂志-大气》（JGR）、《地球物理研究通信》（GRL）、德国《理论与应用地球物理》、法国《大气研究》（AR）、韩国《亚太地区大气科学杂志》等中、英文刊物或中、英文版。指导研究生完成的博士学位论文2篇、硕士学位论文3篇分别获得江苏省优秀博士学位论文奖、江苏省优秀硕士论文奖，指导的研究生还获得省级科技进步奖、美国地球物理学会霍尔顿青年奖、学笃风正奖、美国美华海洋大气学会宇翔青年学者奖、涂长望青年气象科技奖、谢义炳青年气象科技奖、美国布鲁克海文国家实验室突出贡献奖、美国地球物理学会优秀学生论文奖、美国能源部科学办公室学生海报奖、《Atmos. Res.》杂志高引用率论文奖、江苏省"六大人才高峰"高层次人才、江苏省"青蓝工程"优秀青年骨干教师、江苏省"333高层次人才培养工程"。我自己出席了全国跨世纪人才群英会（1994年12月23日），先后获得了"全国优秀科技工作者""全国优秀气象工作者（省部级劳模）"、享受国务院政府特殊津贴、江苏省有突出贡献的中青年专家等称号，7次获得省部级科技奖（其中二等奖3次），"云降水与气溶胶研究创新团队"入选江苏省青蓝工程资助，入选江苏省"333高层次人才培养工程"，完成专著3部，其中由气象出版社出版的《雾物理化学研究》获得第六届中华优秀出版物奖图书提名奖，这是气象出版社出版物自该奖于2006年设立以来第二次获奖。这些成绩的取得，使我十分欣慰，真正体会到了刻苦用功的快乐，感悟到了人往高处走的古训是多么正确和深刻啊！

2004年受国家自然科学基金委员会资助，访问设在意大利的利亚斯特的国际理论物理中心，为期3个月，访问时间尚未过半，江苏省委在全国率先公开选拔副厅级干部共22名，其中公推公选南京信息工程大学副校长一名，学校要求符合报名条件的人员都要参加，我提前结束访问回校参加，公选成功，成为每个选拔环节均为第一名的两人之一。2005年11月应学校党委要求参加南京信息工程大学校长公推公选，进入前2名上省委常委会投票。2017年7月江苏省属高校领导班子集中换届，江苏省委规定省属高校领导班子成员在一个岗位任职满10年必须交流任职，我被调任南京工业大学副校长、党委常委，离开了工作15年、担任副校长13年的母校，走上了新的工作岗位，迎接新的挑战。

在我国开展人工影响天气60周年之际，应邀撰写纪念文章，回顾自己学习、研究、实践云物理学及人工影响天气40周年的历程，有以下感受，与同行共勉。

1. 理论要与实践相结合，如研究云系催化后过冷水消耗与恢复的时间尺度，为确定飞行作业之间的时间间隔提供科学依据。

2. 要亲临一线参加实际工作，如 1984 年 8 月 7 日在六盘山顶经历降雹过程；2000 年 4 月 12 日在甘肃省山丹县境内经历强沙尘暴，其内部的能见度为 2～3 米，与我们远离沙尘暴观测到的景色完全不同。

3. 要与母校老师亲密联系，向专家学习。1985 年 3 月担任研究室副主任，那时刚申请到科研项目，自 1986 年起，我邀请教过我们专业课的老师到宁夏讲学和指导工作，应邀赴宁的老师有戴铁丕老师、章澄昌老师、李子华老师、周文贤老师、汤达章老师、陈金荣老师，还有中国科学院兰州高原大气物理研究所杨颂禧老师。中国气象学会 1988 年在宁夏气象局召开会议，王鹏飞先生应邀到会指导，使得我有幸在故乡聆听了导师的指导；我还在故乡聆听了黄美元先生的指导。我曾经到中科院大气所在黄美元老师、徐华英老师指导下学习数值模式。在宁夏气科所工作的 10 余年里，利用到北京出差的机会向游来光老师请教，我清楚地记得他在办公室指导我分析宁夏冰雹谱，给我讲述他主持完成的国家重点课题"北方层状云人工降水试验"的主要成果。我发现许多省人影办的同志到北京都要到游来光老师办公室请教。令人尊敬的黄美元老师、游来光老师就是"蜡烛"，照亮了别人，燃烧了自己。黄老师、游老师永远活在我们心中。

4. 与国内外同行密切合作，相互支持，广泛进行学术交流，安排学生多参加学术会议，多听报告并多做报告，提高了自己，培养了学生。

5. 高校教师要与省地人影科技工作者密切合作，优势互补，进行有科学设计的野外观测试验，充分研究人影获取的资料，共同推动云物理学科和人工影响天气实践的科学发展，为国家防灾减灾事业做出新的更大贡献。

关键是要实干。

加强科技投入与人才培养，
为人影事业及社会发展服务

——纪念我国人工影响天气事业 60 周年

张　武[①]　黄建平　张　镭　（兰州大学大气科学学院半干旱气候变化研究教育部重点实验室）

一、历史的回顾

从 1958 年起，我国由于农业发展和抗旱的需要，在当年干旱最严重的吉林省首先进行了人工增雨试验，取得了很好的实效（黄美元 等，2003）。从此一系列的云、雾、降水和人工影响天气的室内和外场研究与试验逐步在我国各地科研院所、气象部门及大学开展起来。一路风风雨雨，人影事业转眼已是 60 年，正所谓弹指一挥间！人影事业已从一个蹒跚学步的孩子步入了中年，取得了丰硕的研究成果，积累了丰富的经验。一些成果在国际上也得到了同行的认可与应用。

1958 年 5 月，中国科学院地球物理研究所在当时的环境下提出了一个任务——改造西北干旱气候（顾震潮，1958）。甘肃人工降水试验工作从 1958 年开始，就是重点改造西北干旱问题的一部分，目的是通过实际试验了解在西北地区开展人工降水的可能性及现实性，取得人工降水试验的经验，为进一步在河西走廊等地方开始

① 张武（1960— ），博士、教授。现任兰州大学大气科学学院半干旱气候变化教育部重点实验室副主任，甘肃省气象学会人工影响天气委员会副主任委员，科学研究方向：大气辐射与大气遥感、气溶胶综合观测及其气候效应、云物理及人工影响天气、大气环境等。

大范围人工降水做好技术准备。试验工作由中科院地球物理所、甘肃省气象局、北京大学气象专业、中央气象局和空军（提供试验所需飞机）联合组成的工作小组进行。与此同时，为解决河西走廊地区干旱缺水的问题，还在祁连山区开展了融冰化雪的试验工作（甘肃人工降水工作小组，1959）。兰州大学地理系部分老师参与了祁连山融冰化雪工作（陈长和口述，2018）。

甘肃地处黄土高原干旱半干旱区，水资源短缺，气象灾害频发，有"十年九旱"之说，严重地制约了区域社会经济的发展。20世纪60年代至70年代初，甘肃的人工影响天气工作主要以防雹、消雹为主。利用飞机开展人工增雨工作从20世纪70年代开始，主要试验作业区分布在武威地区以东和定西、天水以北。统计结果表明，通过人工催化降水增加了17%～22%，在抗旱斗争中发挥了积极作用（杨珍贵，1998）。

二、学科发展，科研与人才培养并行

1958年，兰州大学成立了气象学教研组，并开始筹备气象学专业。1971年，兰州大学气象学专业创办。1987年，成立了大气科学系，丑纪范教授任系主任。2004年，兰州大学大气科学学院成立，黄建平教授任院长，丑纪范教授为名誉院长。学院成立以来，围绕国家、地方重大需求和重大科学问题，产生了一批影响力较强的原创性成果，社会服务能力大幅提升，科技创新能力明显增强。建立了我国西北地区第一个具有国际水准的半干旱气候与环境观测站（SACOL），深入沙尘源区开展了多次大型野外综合观测试验，取得了一系列创新性研究成果，有力推动了我国气候研究，特别是干旱半干旱气候研究的发展。学院瞄准学科发展前沿与国家急需解决的重大科学问题的同时，努力做好与地方经济建设、防灾减灾和环境保护相关的应用性科研工作，积极进行科技成果转化，为地方经济建设做出了杰出贡献。

作为综合性大学，兰州大学学科门类齐全，有多学科交叉的优势。学校根据大气科学学科发展的需求，开设了卫星气象、雷达气象等相关课程，也增设了云物理与人工影响天气研究方向。在完成科研项目及课题的过程中，从理论和实践两方面提高学生的水平和能力，成为未来人影事业的人才储备。

自2006年以来，兰州大学陆续申请到与人工影响天气有关的各类课题，全面开展了相关研究。黄建平教授主持了教育部高校博士点基金项目"利用卫星资料研究西北地区空中水资源"（2006—2008年）；袁铁副教授主持了国家自然基金项目"利用 TRMM 卫星资料研究雷电与降水和云结构的关系"（2007—2008 年）；王式功教授主持科技部三江源重大科技项目子专题"三江源人工增雨作业条件选择、催化技术软件开发"（2008—2009 年）；张武教授主持了国家重点研发项目"带电粒子'催化'人工降雨雪新原理新技术及应用示范（天水计划）"第三课题"大气水资源时空分布与人工降雨雪选址和时机研究"（2016—2020 年）。2013 年兰州大学引进了 Ka-波段 8 毫米云雷达，开展云物理的观测与研究。

2006 年 7 月，兰州大学大气科学学院参加了国家自然科学基金重点项目"西北地形云结构及降水机理研究"的第一期野外观测试验。期间使用多波段微波辐射计进行了大气温湿廓线及水汽含量的观测，尝试了该型号微波辐射计在高海拔地区的使用。使用激光雨滴谱仪进行了降雨相关参数的观测，对该地区夏季不同类型云系降水的雨滴谱特征进行了分析（史晋森 等，2008）。

我国的人影事业经过了 60 年的发展，与国外先进水平相比，还存在不少的差距。目前面临的主要问题是科技支撑不足，科技人才缺乏。科研机构和高等学校在科研和人才培养方面都有着义不容辞的责任。

三、加强科技投入，服务地方经济和社会发展

兰州大学地处西北，在地域上有劣势，同时也是优势。干旱半干旱气候及其变化对区域经济的发展至关重要。水资源短缺既关系到民生，也关系到国家水资源安全和可持续发展。对科研机构和学校而言，充满了开展理论和应用研究的机遇。

西北区域人工影响天气能力建设，是我国新时期人影事业发展的一个里程碑。在经历了半个多世纪的风风雨雨之后，国家将人工影响天气工作从战略层面给予高度重视。对学校来说，是一个积极参与人工影响天气科学研究与实践的极好机遇。

西北人影能力建设的重点区域在天山山脉和祁连山地区。祁连山地处甘肃、青海交界区域，是黑河、石羊河和疏勒河三大水系 56 条内陆河的主要水源涵养地和集水区，蕴含着河西走廊 80% 的水量，是河西走廊的"生命线"和"母亲山"，是中国生物多样性保护优先区域。它在维护中国西部生态安全方面有着举足轻重和不可替代的地位，1988 年获批设甘肃祁连山国家级自然保护区。但在近十多年来，由于自然和人为因素，特别是人为因素影响下，保护区的生态环境遭到了严重破坏，对区域及国家生态环境安全带来了极大隐患，祁连山生态环境修复工作迫在眉睫。

祁连山的生态保护和治理，已成为保持河西地区乃至整个西北人与自然和谐发展的关键问题。气候变化直接影响祁连山区的生态环境，制约当地经济的发展，因此，加强祁连山区气候变化、生态环境监测和研究，对改善区内生态环境和充分利用空中水资源具有重要意义。

2016 兰州大学大气科学学院与华中科技大学等单位联合申请并获批国家科技重点研发项目"带电粒子'催化'人工降雨雪新原理新技术及应用示范（天水计划）"，通过研究并掌握带电粒子催化人工降雨雪新型催化技术及优化运行方式，使区域内年降水量较常年均值有显著提高，实现大气水资源的高效开发利用。

项目组将利用静电场来促进水汽的凝聚效应，开展了基于带电粒子静电催化人工降雨新技术的研究。与传统方法相比，静电催化降雨的优势在于利用静电场对水分子的电极化效应，形成带电离子的气溶胶对于水汽非接触的电场凝聚力，达到提高增长效率的目的。

项目在前期理论和试验研究的基础上，拟重点开展带电粒子催化降雨雪科学规律、关键技术与装备，大气水资源水汽通道与通量、带电粒子催化降雨雪选址，以及带电粒子催化降雨雪系统集成与应用示范研究。与传统人工影响天气研究和业务工作相比，项目除了研究新型催化降雨技术外，还综合考虑云水资源-地表水-土壤水-地下水之间的转换，定量分析云水资源利用对区域水资源量影响，结合（西北）典型区域的研究和应用，构建空陆一体化的区域水资源适应性调控技术体系，提出降水影响区域水资源综合利用策略。将开拓云水资源和地表、地下水资源耦合利用的新领域，为合理利用水资源、保障区域及国家整体水资源安全提供技术支撑。2016—2017 年，项目组在祁连山区甘肃一侧的石羊河流域、乌鞘岭，宁夏回族自治区的六盘山区进行了选址考察，为后期的试验示范做好准备。

社会经济发展对生态建设、水资源开发和可持续利用、防灾减灾等提出了越来越高的要求，人工影响天气作为大气水资源开发利用、气象防灾减灾的重要手段，在我国社会发展的新形势和需求下，越来越显示出其重要性。

我们深知，科技投入与人才培养是人影事业得以持续发展的基础。2017 年，兰州大学成立了"祁连山研究院"，通过大气、地理、生态和草业等多学科研究力量的整合，以祁连山生态修复为目标，在现有研究的基础上，争取获得省及国家层面更多的项目支持。祁连山生态修复的核心问题是水资源问题，利用人工影响天气的

图1　2017年4月石羊河流域考察（左：上游，九条岭煤矿；右：下游，民勤青土湖）

图2　2017年7月项目组师生在乌鞘岭进行选址实地考察

图3　2017年12月，宁夏六盘山考察

技术与手段是解决水资源问题的主要途径。已有的研究表明，祁连山区空中水资源有着极大的开发潜力。这正是人工影响天气工作积极发挥自身优势服务于地方发展的大好时机。抓住这个机遇，兰州大学大气科学学院将发挥学校在科研和人才培养方面的优势，通过项目、课题等多种形式积极开展与国家和地方人影部门的合作，在人影领域的科学研究和成果转化方面得到快速发展，同时向用人单位源源不断地输送人才，为国家的人影事业做一份贡献。

愿我国的人影事业在新的时代越做越强，走向辉煌。

参考文献

甘肃人工降水工作小组，1959. 甘肃人工降水实验工作（1958 年 8—10 月）简报 [J]. 气象学报，**30**(1)：11-27.

顾震潮，1958. 关于祁连山人工降水条件和甘肃人工降水初步试验工作 [J]. 科学通报，(23)：719-721.

黄美元，沈志来，洪延超，2003. 半个世纪的云雾、降水和人工影响天气研究进展 [J]. 大气科学，**27**(4)：536-551.

史晋森，张武，陈添宇，等，2008. 2006 年夏季祁连山北坡雨滴谱特征 [J]. 兰州大学学报，**44**(4)：55-61.

杨珍贵，1998. 甘肃人工影响天气的历史、现状和前景 [J]. 甘肃气象，**16**(2)：49-50.

国防科技大学气象海洋学院
云物理学研究与人工影响天气学科发展回顾

何宏让 [①1]　陈超辉 [1]　金赛花 [1]　朱莉莉 [2]　濮江平 [1,2]（1. 解放军国防科技大学气象海洋学院大气科学与工程系；2. 南京五方美拓气象环境研究院）

一、人工影响天气及其军事应用

　　人工影响天气是在人们与干旱、冰雹等自然灾害长期斗争中发展起来的，建立在云和降水物理学基础上的一门应用技术科学。人工影响天气的基本理论和方法是利用自然云雨过程中存在的相态变化不稳定或胶性不稳定的亚平衡状态，在适当时机在云中适当的部位播撒合适的催化剂，进而影响云微物理过程和热力、动力结构，促使大云滴或冰晶的生成，最终产生大雨滴或霰，使更多的云水转化为雨水过程。或者在一定范围内促进云内上升运动，使云体增大，促使本来不能降水的云产生降水，或使能降水的自然云提高降水效率，或人为增强动力而增加降水量。目前，人工影响天气作业主要是指人工增雨和人工抑制冰雹，当然也可以扩展到人工消雾、消减雨、人工引雷等方面。

　　天气是战争要素之一，人工影响天气技术在战争中的运用就是利用地球大气自

---

① 何宏让（1966— ），教授。1990 年空军气象学院天气动力本科毕业，现为国防科技大学气象海洋学院大气科学与工程系主任、教授，硕士研究生导师。长期从事中尺度数值模拟与预报的科研教学工作。获省部级科技进步一等、二等、三等奖 15 项。

然能量转化形成的天气现象达到制约控制敌方的目的。战争的本质是按照己方的意志去控制对方，人工影响天气技术实现军事能力就是试图将天气条件作为武器装备使用。人工影响天气实现军事能力研究目的就是以人工影响天气原理为基础，采用现代军事运载播散技术在战场释放催化剂，将目前较为成熟的人工增雨、人工消雾、人工造雾、人工引雷电等技术应用到现代军事斗争领域，研究开发人工抑制降水、人工影响大气微物理环境制造屏障、人工引导暴雨台风等强烈天气技术方法，从而最终达到在战术上"拥有天气"目的。

在现代战争中，虽然高技术武器装备的作战性能有了很大提高，但由于这些武器装备大量采用了复杂的光电技术、微电子技术、计算机技术和自动控制技术等，使得它们对某些大气环境因素显得更加敏感。不良的气象条件会使武器装备系统的性能失去稳定性，甚至完全丧失功能。人工影响天气实现诱导或改变天气及大气环境向有利于己方作战的方向发展，达到干扰、削弱、甚至制约敌方战斗能力，直接和间接地产生军事作战能力，从而实现等效军事战斗目的。由于人工影响天气实现作战能力不依赖于直接杀伤敌方战斗人员，却能起到制约敌方的军事效能，并且最大限度地减少了己方人员与敌方人员接触，避免了双方人员的重大伤亡，实质上是更高层次的"战斗"。为此，世界一些军事强国目前都在不惜巨资，投入大量的人力、物力，不遗余力地加大人工影响天气技术在军事上应用的研究，并使之实用化。

二、军队人工影响天气工作发展回顾

军队开展人工影响天气试验始于 20 世纪 50 年代末。1958 年，应地方部门要求，空军有关部门在长春、北京、天津、河北故城等地先后进行了多次人工降雨、人工消云试验，都取得了一定的效果。虽然当时试验技术并不完善，设备简陋，没有留下技术资料。然而这开创了军队人工影响天气的事业。

1977—1979 年，每年的 4—7 月和 9 月，原福州军区空军在福建的福州机场、江西向塘、崇安等机场组织过人工消云试验。此次试验与 1958 年人工增雨试验相比，在方案设计和技术上都有了较大的改进和发展。比如，选用催化剂时考虑了暖云的云滴处于相变亚稳态；作业的微物理过程考虑了水滴的凝结和碰并增长以及下沉逆温；探测的内容除了测量云层的温度外，还使用自行研制的手动探测仪器测定云含水量和滴谱等，反映出试验的手段比较科学，代表了当时国内云物理学观测和人工消云的实际水平。

1978 年改革开放，空军气象学院恢复本科招生，在大气物理人才培养方面取得了长足的进步，空军在领受重大政治任务时考虑到天气影响，从 20 世纪 80 年代开始就开展了一系列人工影响天气试验。

1. 1984 年为国庆 35 周年阅兵进行的人工消云消雾试验

1984 年，为做好国庆 35 周年航空兵受阅气象保障，空军司令部决定在北京、唐山等地组织进行人工消云消雾试验。有 11 个单位的专业技术人员、飞行人员、组织指挥人员和后勤保障人员共计 168 人参加试验，参加试验的飞机共 11 架。其中伊尔-14 型飞机 1 架、运-5 型飞机两架、米-8 型直升机 4 架、安-26 型飞机 4 架。总计飞行 27 场次 83 架次，作业飞行 19 场次，作业飞行 42 架次。共播撒催化剂 62 吨，其规模之大当时在国内外罕见。

试验过程中采用了中国气象局气象科学研究院人工影响天气研究所引进的美国 PMS 公司粒子测量系统，改装伊尔-14 型飞机一架，用以探测云内微物理结构数据。这样大大减轻了手工探测云中含水量和云滴谱工作的劳动强度，并提高了观测数据的准确性。

由于处理 PMS 资料需要专用计算机，无法在现场适时处理探测数据，影响了工作的时效性，但为后来数据的分析奠定了基础。

此次消云消雾试验，共计消云作业 10 次，只有一次因在山区作业未观测到作业效果，其余 9 次试验均获得不同程度的效果。取得了消云作业技术经验，包括：对于较低较厚的低云以贴着云顶或略高于云顶进行播撒作业，而高于云顶太多则催化剂下落过程中扩散面大，造成作业区云中落入量减少，实践证明这种作业方式不可取；对于云底较高的云可采取在云中中上部位穿云作业方法，催化剂可全部发挥效能，另外，飞机尾气扰动增温，加速云体消散；在较稳定的层云底部作业方式效果不明显，不宜采用，作业时如果高空风较大，应选取上风方向作业。

在人工消云物理效果验证方面，此次试验原本计划采用人影所的 PMS 粒子测量系统定时检验作业前后的微物理参数变化情况，因机载 PMS 探测系统计算机存储的磁带机故障，没有记录数据，唯一能够检验的只有宏观效果记录。

试验存在问题：首要解决自动控制流量的自动播撒设备研制，以减少空中作业人员及其劳动强度，并且要多载催化剂；其次是催化剂粒度及吸湿性能检验问题，购置必要仪器设备，专人从事此项工作，可减少作业的盲目性，达到事半功倍的效果；催化剂的保存问题，避免板结，增加除湿设备，减少浪费和不必要的忙乱；效果检验要制度化、规范化，要有专人研究这方面问题；最后一点是人工消云消雾外场试验工作要有地面飞行指挥调度部门人员参加，以保障飞行安全、试验时机把握和试验飞行航线选择，确保试验任务顺利进行。

2. 1998 年为国庆 50 周年北京阅兵进行的人工影响天气试验

1999 年是中华人民共和国成立 50 周年。中央决定 10 月 1 日在天安门进行大规模阅兵活动。1998 年 3 月为保障空中梯队做到"阅兵办"要求的"起得来，飞得到，看得见"，空军司令部决定再次进行人工消雾和人工消云试验。

根据国庆首都阅兵领导小组《关于组织消云、消雾等人工影响天气试验作业问题》通知精神，空军组成了由空司作战部、空司气象局、空军气象学院、空军第七研究所等单位组成的试验办公室。确定消雾试验对象为暖性雾，采用退役涡喷发动机加热跑道上空空气和在雾顶播散盐粉的方法消除跑道雾，确定消云对象是云底高小于 1000 米，云厚小于 1000 米的暖性层状低云。

自 1998 年 3 月开始，空军气象学院和空军第七研究所的技术人员就开始进行调研论证和预先研究。查阅总结了历次空军人工消云消雾试验资料和数据及作业方法，决定此次人工消云消雾应采用自动播撒设备进行大剂量播撒催化剂，研制改造涡喷消雾装置。同时应用一切可以利用的先进探测手段进行试验。

首先对催化剂进行调研实验研究，总结历次人工消云消雾所采用的催化剂，结合近年来出现的新型高分子化学材料、多孔分子筛等进行了调研和性能测试，在空军气象学院云物理实验室和中国气象科学研究院大云室进行催化剂宏观、微观吸湿性能测试和模拟实验。确定了外场试验选用的盐、水泥的尺度谱与播撒剂量，与此同时还使用了数值模拟方法对层状云和辐射雾的数值试验。采购的盐粉颗粒谱满足人工消云要求。

此次人工消云消雾试验，采用了总参大气环境研究所引进的美国 PMS 公司 PDS-500 型粒子测量系统，并将数据处理软件移置到微机上运行，做到了现场适时处理资料，同时又将机载探头移置到越野吉普车上，用于地面雾滴谱的采样，为消云消雾试验提供了科学依据。在地面消雾试验过程中，还采用了系留气球低空探空设备进行大气边界层结构探测。

虽然此次人工影响天气试验取得了较好的结果，但是由于国庆阅兵的高要求，并且根据当时人工影响天气的技术和手段，无法完全满足定时、定点、定高度的观看效果，1999 年 7 月，空军司令部向阅兵总指挥部建议 1999 年 10 月 1 日的阅兵，不计划采用人工消云消雾方法改善阅兵环境。但这两次的军队历史上大规模外场试验在云物理研究与人工影响天气学科发展上起着重要作用。空司气象局给予解放军理工大学气象学院通报表彰。

三、21 世纪军队重大活动中人工影响天气工作

进入 21 世纪后，解放军理工大学气象学院大气物理学与大气环境二级学科经过十余年的培育建设，进入江苏省级重点学科，大气物理实验室也在适应军事变革发展，经过军队 2110 工程建设，改名为人工影响战场大气环境实验室。在新时期军队重大活动人工影响天气中起到了重要作用。

1. 2009 年国庆 60 周年首都阅兵人工消云试验

2009 年国庆 60 周年首都阅兵人工消云试验主要在山西大同怀仁机场进行大规模试验，以总参作战部和空军司令部气象局为人工影响天气试验领导小组，以解放军理工大学气象学院、空军研究院气象研究所、总参大气环境研究所和空军衡阳训练中心的专家教授为技术组。2009 年 5 月在解放军理工大学气象学院人工影响战场大气环境实验室进行了暖云催化剂特性粒子谱测量，确定采用盐粉、吸湿性树脂和硅藻土消暖云催化剂。6 月份设计并改装了运-8 飞机 6 架，安-26 飞机 4 架。运-8 飞机载重 6 吨催化剂，安-26 飞机载重 2 吨催化剂。每架飞机配备 6 名战士和一名技术人员进行催化剂播撒操作。

在北京市人工影响天气办公室和山西省人工降雨防雹办公室的大力支持下，使用"夏延-ⅢA"和运-12 探测飞机进行云物理探测分析作业条件。2009 年 8—9 月间进行了 3 次大规模催化剂播撒试验，均取得了显著的消云结果。其中 1 次在怀仁机场跑道上空实施的，取得了显著的消云效果，地面观测到满天蔽光层积云经过催化见到云缝打开，可见蓝天和太阳位置；飞机上的视频监控也清晰地看到地面跑道状况。

2009 年 10 月 1 日凌晨，阅兵总指挥部决定在通州以东 80 千米至罗庄火车站之间进行人工消云作业，早晨 4:00 装载催化剂，6:30 飞机编队陆续起飞执行催化剂

播撒任务。9：30 飞机编队陆续降落，此时，国庆阅兵仪式正在进行，最后空军受阅机群编队分秒不差通过天安门接受党和国家领导人检阅。解放军理工大学气象学院获得总参作战部通令嘉奖。

2. 2014 年南京青奥会人工消减雨试验

2014 年 3 月，江苏省政府决定开展人工影响天气作业，应对可能的降雨干扰青奥会开幕式和闭幕式的完美。江苏省气象局、南京市气象局和青奥组委会联合邀请国内人工影响天气专家参与此次试验活动，解放军理工大学气象海洋学院受邀参加雷达联合观测与飞机外场云物理探测和作业指挥，在马鞍山、芜湖、仪征等地无偿提供 3 台激光降水粒子谱观测仪的安装使用记录，并提供溧水区龙王山 S 波段双偏振多普勒天气雷达进行消减雨作业的效果分析资料。此次飞机作业，江苏省气象局人工影响天气指挥中心租用了北京市人影办"空中国王"350 飞机、河北省人影办的"夏延-ⅢA"飞机进行云物理探测和人工消减雨作业，2014 年 8 月 1 日连续开展多架次多批次大剂量催化作业，在地面多道防线火箭作业配合下，青奥会场馆降水量与周边各个测站相比显著减小，达到了预期的效果；同样 8 月 26 日闭幕式期间也开展多道防线人工消减雨作业，也取得了较好效果。受到大会组委会的表扬，并获得嘉奖奖状。

3. 2015 年抗日战争胜利 70 周年北京阅兵人工消减雨试验

2015 年 9 月 3 日是抗日战争胜利 70 周年，军委决定进行首都阅兵，总参气象局在山西定襄机场开展大规模飞机消云消减雨试验。以理工大学气象海洋学院技术力量为主，利用人工影响战场大气环境实验室进行暖云催化剂测试研制，江西国营 9394 工厂组织生产暖云催化焰条。放弃了盐粉水泥等污染性较大的暖云催化剂，大大提高了作业效率，并在天津港危险品仓库爆炸后人工消减雨作业中得到了应用。

四、空军气象学院在云物理和人工影响天气学科领域的发展

空军气象学院前身是 1950 年军委气象局培训班，后改名为空军第三高级专科学校，1961 年由北京市海淀区魏公村迁往南京市中和桥 56 号，1978 年恢复高考后由三年制大专转为四年制本科，改名为空军气象学院。当时各气象类专业升格后师资队伍奇缺，派遣一批中青年教师前往南京气象学院参加物理数学等专业研究生班学习。最早设立的气象学专业中动力气象与大气物理两个方向发展最为迅速。1998

年10月，根据中央军委命令，原空军气象学院转隶到总参某部，成立的解放军理工大学气象学院，2012年增加海洋专业，改名为解放军理工大学气象海洋学院。2017年9月以理工大学气象海洋学院为基础，在长沙成立了国防科技大学气象海洋学院。

云物理学与人工影响天气是大气物理学的重要分支，也是现象战争中气象武器与气象战研究的主要内容。大气物理实验室也是在这种背景下应运发展起来的。经过老中青教授共同努力，建成了初具规模的以云物理实验为主的大气物理实验室。该实验室在20世纪军队两次重大人工影响天气试验中发挥了重要作用。2005年扩展了该实验室成为军事气象军队重点实验室一部分，2010年军队"2110"重点实验室建设改扩建成为战场大气环境实验室。云物理学与人工影响学科方向主要从事云雾基础理论研究，云雾物理结构机理研究、人工影响战场大气环境等领域的研究，主要在外场消云消雾试验和室内云室模拟实验方面进行了研究。主要在以下几个方面工作：

1. 开展了实验室内的云模拟试验研究

拥有军内唯一的冷云模拟云室和相关测试仪器，对军事行动有重要影响的云、雾微物理结构特征、生消规律以及人工消除原理与技术进行了深入的研究。利用外场观测资料深入研究辐射平流雾的生消机制、气溶胶粒子对积云发展的影响、微溶液滴的凝结增长及随机碰并增长的机理，建立了辐射平流雾、层状暖云、积云数值模式，为人工影响云雾提供了新思路、新方法。在人工影响天气催化剂性能研究方面有一定的积淀，在暖云催化剂研究和施放技术方面进行攻关。

2. 开展了重大军事活动人工影响天气工程化作业技术方法研究

结合重大军事活动，先后主持了军队国庆35周年京津塘地区消云消雾试验和国庆50周年北京地区人工消云消雾试验。对飞机雾（云）顶播散催化剂、直升机下搅混合等消云消雾方法以及不同催化剂、催化剂量、作业方式进行了系统的试验，制定了一整套切实可行的人工消云消雾作业技术方案。在我国首次开展利用飞机发动机喷射流进行消雾的研究工作，测试了发动机喷射流的物理场，进行了喷射流场的理论研究。在国内首次对碳黑的吸湿性和有效吸收率进行了测定，对碳黑消云的可能性进行了理论研究，其中京津塘地区人工消云消雾试验研究获军队科技进步二等奖。

3. 开展了现代气象环境要素和战场伪装研究

近年来我们开展了人工增雨、人造红外干扰雾的研究，积极开展了高空卷云微物理结构、人造粒子云进行战场伪装等研究工作。

云物理学与人工影响天气是气象海洋学院重要的发展方向，结合军队"2110"工程建设，学院大力扶持该方向的条件建设，已投入大量资金重点建设大气物理实验室，并计划扩展建设"人工影响战场环境实验室"，实验室建成后，可以开展大气环境敏感性研究；核生化武器在特定大气环境中的扩散规律研究；人工干扰大气环境技战术手段研究等方面工作。这为我校进一步加强在该学科领域的建设提供了良好的机遇，使我校成为在领域人才培养的主要基地和科技创新的重要基地。

4. 开创了雨滴谱在人工影响天气领域的应用与研究

2005 年 12 月在上海举办的中国气象局气象仪器展上，大气物理实验室首次从德国 OTT 公司将 Parsivel 激光降水粒子谱仪引进到国内，在云物理学研究和人工影响天气领域起到了重要作用（濮江平 等，2007）。2006 年至今，OTT 激光降水粒子谱仪已经在气象领域得到了较为广泛的应用，首先是人工影响天气领域得到了应用，而后又在替代常规天气现象判别中得到了应用。虽然这一工作将激光降水粒子谱仪改造为降水现象仪过程中走了一段弯路，将其中的雨滴谱和降水量、降水强度等数据丢弃，目前中国气象局气象探测中心正在扭转这一局面，逐步恢复降水粒子谱的存储功能。我院大气物理实验室长期利用激光降水粒子谱仪对不同地域、不同天气背景、不同类型降水的降水滴谱进行了多次观测实验。主要在南京市解放军理工大学气象学院长望实验室楼顶上春夏季节开展长期连续雨滴谱观测，并在秋冬季节庐山、潜山、祁连山等地进行雨滴谱特殊观测，并得到一些总结性结论（濮江平 等，2010；张昊 等，2011；胡子浩 等，2013；王瑞田 等，2009；濮江平，2010；张伟 等，2012），尤其是在 2007 年祁连山地形云降水机理研究中首次获得祁连山地形云降水谱特征。

经过多年连续观测分析研究，获得南京地区各类降水云系的雨滴谱特征。平均而言，层状云降水的雨滴数密度量级为 10^2 个 / 立方米，雨滴谱比较窄，服从 M-P 型分布。积雨云降水的雨滴数密度量级为 10^3 个 / 立方米，雨滴谱比较宽，呈 Γ 型分布。

庐山气象观测场（海拔 1000 米高度）强对流云降水过程中，雨滴谱非常宽，曾经捕获到较多的10～12毫米超大粒子，初步估计是对流云中尚未融化的霰粒子，这些霰粒子如果下落数千米在融化过程中可能会破碎，使得小粒子端浓度增大，而谱宽会变窄。

参考文献

胡子浩，濮江平，张欢，等，2013. 庐山地区层状云和对流云降水特征对比分析 [J]. 气象与环境科学，**36**(4): 43-49.

黄培强，1999. 人工消云消雾回顾 [J]. 航空气象，(3).

空军司令部，1994. 中国人民解放军空气气象工作大事记（1949—1990）.

空司气象局，1984. 国庆三十五周年阅兵人工消云消雾试验报告.

空司气象局，1984. 国庆阅兵消云试验总结.

濮江平，2010. 国庆阅兵人工消云试验. 第二届军事气象水文高层论坛.

濮江平，张昊，周晓，等，2012. 对流性降水雨滴谱特征及其与雷达反射率因子的对比分析 [J]. 气象科学，**32**(3): 253-259.

濮江平，张伟，姜爱军，等，2010. 利用激光降水粒子谱仪研究雨滴谱分布特性 [J]. 气象科学，**30**(5): 701-707.

濮江平，赵国强，蔡定军，等，2007. Parsivel 激光降水粒子谱仪及其在气象领域的应用 [J]. 气象与环境科学，**30**(2): 3-8.

唐万年，黄培强，1998. 回忆国庆 35 周年阅兵人工消云消雾试验 [J]. 航空气象，(4).

王瑞田、张伟、濮江平，等. 2009. 祁连县一次降水过程雨滴谱分析 [J]. 气象水文装备，**20**(6): 25-27.

张国杰，1998. 人工影响天气研究试验 [J]. 航空气象，(4).

张国杰，2000. 人工影响天气 [J]. 军事气象，(2).

张昊，濮江平，李靖，等，2011. 庐山地区不同海拔高度降水雨滴谱特征分析 [J]. 气象与减灾研究，**34**(2): 43-50.

我与人工影响天气的不解之缘

陈宝君[①]

2018 年是中国人工影响天气 60 周年，也是我从事云降水物理与人工影响天气科研工作 20 周年，由衷感谢这 20 年引导我、关心我和支持帮助我的人影领域的师长和朋友们。

20 年前，当时还是南京气象学院研二的学生，李子华老师就将我送到中科院大气所，跟随黄美元老师从事雹云物理和人工防雹的数值模拟研究。周玲师姐手把手教我如何调试、运行冰雹云模式和分析模式结果，期间得到洪延超等多位老师的帮助。利用该模式开展过冰雹形成机制与催化防雹、对流云降水机制与催化增雨、气溶胶对云降水过程及高层水汽的影响等研究，发表过包括多篇 SCI 在内的近 10 篇研究论文。时至今日，我仍旧使用该模式做些机理和敏感性试验方面的研究工作，是我研究对流云（冰雹云）物理过程和人工影响天气的重要工具。在大气所学习的时光，虽短暂却充实，至今仍难忘怀。在大气所学习半年后回到南京气象学院，随后又在李子华老师带领下，先后到贵州威宁和河南唐河做冰雹外场试验，遗憾的是，期间一次冰雹过程都没有遇到，当时给我留下最深印象的除了威宁草海清澈的湖水还有就是基层气象人对事业的热爱与地方政府对气象的高度重视。硕士毕业后就去了中科院南京地理所读博，跟随濮培民老师做水生态和水环境研究，在玄武

① 陈宝君（1972— ），教授，现任南京大学大气科学学院教授、博士生导师，主要从事云降水物理学与人工影响天气研究。主持多项国家科研项目，荣获江苏省科学技术奖一等奖 1 次、辽宁省科技进步奖二等奖 1 次。

湖、莫愁湖、太湖与贵州红枫湖留下了许多试验的身影，和师兄弟们划着小船、种植水草、做观测试验，虽辛苦却也惬意。濮老师简朴的生活态度，对科学的热爱和严谨的治学精神深深影响着我。

博士毕业后进入南京大学继续从事云降水物理与人工影响天气研究。南京大学是我国最早创建大气物理学专业的高等院校（1958 年由徐尔灏先生创建），也是国内最先开展人工影响天气外场试验的高等院校。1959 年，徐尔灏先生亲自设计并组织领导师生到皖南地区进行地面暖云人工降雨试验，这是我国第一个有科学设计的人工降水试验，取得了巨大成功，至今仍是国内外研究人工降水的重要引证。徐尔灏的弟子曾在回忆文章中讲述了那次试验的一些细节。"徐先生开创性地以黄山为中心，在方圆近百千米设置了百余个地面观测站……在试验期间，徐先生坐镇黄山宾馆小楼指挥，我紧随徐先生左右，经常将他的指示向下传达，同时又将下面一百多个点的情况汇总之后向他报告，接受指导。当时徐先生经常工作到深夜，食宿也和我们在一起，没有教授架子，和蔼可亲。他部署工作，总是既提出要求，又给予方法，非常具体，可操作性很强"。国家科委高度评价了这一重大成就与贡献，将从法国进口的、当时国内仅有的两台高速照相机（每秒 4000 张）中的一台奖给了南京大学。1962 年徐尔灏先生综合国际上人工影响天气科学的发展动态，提出了人工降水随机试验的设想。1974 年，叶家东先生继承徐尔灏先生随机化试验的思路，与福建省气象局合作在古田水库开展了我国第一个人工降水随机化试验——古田试验，成为我国有代表性的先进人工降水科学试验，也是我国首次被世界气象组织认可备案的人工降水科学试验计划，得到了 WMO 主管副秘书长和国际同行专家的广泛好评。正如叶家东在《人工影响天气的统计数学方法》一书前言中指出："我国研究人工影响天气的效果统计检验工作首先是徐尔灏教授开创的，谨以此书表示纪念。"

南京大学 20 世纪在云物理与人工影响天气的科研和教学中做出过重要成果和贡献，培养了很多杰出人才，有些至今仍活跃在云物理和人影领域。当我 2002 年进入南京大学的时候，原先从事云物理教学科研的老师们都已经退休，记得当时是怀着惴惴不安的心情接过云物理课程的教学任务，毕竟有 3 年时间没有钻研了，好在系里很多老师给予了很大帮助。回想来到南京大学的这 15 年多的时间里，得到了很多前辈和同行的关心与支持。例如，许焕斌老师，我每次和先生讨论都有新的收获，借助他的粒子轨迹增长模式，我们进一步模拟研究了雹云累积区里冰雹粒子的增长行为，并且发现超级单体风暴中还存在着一条绕着主上升气流区盘旋增长的冰雹增长轨迹。火箭高炮防雹增雨中的动力学效应，一直是许老师关心的问题，也希望我能就此做些研究，还把相关的模式给了我，遗憾的是，到现在我也没时间好好琢磨这个事。吸湿剂催化近几年受到重视，我也在考虑如何从数值模式的角度去理解吸湿剂催化有关的问题，胡志晋老师给了我很多建设性的意见，包括吸湿剂的可能作用机制有哪些、数值模式中如何处理催化谱、怎么理解催化效果等，估计是怕我记不住这么多内容，先生还把要点都手写在方格纸上，满满两页！

近几年，各种类型的云降水物理和人工影响天气探测设备开始在国内广泛使用，除机载设备以外，还有微波辐射计、云雷达、双偏振雷达、风廓线雷达、GNSS/MET、GPS探空火箭、激光雨滴谱仪等多种地基探测设备，一个突出的问题是如何利用这些新型装备开展云降水物理研究并为人工影响天气业务服务。本科毕业那年，我跟着李子华老师做雨滴谱观测研究，没想到，毕业论文还能在《气象学报》上发表。那时常和李老师争论，到处观测雨滴谱有啥意义，都是"土豆"能有多大区别。通过这些年的观测，发现不同地区、不同类型以及不同强度甚至白天和夜晚的降水，雨滴谱分布都是有差别的。于是萌生利用地面雨滴谱观测检测人工增雨效果的想法，就此问题也和毛节泰老师多次讨论过，在河北太行山东麓人工增雨防雹试验项目中也捕捉到一些信息。我相信只要增雨有效果，通过地面雨滴谱观测是可以检测出来的。现在全国已经布网降水天气现象仪，再加上一些省市原有的雨滴谱仪，测点密度很可观，充分利用好这些观测设备，对提高我国降水物理的认识、改进数值模式微物理参数化和雷达定量降水估测算法以及检测作业效果都有重要意义。

南京大学十分注重与业务单位的交流合作，第一次人工降雨野外科学试验就是和安徽省合作开展的。我和人影办最早接触还是在读研究生期间，李子华老师派我去黑龙江做雨滴谱观测，只可惜雨滴谱仪托运到哈尔滨就出了问题。在哈尔滨的那段时间，通过李大山主任和人影办的同志们介绍，对人影业务有了一些基本的认识。后来跟随李老师先后到贵州和河南搞冰雹试验，对人影业务有了更深认识，那时就想做一套冰雹数值预报系统，可是到现在都没有实现。工作后，继续和省级人影办保持交流，一方面了解当前业务进展和需求，另一方面积极寻求合作机会，这几年有多篇文章都是和人影办合作完成的，可以说我的成长和进步离不开他们的支持和帮助。很多科学问题其实就隐藏在业务实践中，只是以前没引起重视。就拿人工消减雨来说，随着各级政府对气象服务保障的需求提高，对人工消减雨业务也提出了更高的要求，包括作业效果。正是因为参与南京青奥会和杭州 G20 峰会保障的经历，让我对人工消减雨相关的科学问题有了认识，萌生针对这一问题申请国家自然科学基金的想法，并最终成功。现在各省人影业务科技人员普遍年轻化，高学历所占比例也很高，他们能力强、有朝气、渴望进步，有些已主持国家和省部级重要科研项目，但更多数还需要有经验的专家们去带一带，这点我是深有感触。

相比其他大气学科，云物理学与人影可以说算是小学科，但却受到越来越多的重视，很多外场观测试验都把云降水物理观测作为一项重要内容，利用人工增雨改善大气环境质量、重大活动气象保障、改善生态环境等。最近几年国际上开始讨论通过人工干预的方法改善气候问题（气候工程），甚至开始有人怀疑中国大规模的人工影响天气作业会对区域乃至全球气候产生影响。人工影响天气发展到现在，已经不单纯是云降水物理学的问题了。

最后，谈谈对人工影响天气事业发展的几点建议。我觉得首先还是人才问题，这个单纯靠院校培养是不够的。当前云物理学在院校也属于弱势学科，培养的专业人才较少，远远不能满足业务发展的需要，因此加强在职人员的继续再教育是一条解决之道。此外，建立适当的科研院所与业务单位的合作机制，尽快促进新成果和新技术向业务转化。最后，建议组织力量对云物理与人影重要科学技术问题开展攻关，争取若干年内我国人影科技水平能有显著提升，为社会发展和生态文明做出更大的贡献。

气象探测及临近预报在北京奥运人影中的应用回顾

苏德斌 [①]

2008 年 8 月 8 日，注定是一个不平凡的日子，这一天炎黄子孙百年来第一次盼到了在中国举办奥林匹克运动会，圆了很多先辈们的梦想，这次奥运会也被国际奥委会主席罗格先生在闭幕仪式上被称之为"无与伦比"的奥运会。

今年是 2018 年，10 年后的今天，当我们回顾那段难忘的时光，虽然时间消磨了记忆，但曾经激动人心的往事依然激励着我们。作为参与其中的一员，那一幅幅场景仿佛就在眼前。10 年前的 8 月 8 日晚间，北京海淀区紫竹院路 44 号，北京市气象局气象台的会商室灯火通明，人头攒动，各个岗位的预报服务人员，北京市政府相关领导、北京市气象局相关管理、服务单位人员以及为执行 B08FDP 的国内外专家都紧张有序地在自己的岗位上履行着自己的职责。

同一时刻，在同一栋大楼的人影办（北京市人工影响天气办公室）指挥中心，另外一群人也在聚精会神地紧盯着计算机屏幕，利用 VIPS（北京市气象局自主开发的短时临近交互预报系统）等系统平台观察着北京周边雷达回波的动态及各种探测数据产品、临近预报的信息。因为奥运服务的需要，开幕式当晚如果出现较大降水的威胁，众多导演、演员精心准备的开幕式将达不到预期的效果，甚至产生很大的负面结果。那么气象部门能否利用人工影响天气技术做一些工作，以消除或减弱其

① 苏德斌（1966— ），教授。现任成都信息工程大学教授。主持完成多项国家、省部级科研项目获北京市科技进步二等、三等奖多项，目前主要从事雷达气象、云和降水物理、综合气象探测、多传感器探测资料融合、临近天气预报、资料同化、暴雨可预报性等方面研究。

对开幕式的影响呢？虽然人们给予厚望，其实谁也不能打包票，特别是在当时、抑或在今天，现有的科学技术水平与实际作业效果之间还很难有确定性的关联。虽然国外有过较为成功的经验，但毕竟每年的 7 月下旬和 8 月上旬是北京暴雨频发时期，降雨的局地性很强，同时区域性暴雨的可能性也很大，虽然大家都知道人工消减雨从科学上只能作为一项试验性的工作，但既然决定了，就要穷尽办法并尽最大努力做好，由此带来的压力自然也非常大。当开幕式完美收官，全体气象部门工作人员及中外专家欢欣鼓舞，虽然心有忐忑，但激动的心情还是久久难以平息，我们和奥运开幕式表演一样，气象人为北京奥运奉献出了一台同样精彩的节目。

随着社会经济的快速发展，灾害性天气频发，人工影响天气技术和相关业务的开展作为气象研究及部门一项重要的工作得到政府部门及科学界越来越多的重视。气象部门常规的业务是增雨和防雹，对于人工影响天气工作的技术支撑，除了增雨催化及高炮防雹等作业技术之外，首要的就是对于作业条件的监测，此外就是对作业效果的评估。这些监测和评估工作首先离不开先进的气象探测设备。特别是天气雷达，其已成为气象业务部门最为重要或关键的探测手段。利用天气雷达，气象工作者足不出户就可以了解方圆上万平方千米范围的天气变化！天气雷达设备也成为人工影响天气业务必不可少的工具。

早在 1995 年，在北京市政府支持下，北京市气象局与南京大学、信息产业部第 38 研究所合作研制成功当时国内首部 C 波段多普勒雷达（型号 3824）并投入业务运行。作为研发人员之一，在南京大学我的老师葛文忠教授指导下，我负责该雷达系统的接口及产品、应用软件研制工作，这部雷达在其后的北京气象服务保障工作中发挥了很重要的作用，也让北京气象人认识到雷达的重要性。2004 年，由于北京 7.10 暴雨的影响及为进一步满足即将来临的北京奥运迫切需求，决定在北京南郊观象台建成 S 波段多普勒天气雷达，同时在全市开始大规模建设地面自动气象站及其他特种气象观测系统和设备。大量先进气象探测设备投入业务运行在服务公众与决策气象保障需求的同时也为首都人工影响天气工作提供了重要的基础技术支撑。

2006 年，我有幸负责北京市气象局的业务管理工作，当时首都及周边的气象探测网已经初具规模，特别是北京市的中尺度探测网应该已经可以称为当时国内外较为稠密的先进地面观测网了。为进一步支持北京奥运，提升奥运服务水平，在中国气象局和北京市政府支持下，北京市气象局承担了世界气象组织（WMO）北京预报示范项目（简称 B08FDP），虽然参加的单位不多，但该项目也被称之为临近预报的国际奥林匹克，包括美国、加拿大、澳大利亚、中国等国家和中国香港地区开发的临近预报系统参与了角逐。但是要支持该项目的顺利实施，必须要有良好的基础条件，包括探测设备环境及相应的数据支撑环境。但因为是首次举办奥运会，在满足奥运服务需求特别是在气象保障能力建设上当时我们与国际先进水平还存在比较大的差距，如何为北京奥运提供一流的气象服务涉及的方方面面问题摆在我们面前。

在 B08FDP 一次专家会议上，为了保证奥运服务保障探测数据的及时性，我们提出实现北京周边雷达同步观测这一设想，受到与会代表特别是加拿大环境部 Paul Joe 及美国大气科学研究中 Jim Wilson 等专家的支持。当时受通信条件的限制，为支持 B08FDP 项目的顺利实施，同时考虑到预报服务、人影作业指挥等存在的潜在需求，需要尽快或者实时得到多部雷达的数据（注：当时通过中国气象局信息网需要 30 分钟左右才能得到周边的雷达基数据），但主要是针对临近预报的需求。但真正实现这一工作还存在不少实际困难，也有人认为根本不现实。但在科研技术人员的支持和不懈努力下，这些困难都最终得到了解决，我们很快实现了国内第一个区域天气雷达同步观测网，利用流分片传输技术，北京周边多部雷达资料可以完全实时（误差在 1 秒之内）将数据从站点传至北京，极大地支持了 FDP 项目的实施，获得了国际同行专家的一致赞许，同时，周边地面自动站资料的传输间隔也从 1 小时提高到 1 分钟。

为了全面满足北京奥运会、残奥会气象服务的需求，北京市气象局在解决天气预报关键技术方面也作了大量的科技研发工作，气象预报服务系统平台建设得到了快速发展，特别是在短时临近预报系统平台建设方面通过 VIPS 系统实现了集高分辨率中尺度探测数据综合处理、预报产品自动生成与短时临近预报人机交互、服务信息发布于一体的气象预报服务体系。VIPS 系统集成了北京及周边地区大量的地面观测、天气雷达三维组网、闪电探测等数据资料，同时将 BJ-ANC（北京市气象局引进并进行本地化开发的美国 NCAR 临近预报系统）及 B08FDP 等预报服务产品引入该系统，提供频次从分钟级到逐小时、逐 3 小时、6 小时的滚动更新显示、制作和发布。在气象台、人影办、"鸟巢"、顺义水上中心等主要服务场所均安装了该短时临近交互预报系统，现场气象服务人员可通过实时调用各种监测、预报、预警和短临预报产品，快速分析并据此做出决策，为现场气象服务保障人员快速应用探测数据及预报服务产品提供了有效的工具，大大增强了服务能力。

在北京奥运会开幕式前期的 3 次预演、8 月 8 日开幕式、24 日闭幕式以及残奥会开幕式预演、开闭幕式等一系列重要活动的气象保障中 VIPS 系统发挥了关键性作用。其中，7 月 30 日奥运会开幕式第一次预演，在中短期未报降雨的情况下，在预演进行中出现了短时明显降雨天气。现场气象服务小组经与气象台反复会商、利用 VIPS 的实况监测数据和短时临近预报产品提前近一个半小时进行了订正预报，准确预报了国家体育场出现降雨的时间，并及时通报了开幕式运行指挥部以及各部门。之后，又较为准确地预报出降雨结束时间，并提醒总指挥部降雨对仪式和观众散场将有一定影响，总指挥部据此启动了雨天散场方案，减小了降雨天气对预演活动的影响。

对于人工影响天气工作，VIPS 系统在北京市人影办的运行为人影作业指挥提供了极其重要的参考依据。像是专为考验首都气象人，8 月 8 日奥运会开幕式当天天气十分复杂，现场气氛极为凝重。人影中心业务人员和现场专家依据雷达组网产品信息，实时掌握精细化的雷达探测数据信息，根据天气变化快速准确地下达人影作业指令，并评估作业效果。

与此同时，"鸟巢"现场气象保障小组通过 VIPS 对各种气象探测数据特别是周边多普勒天气网形成的三维雷达拼图监测实况、雷达回波外推预报分析结果，根据实况的变化，向现场指挥部领导实时汇报降雨云带的移动变化情况以及人工消雨作业效果情况，协助开闭幕式运行指挥部做好应急预案的启动。

9 月 4 日残奥会开幕式预演，同样利用 VIPS 系统准确预报出预演准备阶段的两次短历时降雨的起止时间及降雨量级，为圆满完成开闭幕式各项气象保障任务发挥了重要的技术支撑！

回首 2008，时光飞逝。北京奥运虽然已过去整整 10 年，但伴随着其间会商室的紧张有序、"鸟巢"服务专家的独到讲解，各个场所专家的指点与积极配合，首都人影战线指挥人员的专注与沉着及作业人员枕戈待旦、严阵以待等许多令人激动、感动的时刻，很多的经典场景和熟悉的身影至今历历在目。

在北京奥运开幕式及各种赛事活动成功的背后，有无数气象人，特别是北京气象人的辛劳和汗水，相信首都气象人及来自全国支持北京奥运气象服务的气象同行管理及技术人员为此做出的奉献不会被忘却，奥运所特有的精神财富也不会随时间而流逝，还有特别值得一提的是首都人影人给全国人民留下了深刻印象，而首次开展的人工消减雨作业试验为人工影响天气工作的科学性及未来研究工作的深入也提出了更具挑战性的研究课题，而作为人工影响天气工作重要的技术支撑，气象探测手段的进步及临近预报系统平台的研究也必将得到深入发展。以此文为中国人影 60 周年并北京奥运 10 周年献礼！

庐山云雾试验站观测及试验的恢复

李　军[①]　楼小凤[②]　汪晓滨[③]

一、庐山云雾试验站历史沿革

1956 年毛泽东主席在最高国务会议上指示"人工造雨很重要，希望气象工作者多努力。"为了贯彻毛主席指示，中央气象局局长涂长望、中国科学院地球物理研究所所长赵九章于 1958 年在全国选择云雾试验基地。由于庐山南临鄱阳湖，北靠长江，水汽充沛，多云雾，加上交通便利，生活方便，最后将云雾试验基地选在了庐山。1959 年 3 月 28 日，由中央气象局观象台、中国科学院江西分院、江西省气象局和北京大学赴庐山实习同学合作在庐山组建成立"江西省庐山天气控制研究所"，庐山管理局拨日照峰路 7、8、9 号三幢房子，作为研究所办公室，开始了崭新的云雾理论和实际作业试验的研究工作。1961 年 1 月 1 日，中央气象局观象台云雾研究室与庐山天气控制研究所合并，成立中央气象局云雾物理所，所址由日照峰迁往大林沟路并新建一幢三层面积 1300 平方米的科技办公大楼，庐山管理局另拨大林沟737 号、738 号、739 号三幢房子与原日照峰三幢房子对调，作为办公用房，还在土

① 李军（1973— ），中国气象科学研究院庐山云雾试验站工程师，站长，从事庐山云雾降水观测试验。
② 楼小凤（1969— ），中国气象科学研究院人工影响天气中心研究员。
③ 汪晓滨（1963— ），中国气象科学研究院人工影响天气中心副研究员，从事过庐山云雾降水梯度观测、成都双流机场消雾、北京冬季云降水（降雪）综合观测、云降水及人工影响数值模拟试验、国家级人工影响天气业务设计和试运行、2008 年北京奥运会开闭幕式人影现场保障等一系列研究项目和业务工作。

坝岭上建了雷达站，安装了英制达卡-43 测雨雷达。体制归中央气象局主管，1974 年英制达卡-43 测雨雷达迁往陕西省气象局。1970 年中央气象局与总参气象局合并，庐山云雾物理研究所更名为中央气象局研究所四室。1972 年两局分开，四室仍归中央气象局研究所主管。1978 年，国家气象局把云雾物理研究所迁回北京，改名为国家气象科学研究院人工影响天气研究所，庐山站改名为国家气象局气象科学研究院庐山云雾试验站。1991 年，改名为中国气象科学研究院庐山云雾试验站。

庐山云雾试验站成立后，进行了大量开拓性的工作，通过数年的艰苦奋斗，长期进行高山云雾微物理观测，取得了各种云雾微物理资料 2461 份，雨滴谱资料 5000 余份，填补了我国这一科学领域的空白，为我国人工影响天气扎实的基础工作做出了重要贡献。但由于 1978 年主要工作迁回北京，大多数科研人员也回京工作，只留部分同志坚守，云雾观测业务停止。

图 1　1959 年 3 月 28 日成立江西省庐山天气控制研究所，当时的工作人员与来宾在所部前合影

二、庐山试验站云雾及降水观测的恢复

中国气象科学研究院人工影响天气中心（以下简称气科院人影中心）一直对庐山云雾试验站云雾和降水观测试验的恢复工作十分重视，也得到了中国气象科学研究院（以下简称气科院）领导的大力支持。此项工作于 2014 年启动。2014 年 10 月

14—17 日，在气科院王怀刚副院长的带领下，院产业中心和人影中心一行 4 人（王怀刚、陈志宇、楼小凤、卢广献）到气科院庐山云雾试验站进行调研，主要探讨气科院庐山云雾试验站的发展建设、云雾和降水观测试验恢复等问题。调研中还听取了江西省气象局、九江市气象局以及庐山气象局相关领导的意见，并就日后的合作进行了探讨。江西省气象局拟在庐山建立庐山云雾观测和暖云增雨试验基地，气科院人影中心拟对庐山云雾试验站恢复云雾和降水观测试验。期间，气科院人影中心为了对气科院庐山云雾试验站的宝贵的历史观测资料进行挽救性的保护，由气科院人影中心实验室楼小凤副主任主持将庐山云雾试验站历史观测资料运回北京，并进行了电子数据化。

2015 年 11 月 3—5 日，气科院人影中心副主任王晓辉一行 4 人（王晓辉、楼小凤、段婧、卢广献）来气科院庐山云雾试验站为即将启动的庐山云雾和降水观测试验开展协调和观测部署工作。还与江西省气象局、九江市气象局及庐山气象局领导和技术人员进行了深入的沟通和交流，明确了即将启动的气科院庐山云雾试验站观测场地恢复及所需的相关合作事宜等细节，为即将开展的观测工作打下了良好基础。

2015 年 11 月 12 日，在进行大量调研和充分的前期准备工作后，人影中心一行 7 人（楼小凤、段婧、汪晓滨、卢广献、郭丽君、车云飞、刘汐敬）在气科院人影中心实验室副主任楼小凤带队下，前往中国气象科学研究院庐山云雾试验站架设、调试观测设备，此次搭建的观测平台的第一批设备包括能见度仪、雨滴谱仪、云高仪、微雨雷达、雾滴谱仪以及自动气象站。

庐山云雾和降水的观测试验正式恢复。

回望 2008 年北京奥运会开闭幕式人工消（减）雨

刘建忠[①]

2018 年 2 月 25 日当平昌奥运会会旗移交给 2022 年北京冬奥会的中国主办方北京时，标志着冬奥会正式进入"北京时间"，意味中国将全力承办 2022 年北京冬奥会。此时此刻，人们不禁会想到 2008 年北京第 29 届夏季奥运会的成功举办。作为人工影响天气工作者记忆犹新的是北京奥运会人工消（减）雨"闪亮登场"。的确，2008 年北京奥运会开闭幕式人工消（减）雨在中国气象发展史，特别是中国人工影响天气发展中具有划时代、里程碑的意义。适逢中国人工影响天气发展 60 周年之际，作为奥运会开闭幕式人工消（减）雨参与者，重温盛举，以示纪念。

一、奥运会开闭幕式人工消（减）雨基本情况

北京地区多年气候资料统计分析表明，8 月 8 日北京出现降水的概率为 47.2%，但北京 2008 年奥运会开幕式还是赶上了降水天气。根据当天天气形势北京处在副高外围、850 百帕切变线影响的特点，制定了奥运会开幕式日人工消（减）雨实施方案。

（1）针对副热带高压东退、西部冷空气跟进东移在北京西北部所产生的东北—西南向系统性降水云系，其南端可能通过延庆、昌平直接影响"鸟巢"，采取"提前设防"战术，采用飞机对处在云系移动前局地生成的对流云进行作业，打压对流

① 刘建忠（1967— ），北京市气象局高级工程师。1986 年毕业于兰州大学大气物理系（硕士）。1986 年参加工作，在兰州气象学校从事教学工作。从事大气环境预报技术研究、人工影响天气技术服务和研究、特种探测资料分析以及气象服务业务管理等。

云的发展，防止系统性降水云系与局地强对流云系"接力"融合发展并南伸。飞机作业后，根据系统性降水云系移动过程中又有局地对流云生成，采用地面火箭进行拦截，确保系统性降水云系在昌平境内就北抽，脱离对"鸟巢"的直接影响。

（2）针对副高东退后在北京西部所产生的东西向移动的对流云系，采取"露头就打"战术，采用地面火箭进行拦截，确保对流云系在进入海淀前减弱消散，未继续东移影响"鸟巢"。

（3）针对 850 百帕切变线云系所产生的东北—西南向移动的系统性降水云系，根据其自西南向东北的特点，采取"全力阻击"战术，采用地面火箭进行高密度拦截，确保把该系统性降水云系拦截在房山和门头沟境内，未继续向东北移动影响"鸟巢"。

整个过程按照先进行飞机探测、修订作业方案、飞机边侦察边作业、飞机让开空域、地面火箭作业、评估再作业的流程开展人工消（减）雨作业，指挥作业前后历时近 12 小时，消耗吸湿剂 8 吨，实施了 21 轮地面消（减）雨拦截作业，累计发射火箭 1100 枚。将有可能影响"鸟巢"的云系拦截在北京城区以外，确保"鸟巢今夜无雨"，实现了奥运会人工影响天气"闪亮登场"。得到了党中央和北京市的高度认可和赞扬，也得到社会各界的充分肯定。

此后，在奥运会闭幕式和残奥会开闭幕式日也根据天气情况进行人工消（减）雨作业，保证"鸟巢"无雨和开闭幕式的圆满成功，进一步巩固了奥运会开幕式人工消（减）雨成果。

二、奥运会开闭幕式人工消（减）雨主要工作

（一）不断探索，打好人工消（减）雨技术基础

2002—2007 年，北京市人影办依托科技部奥运会气象保障科学技术试验与研究项目，从云的天气气候特点着手，深入研究了北京地区七八月份降水云特点及相应天气形势。在此基础上，开展了云物理探测，进一步研究其云微观特征和消减雨催化剂特性。同时，利用中尺度数值预报模式进行催化模拟和效果评估等技术研究，并开展针对夏季降水消减雨科学试验。

对北京地区夏季云的宏微观特性、催化剂的性能、作业的时机和部位以及所需要采取的手段都有一定的认识，并结合北京地区地形特点，有针对性的设立三道防线，探索空地立体作业模式，建立了相关作业指挥流程、效果评价方法等。为大型

活动人工消（减）雨打下扎实技术基础。

（二）主动对接，夯实人工消（减）雨机制保障

2008 年 4 月，根据奥运会气象服务保障需要，由时任国家副主席习近平同志批示同意成立 2008 年北京奥运会开幕式人工消（减）雨协调小组。在北京市政府和中国气象局的直接领导下，北京市气象局主动与相关单位进行对接，按照相关程序，依托北京市气象局建立地方政府牵头，行业主管部门领导和技术支持，有关方面积极参与的中央、地方，军地，跨行业、跨部门，跨区域，集中力量办大事的合作机制，即 2008 年北京奥运会人工消（减）雨协调领导小组。牵头单位北京市人民政府，技术支撑单位中国气象局，成员单位包括总参作战部空军局、空管局，空军部队、武警部队、公安部和天津市、河北省等有关部门。

此后，为做好与奥运会残奥会运行指挥部对接，奥运会开幕式人工消（减）雨协调小组机构与奥运会残奥会运行指挥部交通与环境保障组合署工作。协调小组先后召开了 5 次协调会，确保机构落地、职责到人、人员到位，并高效运行。根据人工消（减）雨工作需要，进一步细化任务分工，成立了空中行动组、综合作业组、技术支撑组、治安监管组四个工作组。各工作组按职责和任务分工积极开展工作，确保在 7 月下旬飞机和作业装备、物资到场，并完成"战前"各种管理、技术培训工作。

（三）积极作为，做好人工消（减）雨实战保障

从 2008 年 5 月开始，在积极推进奥运会开幕式人工消（减）雨相关工作机制的同时，依托现有业务布局和手段，依天选择作业方式，开展实战演练，为应对奥运会开闭幕式期间可能遇到的降水天气人工干预积累经验，进一步完善人工消（减）雨相关指挥体系、流程和管理模式，以及综合探测、作业条件研判、作业效果评估、作业安全监管等。着眼人影技术国际先进技术，邀请了俄罗斯人影方面的专家现场指导，保障了 8 月 8 日开幕式和 8 月 24 日闭幕式顺利进行，实现了中国第一次大规模开展人工消（减）雨有效作业。

（四）传承精神，固化人工消（减）雨丰硕成果

2008 年 9 月，按北京奥运会开闭幕式人工消（减）雨标准保障宁夏回族自治区成立 50 周年庆祝活动，建立机动式人影协同作战机制，按云系移动演变情况，追云作业，取得了比较好的作业效果，开创了我国西北地区秋季第一次对大范围系统性的中雨进行影响，是直接将奥运成果转换的成功个例。

2009 年，在中国气象局指导下，围绕 60 周年庆祝活动阅兵服务保障需求，固化奥运会开闭幕式人工消（减）雨机制，深化秋季人工消（减）雨技术研究，探索人工消减低云技术，强化精细化预报技术与人工影响天气作业全面对接，形成了一整套针对不同天气系统、不同作业手段有效衔接的人工消云减雨方案。针对国庆期间可能复杂的天气，适时开展以积层混合性降水云系人工消（减）雨，依天利用飞机开展追云人工消减低云科学试验，取得了消减低云第一手数据，形成了人工消减低云作业指挥流程和相关工作机制，建立了飞机探测、实施作业、效果观察立体作业模式。9 月 30 日，根据 10 月 1 日可能出现的复杂天气，本着干预应对务求实效的原则，密切监视天气变化，实时开展飞机探测，综合进行科学研判，在确保把水留在北京的前提下，分阶段、分批次提早进行作业，为国庆庆典活动圆满成功做出了重要贡献。

三、奥运会开闭幕式人工消（减）雨对人影事业的影响

2008 年奥运会开闭幕式人工消（减）雨"闪亮登场"，对我国人工影响天气事业发展产生了很大影响，为我国人工影响工作发展营造了一个良好的发展氛围，使得我国人工影响工作步入一个快速发展的阶段。

首先，建立了能充分体现中国特色社会主义制度下集中力量办大事制度优势的大型活动人影保障协调机制。即，军地一方牵头，行业部门提供技术支持，有关方面积极参与的中央、地方、军地，跨行业、跨部门，跨区域的合作机制，进而拉动较大区域人影保障一体化连动。

其次，建立了一套完整的人工消云减雨模式。即人工消（减）雨"三道"防御模式，云体探测、云况预报、作业条件精细预报、作业指挥、作业实施、阶段评估、信息上报的作业指挥模式，图上作业、布局踩点、力量筹组、信息采集、身份审核、保障保险、任务对接、安全抽查、实战拉练、过程讲评的安全保障模式以及探测资料分析、数值模式模拟、现场效果调研、综合效果评估、总结报告撰写等效果评估模式。

再次，积累了人工消云减雨技术数据。即，空中飞机探测、卫星和雷达探测、地面自动气象监测、人影特种探测以及人工拍照等数据。

最后，搭建了全面提高人工影响天气技术能力的平台。通过大型活动保障，特

别是多部门现场集中指挥，人影探测、作业等不受空域和时间限制；人影专家现场体验、共同把脉、实时指导，科学研究与实战操作有机结合等；天气预报和人影指挥高度融合，多年存在的气象预报、人工影响天气工作"两张皮"的窘境得到有效解决。

2014 年南京青奥会开闭幕式人工影响天气保障服务

商兆堂[①]

我作为第二届夏季青年奥林匹克运动会（简称"南京青奥会"）人工影响天气（简称"人影"）保障部部长，参与了开闭幕式人工影响天气保障服务的全过程，现将当时的工作情景回忆如下。

一、科学组织，精心实施

1. 领导重视

2014 年 6 月 19 日，江苏省委常委、副省长徐鸣组织召开省政府人影协调专题会议，专题研究布置南京青奥会人影保障工作，建立南京青奥会人影协调制度（图1）。6 月 25 日，南京市委、市政府专门成立人影试验作业指挥中心，市委常委李世贵同志直接指挥，多次组织召开指挥中心会议，协调部队、民航、公安部门和交通等部门，落实保障作业、运输安全和突发事件应急处置预案等工作。中国气象局多位领导来宁召开专题会议，部署指导人影试验工作（图2、图3、图4）。

---

① 商兆堂（1961— ），江苏省气象局正研级高级工程师，博士，长期从事人影业务管理工作，主持和参加的省（部）级及以下课题 40 多项，获江苏省人民政府科学技术进步奖二等奖 2 项，三等奖 2 项，司法部成果二等奖 1 项，江苏省气象局成果一等奖及其以下各类成果奖 50 多项。

图 1   2014 年 6 月 19 江苏省政府南京青奥人影协调会议（右 2 为省委常委副省长徐鸣，左 3 为南京市委常委、气象指挥中心总指挥李世贵）

图 2   2014 年 4 月 24 日徐鸣副省长（右 2）陪同中国气象局郑国光局长（左 2）到南京市气象局考察南京青奥会气象保障服务准备情况

图 3　2014 年 5 月 20 日中国气象局矫梅燕副局长（右 4）在南京组织召开协调会议部署南京青奥会人工影响天气试验工作

图 4　2014 年 8 月 16 日中国气象局许小峰副局长在南京青奥气象指挥中心指导开幕式人影保障工作（左 1 李子华，左 2 姚展予，左 3 许小峰，左 4 翟武全，左 5 周毓荃）

2. 目标明确

第二届南京青奥会人影试验是我国继 2008 年北京奥运会之后又一次重大体育赛事人影保障服务工作，江苏省气象局贯彻落实中国气象局和省委、省政府的有关要求，明确人影保障服务的重点是减轻降水对开闭幕式活动带来的不利影响。为了保障成功，人影部制订了"安全、有序、高效"的工作目标，把保障全过程的人员、设备、技术安全放在首位，优化组织协调，圆满完成了保障任务。

3. 团队强大

在中国气象局人影中心、南京大学、南京信息工程大学、解放军理工大学、安徽省、北京市、河北省气象局气象部门及人影办的大力支持下，协调部队、民航、公安、交通、院校等部门力量，充分利用各方资源，组建了由33位教授（研究员和教授级高级工程师）、几十位专业技术人员和数百位一线工作人员组成了分工协作的专业人影保障团队，实现从指挥、作业、后勤保障等所有人影保障工作都由专业团队来完成，确保了实施效果（图5）。

图5　南京青奥会人影气象指挥中心部分专家和工作人员合影

前排：左2魏建苏（江苏省气象台副台长／正研），左3商兆堂（江苏省人影办副主任／正研），左4袁野（安徽省人影办主任／正研），左5濮梅娟（江苏省气象局副局长／正研），左6李子华（南京信息工程大学教授），左7周毓荃（国家人影作业指挥与运行中心副主任／正研）

4. 方案精细

按照"国内一流、服务与科研相结合"的编制总原则，2014年7月7日编制完成并向中国气象局应急减灾与公共服务司上报了《2014年南京青奥会人工影响天气试验方案》（简称《总方案》）。《总方案》明确了人工影响天气工作机构、职责、技术、流程、保障等，下设综合协调、监测预报、飞机作业、火箭作业、空域保障、治安监管和技术支撑 6 个执行小组，各组根据工作职责，按照"组内功能完备，组间协调统一"的原则制定了精确快捷的业务运行流程、标准化产品制作模板，负责《总方案》的具体组织实施工作。7 月 18 日，为了提高《总方案》的实施效果，还制定了观测、预测、作业（飞机和火箭）、演练、应急、评估 6 个专项子方案（图 6）。如：根据观测方案，在现有卫星、雷达、雨量站、探空站等常规气象观测网的基础上，借用南京大学、南京信息工程大学、解放军理工大学和中国电子科技集团公司第十四研究所的特种雷达 8 部、雨滴谱仪 15 部，空中国王、夏延飞机配有先进的机载探测设备，建立人影专项探测网。

图 6 2014 年 7 月 18 日南京青奥会人影细化方案专家咨询会（左起正面依次为周毓荃、张蔷、王广河、濮梅娟、濮江平、李子华、姚展予）

5. 设防科学

根据历年 8 月份南京主要天气影响系统来向统计分析，主要来向为西北、偏西、西南三个方向，综合考虑天气系统移速、影响范围、地面作业点布局及催化影响时间等因素，在南京奥体中心外围 100～150 千米、50～100 千米、20～50 千米、<20 千米设四道防线（图 7）。第一道防线采用飞机作业，针对降水层状云和未充分发

展的积云进行消减雨作业，第二、三道防线采用火箭密集作业方式，实施过量播撒使其不能形成雨水，或削弱目标区上空云系降水的强度，第四道防线针对青奥会主场馆上空云系，直接对云过量播撒催化剂影响天气，实现消减青奥会主场馆上空降水。在四道防线内共设 7 个火箭作业区、4 个飞机作业区，其中火箭 1～4 区为重点设防区域。火箭作业区共布设 91 个作业点，点间距约 15～20 千米，每个作业点配置 1 部火箭架，每部火箭架明确 1 名联络人、配备专用对讲机 1 台，保持与指挥中心联系，作业点、装备及人员采取分区管理，作业前 1 天，按《应急增援方案》，将部分装备调配至重点作业区，实现关键作业点至少 2 部火箭架，最多的达 6 部火箭架。飞机作业租用空中国王、夏延、运-7 共 3 架飞机，携带冷云催化焰条、暖云催化硅藻土，以蚌埠机场作为主起降机场，芜湖机场为应急备降机场，采取 3 架飞机接龙连续飞行作业的方式，开展冷暖云飞机消减雨作业，尽量减少空中作业间隙，提高作业效果。

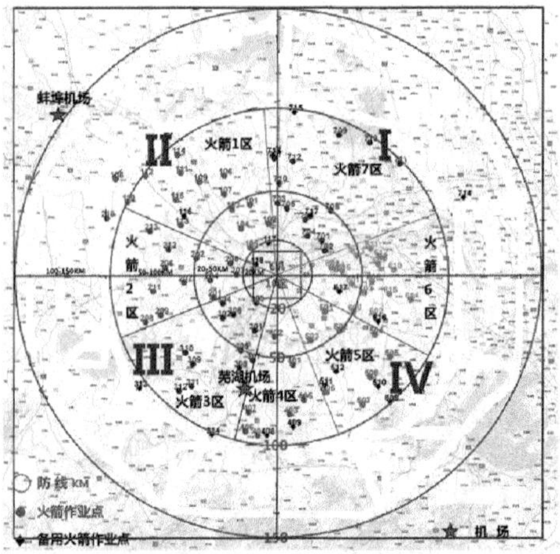

图 7　南京青奥会人影作业防线与分区（I～IV 为飞机作业 4 个区）

6. 实战演练

7 月 26 日"通联、监测、预测"专项演练开始，首次演练重点是所有火箭作业队熟悉作业点位置与环境，操作规程和作业装备安全检查（图 8）；8 月 8 日第二次实战演练，按保障开闭幕式的运行程序进行；8 月 12、14 日，结合青奥会彩排实战演练，通过实际作业，检验所有业务环节，通过演练检验队伍和装备，优化流程和实施业务方案。

图 8　2014 年 7 月 26 日南京青奥会人影保障火箭作业试验第一次演练现场

二、实时作业、保障有序

1. 细化方案

人影指挥部专家组综合利用国内最先进的人影业务技术平台，通过开展国家-省级青奥人影专题会商、精细化预报分析作业条件、研讨制定飞机和火箭作业预案、作业条件跟踪监测与实施方案修订、与空管部门充分协商，合理设计了开闭幕式人影作业试验作业方案，确保了开闭幕式正常进行（图 9）。

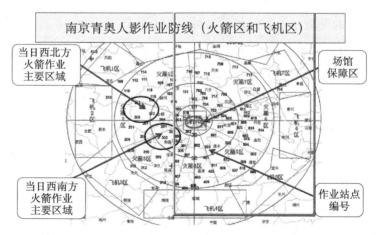

图 9　2014 年 8 月 16 日开幕式作业概况图

2. 动态会商

8 月 15 日，正式启动国家-省级青奥人影专题会商，每天 10：30、16：30 开展 2 次会商，重点就开幕式当天天气系统类型、云带移向、云层性质、关键层高度开展作业条件精细化分析，专题会商意见为"16日受南部切变线和北部高空槽影响，开幕式期间有一次降水过程，南北系统将分别从西南与西北来向影响青奥主会场，云带自西南西—东北东方向移动，云层为冷暖混合云，0℃层高度5000米，-10℃高度7000米"。

3. 实时作业

根据会商建议、防线布局、弹药储备，专家联合磋商制定了飞机和火箭作业预案，确定防区西部为重点作业区，飞机16日15—18时开展作业，作业采用3架飞机接龙不间断催化，同时15日下午调动原布设在东部的36支火箭作业队伍增援至西北到西南方向，强化重点区域的防御。16日上午，指挥中心基于CPAS平台，综合利用卫星、雷达、探空等高分辨加密观测资料，跟踪监测防区及上游云系变化，与外场飞机组专家共同修订飞机作业实施方案，最终确定飞机15:00起在2~3区对西—西南方向的云系进行催化作业，3架飞机起飞间隔40~50分钟，轮番催化作业；18—22时实施地面火箭消减雨作业，同时派专人进驻部队、民航空管部门协调空域，保障人影作业及时实施。

8月16日15时41分起至18时止，3架作业飞机间隔20分钟先后从蚌埠机场起飞，在南京的上游合肥—铜陵—南陵—无为—含山—全椒一带开展飞机作业，3架飞机累计作业时间近9小时，作业区域近13000平方千米。8月16日18时20分起至22时止，针对影响南京奥体中心的降雨回波，在距离奥体中心西部和西南部20~100千米范围内持续开展火箭作业。

8月27日，专家组根据人影多模式集成预报结果，闭幕式人影专题会商意见为：受高空槽影响，闭幕式有一次降水过程，影响云系自西—西北方向向东移动，降水主要以冷云机制为主，0℃层高度5000米，-10℃高度7000米。据此，8月28日上午，飞机组制定了飞机探测计划，空中国王上午开展防区云系自然本地观测，包括云底、云顶高度，温度分布，云层分层情况等，探测结果发现降水主要以冷云机制为主，局部可能有不稳定的暖云降水；根据预报会商和飞机观测，自8月28日09时30分至18时，3架人影作业飞机先后从蚌埠机场起飞，在南京的上游定远—合肥—肥东—含山—全椒—长丰一带开展飞机作业，针对西北和西部两块云系进行过量催化作业，并在局部选择暖云进行硅藻土催化作业，3架飞机累计作业时间13小时，作业区域近15000平方千米。8月28日18时至21时30分，根据雷达回波

探测情况，针对可能影响南京奥体中心的降雨回波，在距离奥体中心西部和西北部
20～100 千米范围内持续开展火箭作业。

4. 综合评估

每一架次飞机作业、每一批次火箭弹打上去后，立即评估作业效果，让评估成
为指挥作业的重要参考信息，重新制订新的作业指挥方案并立即组织实施，作业完
成后再做一次全面评估。

（1）2014 年 8 月 16 日 20：00—20：05 火箭作业后 20：23 场馆保障区内雷达回波
明显变弱。(图 10 和图 11)。19—22 时主场馆保障区累计雨量仅 2 毫米，雨强 0.2～1.0
毫米/时，而周边地区大于 5 毫米，雨强 2.3～3 毫米/时。作业区和保护区（主场馆）
的雷达回波强度约减弱 20%～40%。

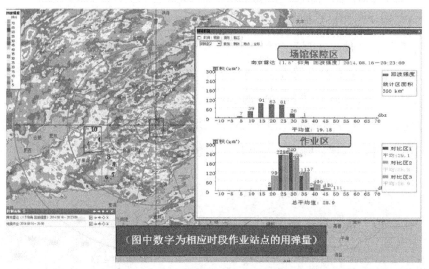

图 10　2014 年 8 月 16 日 20：00—20：05 火箭作业后 20：23 场馆保障区与多个作业区雷达回波强度
对比图

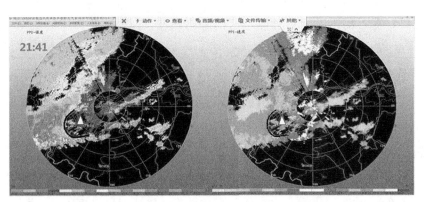

图 11　2014 年 8 月 16 日火箭作业后 21:14 场馆保障区 X 波段双偏振雷达观测

（白色三角为场馆保障区，黑线圈出回波空白区）

（2）2014 年 8 月 28 日飞机作业后，防区西北地区云系明显消散减弱，作业前防线西北地区最大云顶高度 9～10 千米，作业后下降至 6～7 千米，云系面积明显收缩减小（图 12）。火箭作业后，回波强度减弱、回波带断裂、回波降水通量减少，19 时 31 分，西南部有一西南—东北向强回波带以 60 千米 / 时向奥体中心靠近，强回波中心达 40～45 dBz，指挥中心立即组织力量加强这一区域作业，作业后长条回波带出现断裂，回波宽度明显变细。作业云与非作业云进一步对比分析发现，作业云回波顶高由 8～9 千米下降至 4～5 千米，回波体积由 4000 立方千米减少至 500 立方千米，降水通量显著减弱，21 时 30 分，奥体中心附近回波基本消散减弱，云团得到抑制。作业时段内 18:00—22:00，场馆区雨量仅 0.2 毫米；停止作业后，22:00—23:00 开始出现强降水，1 小时降水量就达 6.2 毫米。

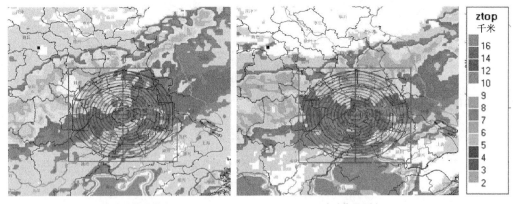

14 时（作业前）　　　　　　　　　　17 时（作业后）

图 12　2014 年 8 月 28 日闭幕式当天云顶高度

（圆圈为青奥人影防线，当天飞机作业集中在西、西北地区）

5. 领导认可

保障工作结束后，各有关领导单位和上级主管部门对南京青奥会人工影响天气工作给予了充分肯定。我被中华人民共和国人力资源和社会保障部、国家体育总局、解放军总政治部、中共江苏省委、江苏省人民政府联合授予"南京第二届夏季青年奥林匹克运动会先进个人"，王佳同志被中共南京市委、南京市人民政府授予"南京第二届夏季青年奥林匹克运动会嘉奖"，江苏省气象局授予省人影中心"重大气象服务先进集体"。

中国首次云微物理三机联合探测诞生记

李培仁（山西省人工降雨防雹办公室）

尽管天上有卫星，地面有雷达、探空和各种云观测设备，但是对于降水云系云微物理结构特征的分析，采用飞机搭载云物理探测系统直接穿云探测的方式仍然是最好的手段。

使用多架飞机对目标云系进行多机云物理联合探测是老一辈大气物理学家多年的夙愿。但是，一是由于改装过机载云物理探测系统的飞机很少，二是多机联合探测空域协调非常复杂，使得 2009 年以前，我国从来没有进行过多机联合云物理探测。

2007 年，科技部"十一五"重大科技支撑项目"人工影响天气关键技术及装备研发"批准立项。该项目最初由中国气象科学研究院牵头，中国科学院大气所，山西、北京、河北、天津等省（市）人影办等单位参与项目协作。项目最初由气科院副院长王辉担任项目主持人，2007 年 10 月底，在项目年度总结汇报会上，由于工作变动，项目专家组组长郑国光研究员同意调整郭学良研究员任项目主持人，王辉作为专家组成员。项目共分 7 个课题组，其中第一课题"外场试验"组由中科院大气物理研究所雷恒池研究员主持，成员单位有山西、河北省和北京市人影办等。第一课题组在项目首席科学家郭学良指导下，雷恒池、段英、张蕾和李培仁等研究员，一开始就根据 3 个人影办飞机仪器情况，设计了多机联合云物理探测试验方案。从 2007 年开始运行，经过两年的联合攻关，到 2008 年底取得了很多单机飞行和地面观测资料，但是与课题最初设计多架飞机联合探测的设想还有差距。

2009年初，经项目首席科学家和专家组论证，决定调整原飞行方案，确定在2009年春季（4—5月）和秋季（9—10月）以山西太原为指挥基地，指挥山西、北京和河北3架飞机在山西北部以及张家口地区进行多机联合探测，为此需增加飞机指挥、飞行协调以及必要的仪器调试等任务。考虑到多架飞机联合探测同一云系在我国所有人影项目中还是首次进行，在技术和保障协调方面还有很多困难，本项目计划协调原北京军区空军航管处以下军民航15个空域管制部门，联合山西、北京和河北3架人工增雨业务和探测飞机，利用3架飞机搭载的云物理探测仪器，设计多种探测方案进行联合探测。

2009年春节刚过，华北几位人影办主任：张蔷、李保东、李培仁，加上段英和雷恒池同志一起出现在原北空司令部航管处处长张建国大校的办公室。他们是来请求多机联合探测空域保障的。张建国处长听完来意，拉开墙上幕布遮盖的高倍军用地图凝视片刻，立即叫来了主管航行业务的副处长张国瑞上校，以军人特有的干脆果断说道："国瑞，地方同志想在华北区域搞几次多机联合探测，这种飞行对于军机来说很简单，但他们从没做过。这件事由你全权负责，帮助他们确定个区域，准备几套方案。我的意见是，探测区域放在山西北部和张家口地区。责成空军大同指挥所，空7师、15师，空军大同机场、定襄机场、张家口机场、易县机场等单位对该探测任务进行空域保障，确保万无一失，顺利完成任务。3月份组织有关部队、民航和相关人员在大同召开个空域协调会，形成个纪要。"

张处长一口气下达了明确的指令。多机联合探测空域保障问题迎刃而解。

2009 年 3 月下旬，原北京军区空军司令部航管处在大同组织召开了 2009 年空域协调暨科技部"十一五"重大科技支撑项目外场观测启动会。航管处张国瑞副处长代表张建国处长出席并主持了空域协调会。会议确定了多机联合探测空域区域和编号，并讨论形成以下探测方案：

1. 双机联合探测方案 1

北京 3830 运-12 飞机起飞后，H2400 米进入 1＃空域，开始分层飞行；上限到 H6600 米，保持 H6600 米平飞到 4＃空域，下降分层飞行，到 H2400 米，经万全返回所在机场。

太原 3817 运-12 飞机，太原武宿机场起飞经天镇以 H2400 米进入 2＃空域，分层飞行，最高到 H6600 米，平飞到 3＃空域，下降分层飞行，到 H2400 米，经天镇返回太原机场。

2. 双机联合探测方案 2

太原 3817 起飞后 H3600 米经天镇到 40°40′N，115°E，北京 3830 起飞后 H2400 米同时到达 40°40′N，115°E，然后向西飞行至 40°40′N，114°E，向北飞行至 41°N，114°E，向东飞至 41°N，115°E，向北飞至 41°20′N，115°E，向西飞至 41°20′N，114°E 后，双机脱离返回各自机场。

3. 双机联合探测方案 3

类似方案 2，但各机高度根据当时的天气条件确定。

4. 三机联合探测方案 4

石家庄 3625 夏延Ⅲ-A 从石家庄起飞 H4800 米，加入 B458 航线，经天镇后，沿（41°N，114°E），高度 4.8 千米进入，沿 114°E 经线向北飞行，到（41°30′N，114°E）折返，沿 114°E 经线向南飞，到（41°N，114°E）后又折返向北飞行，如此往返飞行 5 次后，从（41°N，114°E）脱离，沿原航线返回石家庄机场；在 3625 夏延Ⅲ-A 进入（41°N，114°E）往返飞行半小时后，两架运-12，同时进入（41°N，115°E），3817 大同基地起飞过点高度 H4200 米，3830 张家口基地起飞保持 H3600 米，沿 41°N 纬线向西飞行到（41°N，114°E），向北沿 114°E 线飞行到，然后向东沿 41°15′N 纬线飞行到（41°15′N，115°E），转向北，沿 115°E 经线向北飞行到 41°30′N，然后转向西，沿 41°30′N 纬线向西飞行到（41°30′N，114°E），然后双机脱离，各回机场。

5. 三机联合探测方案 5

类似于方案 4，各机所处的高度不同，根据当时的天气状况确定具体的各机高度。

协调会确定山西三晋通航 3817 飞机为长机，3817 机长统一协调指挥 3 架飞机按飞行方案倒推时间各自在起降基地起飞，按预设高度、预定时间同时进入 A 点（41°N，115°E），进行同一时间、同一地点、不同高度联合探测。

这是国内首次组织多架飞机在同一区域进行联合探测。本次综合探测汇集了国内顶级的云物理专家，涉及多个部门、多家单位，组织、协调工作非常复杂又至关重要。2009 年 3 月底，多机联合探测外场指挥部进驻大同，山西降雨办主任李培仁研究员、河北人影办段英研究员、大气所胡朝霞副研究员等组成了外场试验指挥部，项目首席科学家郭学良研究员和第一课题主持人雷恒池研究员也分阶段深入外场进行观测指导。山西三晋通航 3817 机组和山西人影办技术人员同时进驻大同基地。北京和河北人影办飞机在张蔷主任和李宝东主任的指挥下在张家口机场、石家庄机场待命。

4 月上旬大同和张家口地区一直没有天气过程。4 月 17 日，中央气象台预报未来一天观测区域有弱降水天气出现。指挥部立即申请空域，并向北京、石家庄和大同 3 个飞机起降基地发布了预备命令。4 月 18 日上午，指挥部成员在大同气象局进行了天气系统会商，确定了下午按照三机联合探测方案 4 进行首次三机联合探测。16:34，按照计算好的各自起飞时间，河北 3625 夏延飞机首先从石家庄机场起飞，山西 3817 飞机 17:06 从大同机场起飞，20 分钟后北京 3830 飞机从张家口机场起飞，于 17:44 3 架飞机在各自高度米秒不差准确进入 A 点（41°N，115°E）并开始按预定方案进行飞行探测。1 小时后联合探测结束，3 架飞机按预设方案依次脱离探测区域安全返航。

本次三机联合探测是国内首次多机联合探测，实现了项目专家组组长郑国光研究员和项目首席科学家郭学良研究员对外场观测提出的要求，为完成多架飞机、多种新型探测设备的综合观测任务带来了良好开端，为项目的顺利实施奠定了基础。4 月 22 日，中科院大气所在其官网中对此次联合探测进行了首次报道：

2009 年 4 月 18 日，"十一五"国家科技支撑计划重点项目"人工影响天气关键技术与装备研发"在项目预定的加密观测区域——张家口地区成功地进行了 3 架飞机的联合探测。4 月 17 日晚间一个弱西风槽系统经内蒙古上空自西北向东南方向移动，在山西大同综合观测指挥中心，以雷恒池研究员为组长的领导小组和参加外场观测人员密切关注天气系统的发展，进行雷达跟踪观测并释放加密探空气球。当 18 日上午系统缓慢移至山西境内时，3 架探测飞机的空域和航线申请都已提前做好准备，16 时 14 分，河北省人影办的夏延飞机首先从石家庄机场起飞，其后，山西省人影办的运-12 飞机和北京市人影办的运-12 飞机依次从大同民航机场和张家口军用机场起飞，至 17 时 35 分 3 架飞机同时在预定观测区域的上空进行探测飞行。三机联合探测约 1 小时后，3 架飞机依次安全降落。这次联合探测的飞行时间约 3 小时，分别对 2700 米（云底）、3600 米（0℃层）、4200 米（-5℃层）、4800 米和 5100 米（-10℃层）5 个高度层进行了水平探测。3 架飞机上都安装有近年国际云物理探测的最新设备，同时还组织了雷达布网观测和地面雨滴谱观测，项目专门布设的多参量雷达，根据飞机飞行轨迹进行了连续跟踪观测，获取了与飞机观测相配合的大量降水云系资料；毫米波云雷达，在降水开始前，对云系进行了连续观测；在北京、太原和张家口三地每隔 3 小时进行一次加密探空观测。在飞行保障上涉及民航华北空管局，民航河北、山西空管分局，民航大同机场，民航 3817、3625、3830 机组等；参加观测的单位有中国气象科学研究院人影中心，中国科学院大气物理研究所，山西省、河北省、北京市、天津市人工影响天气办公室，张家口市气象局等。

综合探测涉及多个部门、多家单位，组织、协调工作非常复杂又至关重要。这次三机联合探测的成功，与山西省人工影响天气办公室李培仁主任的出色工作密不可分；段英研究员具有丰富的外场观测经验，对天气系统过境时机的准确把握，为飞行决策提供了决定性的依据；河北省和北京市人影办积极配合、机上观测人员协同努力，也是这次探测飞行成功的因素之一。

这是国内首次组织 3 架飞机在同一区域进行飞机的联合探测，实现了项目专家组组长郑国光研究员和项目首席科学家郭学良研究员对外场观测提出的要求，为完成多架飞机、多种新型探测设备的综合观测任务带来了良好开端，为项目的顺利实施奠定了基础。

《中国气象报》5 月 4 日也对此次联合探测进行了专门报道：

"十一五"国家科技支撑计划重点项目——"人工影响天气关键技术与装备研发"在项目预定的加密观测区域——河北省张家口市成功进行了 3 架飞机的联合探

测，这是国内首次组织 3 架飞机在同一区域联合探测，是完成多架飞机、多种新型探测设备的综合观测任务的良好开端，为项目的顺利实施奠定了基础。

参加探测的 3 架飞机上都安装了最先进的云物理探测设备，同时还组织了雷达布网观测和地面雨滴谱观测，专门布设了多参量雷达，根据飞机飞行轨迹进行了连续跟踪观测，获取了与飞机观测相配合的大量降水云系资料。这次联合探测的飞行时间约为 3 小时，分别对 2700 米、3600 米、4200 米、4800 米和 5100 米等 5 个高度层进行了水平探测。在降水开始前，毫米波雷达对云系进行了连续观测；在北京、太原和张家口三地每隔 3 小时进行一次加密探空观测。

参加此次观测的单位有中国气象科学研究院人影中心，中国科学院大气物理研究所，山西、河北、北京和天津等省（市）的人工影响天气办公室以及张家口市气象局等。民航华北空管局，民航河北、山西空管分局，民航大同机场，民航 3817、3625、3830 机组等为此次观测提供了飞行保障。

自此以后一直到 4 月底也没有再遇到适合的探测天气系统。4 月 29 日，天气预报未来观测区域基本没有天气系统影响。外场指挥部决定 4 月 30 日实验结束。30 日凌晨 04 时，段英研究员紧急敲响了李培仁主任的宿舍：培仁，快点起床，张家口观测区域有内蒙古地区移进的层积混合云系雷达回波发展。随即，两人赶紧召集有关人员起床研究天气后，果断决定在观测区域进行第二次三机联合探测试验。3 架飞机起飞时间确定，6：00 整，联合探测空域申请发出，7：00 整，探测计划得到批复，07：50 第一架飞机滑出跑道，整个探测计划，一气呵成，取得了圆满成功。

2010 年 4 月 21 日，联合探测指挥部又在太原西部进行了第三次三机联合探测试验。

三次三机联合云物理探测开创了我国飞机云物理探测的新时代。多机联合探测为研究人员提供了弥足珍贵的资料，其方法成为整个项目的亮点和创新点。

转眼间"十一五"科技支撑项目已完成近 10 年。10 年来，我国人影机载探测载机平台和仪器装备已发生翻天覆地的变化，真诚地渴望能有新的多机联合探测进行更好的云物理探测。

从一次排除机载探测仪器故障说起

魏 强 [①]

2018 年 3 月 25 日，中国气象局人工影响天气中心飞机运行中心李宏宇主任打电话请我去郑州，排除新舟-60 飞机的 PIP（Precipitation Imaging Probe，降水粒子图像探头）和 CIP（Cloud Imaging Probe，云粒子图形探头）探头故障，此时我正在哈尔滨出差。李宏宇电话告诉我新舟-60 飞机在河南飞行时，PIP 探头突然采集不到粒子图像，激光电压低需要调节光路。我放下电话赶紧请示领导，领导同意后，马上让中国气象局人工影响天气中心的周旭博士买好了星期一北京到郑州最快的一列高铁票，又安排好到郑州检测仪器所需要准备的设备。星期五晚上我回到北京准备好了需要带的工具，星期一中午就与周旭一起到达了郑州高铁站，河南人影办的李浩主任把我们接到离新郑机场不远的鑫港大酒店，机组也在这住。

14 时 30 分在周旭房间开始工作。先是把 CIP 探头与 PADS（Particle Analysis and Display System，粒子分析和显示系统）主机通过试验电缆与 CIP 探头连接好，打开电源，启动数据采集软件，提示有故障，两者不能进行数据通信。检查了连接电缆和串口等设置，仍未解决问题。按照积累的经验，重新安装了 RS422 多串口卡的驱动程序，然后再试验问题依旧，判断应该是这台 PADS 主机多串口卡有问题，必须把这个故障排除了，才能连接 PIP 探头，进一步排除 PIP 探头的故障。于

---

① 魏强（1965— ），高级工程师。1982 年参加工作，在北京应用气象研究所一直从事飞机探测和人工影响天气等工作，主要负责仪器使用和维护维修，飞机探测、资料处理分析及软件编程等，参加了奥运等重大活动气象保障工作。

是，安排把飞机上的另一台正在使用的 PADS 主机从飞机上取回。在房间内我们把 CIP 探头与这台正在使用中的 PADS 主机连接，打开 PADS 主机电源，启动数据采集，打开探头电源，探头连接正常，CIP 探头激光比较低，使用棉签蘸少量的酒精擦拭后激光电压升高符合工作要求，原来是郑州污染比较严重，飞行时雾霾把镜面污染了。

之后，让周旭把两个 PADS 主机内的多串口卡从主机内拔下来进行外观比较，发现两个多串口卡的第七和八串口跳线设置不一致。我们重新把有问题的多串口卡设置成与工作正常的多串口卡一致（使用这个跳线可以把串口设置成 RS232 或 RS422 串口，应该是把有问题的 PADS 主机多串口卡的第 7 和第 8 通道设置成了 RS232 口），但是再插好进行试验还是无法连接。我再一次把多串口卡拔出，经仔细检查发现多串口卡的黄金牙（与计算机插槽连接）有些发黑，应该是使用时间长，或者多次插拔产生的污染物，这有可能会导致多串口卡产生接触故障。于是使用棉签蘸少许酒精仔细擦拭黄金牙，然后再插到 PADS 主机插槽内，再次启动 PADS 软件，显示连接正常，经多次开机关机证实 PADS 主机故障排除。

接下来对 PIP 探头进行排故。把 PIP 探头与 PADS 主机连接好后，启动 PADS 数据采集软件，打开 PIP 探头电源开关，软件显示探头连接时断时续，电压偏低，不出粒子图像，偶尔有线条。碰到这种故障，首先需要判断属于什么类型的故障。由于探头内部包括光学系统和电子系统，PIP 内部电子系统主要由光阵、DSP 数字信号处理器、电源及控制器三部分组成。根据 PIP 探头的故障现象，考虑探头激光功率虽然低，但是应该可以采集到粒子图像，问题不在光学系统，应该是 DSP 电路板或电源部分的问题。PIP 探头工作电源是 28 V 直流电，通过探头内部电源板上的 DC/DC 模块把 28 V 直流转换为 ±5 V 和 ±15 V，供探头内部电路板使用。于是仔细检查探头的电源板部分，发现-5 V 电源指示灯不亮，使用万用表量测-5 V 电源没有输出，故障应该在-5 V 电源或者因后面的负载短路，导致-5 V 电源自我保护。断开后面的光阵电路板后指示灯常亮，证明电源部分正常，问题出在光阵电路板上，后经量测发现光阵电路板有好几个电阻短路。由于飞机马上要转场到长春，时间紧不允许进行器件级修理，于是建议把河南省人影办的探头拿来替换新舟-60 飞机上有故障的 PIP 探头。晚上 19 时高扬和张效拓两人把 PIP 送到了郑州。19 时 30 分开始工作。把 PIP 探头与 PADS 主机连接好，探头可以工作，只是激光电压偏低，光路有些偏。于是先使用棉签蘸少许纯净水擦拭各个镜面，然后又进行光学系统调节，进行了震动测试，PIP探头工作正常。关闭探头电源，然后使用螺丝刀拧紧探头内部的螺丝，再次打开电源，此时PIP探头就无法与PADS主机进行数据通信，这真是一个比较奇怪的故障。

再次检查判断，探头的电源部分正常，±5 V和±15 V电源指示灯常亮，探头电源部分工作正常，经验告诉我问题应该在DSP板上，而且应该是DSP板子的422接口芯片故障。因为第二天飞机要转场，只好把中国气象局PIP探头的DSP板更换到河南省的PIP探头上，两探头合二为一。换上DSP电路板后，PIP探头工作正常。晚上又进场挑灯夜战，把探头安装到了新舟-60飞机上，第二天飞机转场到了长春。这一次遇到的问题比较奇怪，当然排除故障效率也比较高，受到了在场中国气象局和河南省人影办同志的一致赞赏，当然这也是大家共同劳动的成果。

中国气象局人工影响天气中心年轻同志常与我说，跟我一起出差，能学到东西，我说是互相学习。我想可能是我在维护维修仪器时，一边工作，一边跟旁边的同志讲解探头工作原理、调节方法、排故障方法等，有时手把手教年轻的同志动手调节光路、拆卸安装等，渐渐的这些同志就敢动手，一般的故障也就可以应付了，仪器故障就会减少。我之所以这样做，从大的方面讲是为了我们国家的飞机探测和人影事业，多培养一些年轻人，从个人感情上讲也是乐意帮助中国气象局人影中心，愿意帮助大家。这要从30年前说起。

我是1987年毕业分配到北京工作，主要从事飞机探测工作。当时国内飞机探测仪器比较落后，大部分还是使用老式手动取样设备，自动化飞机探测仪器很少，记得那时只有国家气象局人控所（人工影响天气中心的前身）、中科院大气物理研究所、吉林省人工影响天气办公室有自动化飞机探测仪器。我到北京后，因为要从事云物理相关的工作，就找一些业务书学习，包括数字电路、电工学、北大出的云物理书，重点学习飞机探测仪器的工作原理、操作方法。我比较爱学习，能坐的下来，到所里后每天晚上都加班到很晚，经常看英语资料，英语水平比较差，看英文资料比较费劲，但是比较认真爱学习。当时孩子较小，常把单词写在纸片上，一边带孩子一边背单词。因为年轻记忆力比较好，看了大概几个月的时间，再看英文资料明显感觉就好了很多。当时科研项目较少，有幸参加了仪器方面的一个课题，韩志刚博士为课题组长，韩博士英语水平比较高，给予了很多指导和帮助，他找来很多英文资料一起翻译，那时我基本上每周翻译一篇，英文水平有很大提高。那时我还经常向同志们请教，记得为了解决示波器与计算机连接这一问题，竟请教了别的科室的所有同志，居然把人家一个室的老同志、新同志都聚齐到我们飞机探测实验室了。

当时中国气象局人控所的马培民老师估计也就 50 多岁，是我国飞机探测仪器方面的专家，那时没少去打扰他。马老师英语水平很高，英语听说能力都很强，还是世界气象组织的官员。我经常把学习中遇到的各种问题写在本子上，隔一段时间就去找马老师请教问题。我每次去请教问题前，总是先打电话联系好，每次马老师都很热情，认真解答问题，使我受益匪浅。马老师非常和蔼可亲，也很幽默，爱开玩笑，和他在一起总是很快乐。慢慢地就跟马老师，包括和马老师一起工作的杨绍忠、陈跃老师等就比较熟了。

图 1　魏强在检测仪器

1989 年有幸和马培民老师一起在湖北当阳修理厂改装飞机，飞机机号我还记得是 796 号，大概历时 3 个月的时间。从招待所到修理厂往返大概有 5 千米的路程，不像现在汽车多，当时的交通工具就是自行车和两条腿，我在当阳那时没有自行车，每次修理厂和招待所之间的通行都是杨绍忠骑自行车带着我，要知道当阳是丘陵地带，上下坡比较多，可真把老杨给累坏了，还把老杨的一个自行车胎给压爆了，回北京专门给老杨买了个新内胎。这次跟着马老师和各位老师学到了不少知识。之后我主持改装过 1 架运-8 飞机、2 架运-12 飞机和 1 架夏延ⅢA 飞机，这都要感谢人影中心，感谢马老师，感谢几位老师的教导。

还有一件让我难忘的事情也与人影中心有关。事情发生在 2012 年 12 月新疆乌鲁木齐地窝铺机场。为了保障国产 ARJ21-700 飞机自然积冰适航试飞工作，我负责了飞机探测仪器培训、维护和维修保障，以及数据分析和分析报告的撰写等工作。12 月参加了在乌鲁木齐的试飞工作，当时 12 月的新疆已经是冰天雪地，天气很寒冷。有一天因不慎摔断了 3 根肋骨，自己在宾馆忍了一夜，第二天实在太疼了，感觉问题严重了才想起来去医院看病。先是在机场医院拍片，确认肋骨骨折，医生建议我去新疆空军总医院看病。我马上打电话给参加该积冰项目同在乌鲁木齐出差的人影中心关力友老师，关力友老师二话没说，叫上方春刚博士一起，就把我送到了空军总医院。方春刚又是挂号，又是缴费拿药，帮了我不少忙。医生确认是 3 根肋骨骨折了，建议住院治疗，但是考虑到外场工作离不开人，我没同意就回到了宾馆，每天忍着疼痛继续去外场工作，连续工作了 20 多天，直到任务完成才回到了北京。想到这，我要再次向关力友老师和方春刚博士表示深深的感谢。

2004—2009 年与北京市人影办一起开展了为期 6 年的飞机探测工作，我有幸参加了 2008 年奥运会气象保障工作，在北京人影办张蔷主任的带领下，参加了奥运气象保障工作，参加了 2008 年 8 月 8 日晚上北京奥运会开幕式飞机消云减雨作业，与北京人影办结下了深厚的友谊。多年来我与中国气象局人影中心、北京市人影办、吉林省人影办、辽宁省人影办、四川省人影办、陕西省人影办、山西省人影办、青海省人影办、山东省人影办、河南省人影办、中国试飞院等单位有过很多次合作，曾经在同一架飞机上飞行探测，互相帮助，建立了深厚的友谊。在此，向马培民老师，向各位同行表示深深的感谢。我愿意也希望把我的一点点才智和技能奉献给我国的人影事业。

祝愿我国人工影响天气事业能够走在世界前列，发展得更好。

省委书记巧用兵　科学利剑斩旱魃

——2003 年江西全力实施人工增雨抗旱

蔡定军[①]　史文群（江西省气象局）

中国革命圣地、国家重点风景名胜区井冈山，万木参天，群峰雄峙。2003 年 7 月 28 日下午，传来一个令人震惊的消息：井冈山主峰发生森林火警……

持续近一个月的高温少雨天气，使昔日盛夏依然青翠欲滴的井冈山变得异常干燥。火险发生在作为百元人民币图案的井冈山主峰，过火面积近 10 亩。江西省领导闻讯后指示要迅速扑灭山火，全力保护好井冈山。2000 多军民连夜从山下肩挑手提将水送进山区灭火。由于火场位于主峰腹地海拔 1200 米处，三面悬崖一面陡坡，人工取水每趟就需 6 个多小时，灭火作业异常困难。

人工取水灭火难以奏效，请求国家林业局调派飞机灭火至少需两天时间才能到位作业——紧要关头，江西省委书记孟建柱果断决策：立即实施人工增雨，扑灭井冈山森林火警！并指派副省长危朝安前往井冈山指挥。

7 月 29 日，危朝安副省长亲临井冈山人工增雨灭火作业点。当天下午，3 个人工增雨灭火作业组抓住有利天气，在森林火点附近的 5 个作业点实施作业 11 次，发射 37 枚火箭弹。顷刻间，森林火点降雨 20 多毫米，降雨过程持续 40 分钟。作业点周围也普降中到大雨，受益面积达 500 平方千米。当晚 10 时 30 分左右，火势得

---

① 蔡定军（1961—　），江西省人影办副主任（2001—　），高级工程师。1982 年毕业后一直从事气象工作。曾做过预报员，《江西气象科技》编辑部主任等。现主要从事人工影响天气培训工作。

到控制并于次日被完全扑灭。

人工增雨帮助扑灭井冈山森林火警，是江西 2003 年夏成功实施人工增雨抗旱防暑防火保安全的一个范例。2003 年 7 月以来，江西持续高温少雨，目前正遭受百年不遇特大干旱。全省已有 30% 的耕地受旱，1000 万人受灾，200 多万人、100 余万头牲畜因旱饮水困难，50% 以上的二晚水稻因缺水无法栽插。7 月 12 日，赣南旱象初露，省气象局就向省领导建议，抓住有利天气开展人工增雨抗旱。7 月 14 日，副省长、省人工影响天气领导小组组长危朝安主持召开会议，动员部署全省人工增雨抗旱工作。7 月 17 日，江西省人影办召开新闻发布会，宣布全省人工增雨进入临战状态。7 月 24 日，江西省政府召开防旱抗旱工作会议，要求将人工增雨作为防旱抗旱最关键的措施来实施。

直面百年大旱，江西 2003 年夏人工增雨有声有色。一是依靠科学指挥调度，不放过任何作业机会。南昌、吉安、赣州三部多普勒雷达昼夜开机，每 3~6 分钟一张的雷达回波图，引导全省各市、县抓住稍纵即逝的局地天气迅速作业。江西省人影办逐日制作发布全省人工影响天气作业指数预报，将全省划分为人工增雨作业区、准备区、关注区、无作业条件区。二是大范围大规模实施作业。根据省委书记孟建柱"要抓住机遇实施较大规模的人工增雨"的指示，江西 8 月 5 日抓住 2003 年 9 号台风外围影响，实施了江西有史以来日作业范围、规模最大的人工增雨。当天全省有 57 个县（市、区）作业 153 次，567 个乡镇受益。目前全省 11 个设区市 84 个县（市、区）共实施人工增雨作业 720 次，共发射炮弹 15000 余发、火箭弹 1050 枚。三是人工增雨向多个领域拓展。在为旱田和受旱经济作物实施人工增雨的同时，江西 2003 年夏先后在森林灭火、城市防暑降温、增加水库蓄水、增加农田灌溉、降低森林火险等级等方面，实施人工增雨作业数十次。

人工增雨在江西抗御百年大灾中发挥了不可替代的作用。截至 8 月 7 日，全省人工增雨作业受益面积 13.85 万平方千米，直接经济效益 5.5 亿元。7 月 29 日，江西省委书记孟建柱对人工增雨工作批示："科学实施人工降雨，是抗旱救灾的主要举措。今年 7 月初以来在多年未遇连续高温干旱的情况下，人工降雨更是在抗旱中发挥了积极作用。"

科学实施人工增雨抗旱防暑，特别是迅速扑灭井冈山森林火警，振奋了正全力抗旱防暑防火保安全的江西广大干部群众，受到全省上下的一致赞扬。7 月 31 日上午，江西省委书记孟建柱在省委常委、省委秘书长陈达恒，省抗旱总指挥、副省长危朝安陪同下，冒着酷暑专程来到省气象局视察，代表江西省委、省政府向江西气象干部职工致以亲切问候和崇高敬意。

孟建柱书记指出，江西 2003 年高温干旱特别严重，在这种情况下，气象部门的同志们在气象预报、人工科学增雨抗旱等方面做了大量的、艰苦有效的工作。根据气象预测，江西高温晴热天气还将持续，灾情还将发展，一些预计不到的情况还会发生。因此，要加深对高温干旱所造成损失的认识，尽最大努力，把损失减少到最低程度。要挖掘人工增雨科学抗旱的潜力，通过主观上最大的努力，抓住一切有利天气时机，使人工增雨的作业面尽可能宽一些，作业量尽可能大一些。

孟建柱书记深有感触地说，井冈山火警能够在这么短的时间内扑灭，人工增雨起了关键作用。本来想请国家林业局调飞机过来灭火，但需要两天时间才能赶到作业，两天烧不起呀！这么大的一片森林，火势一旦蔓延，后果很难设想！他勉励江西气象工作者再接再厉，发扬艰苦奋斗、连续奋战的作风，发挥气象科技的重要作用，为全省抗旱防暑防火保安全、夺取抗旱斗争全面胜利做出更大的贡献。

8 月 4 日下午，江西省委书记孟建柱顶着烈日，亲临吉水县醪桥乡人工增雨作业炮点视察、慰问，指出人工增雨是有益于人民群众的事业。16 时 50 分，醪桥作业区出现有利天气。孟建柱书记亲自摁动人工增雨作业火箭发射按钮，一枚增雨火箭弹呼啸着扑入云层，作业影响区随后普降中雨……

湖南首次开展人工降雨记忆

曾芝松 [①]

　　1958 年 10 月，湖南省气象局向省农业厅党组（当时省气象局归属省农业厅，为厅属二级局）报送了《关于开展人工控制局部天气试验研究工作的请示报告》。正巧，当年冬，湖南部分地区出现了少雨旱情。至次年春，旱情迅速扩展，进而湖南出现了大范围春夏特大连旱。

　　旱魔凶猛，各级领导非常揪心，广大群众望天兴叹！其时三湘大地掀起了与天争斗的抗旱大潮。一方面广泛采取塘库溪涧水量互调，组织群众车水抗旱；另一方面发动群众日夜打井挖坑寻找地下水源。在这种干旱严峻形势下，湖南省委、省人民政府决定开展飞机人工增雨抗旱试验。

　　1959 年 7 月 27 日，湖南省科委、省气象局联合设立"湖南省人工降雨试验办公室"，下设高空、地面两个试验操作组，飞机人工增雨试验主要由省气象局王保余和李玉昆主持，中国科学院地球物理研究所、中央气象局、南京大学先后派出了顾震潮、徐家骝、郭恩铭、马培民、孙奕敏、王明康等专家和技术人员来湘进行指导。

　　其时，湖南省气象局集中全力，配合抗旱，投入人工增雨试验工作，8 月 3—21 日，租用改装后的伊尔-14，里-2 飞机各一架，以长沙大托铺机场为基地，对湘

① 曾芝松（1935—　），1954 年 7 月考入北京气象学校学习气象，毕业留校任教。1957 年调回湖南省气象局，一直从事气象分析研究工作 40 年。曾在《气象》《中国气象报》等刊物、报纸上撰写发表多篇专业论文和文章，多次受到表彰和奖励。1996 年退休。

中、湘北 39 处浓积云实施撒播干冰、盐粉、碘化银、四聚乙醛等催化剂进行飞机人工降雨试验。

我有幸于 8 月 4 日上午与省气象局王宝余、李玉昆等同志前往机场参与外场试验，我的任务是亲临现场体验增雨试验全过程，为当时《新湖南报》写出新闻报道，并协助李玉昆在飞机上实施播撒操作。

我们将一袋袋干冰、盐粉装入飞机机舱后等待天空朵朵云块变化状况。11 时左右，接到可以登机指令后，除机组人员外，我、李玉昆和长沙肉类加工厂冷库一位身高马大的汽车女司机鱼贯登机入舱。

当飞机起飞离地仅几百米时，女司机却躺睡在机舱内动弹不得。这时我和李玉昆两人聚精会神注视着天空中白色的朵朵云团变化。忽然李玉昆叫飞机驾驶员向位于长沙北面靠湘阴、浏阳一带上空出现的正在发展的一片浓积云雏型方向飞去，并说只能绕云块边缘飞行。

当飞机接近该云团边缘时，李玉昆迅速将放在他身边的盐粉往飞机腹部中央特别改装的 15～20 厘米大小的孔洞中倒下去，并急呼我赶快把放在另一旁的一袋袋盐粉拖过来供他连续往下播撒。

由于飞机有些颠簸，我逐渐感到有点不适。当我拖过第四袋盐粉靠近孔洞时，从孔洞中吹入的风携带少量盐粉扑面而来进入鼻孔，我当即欲呕吐，只好把口紧紧闭住。李玉昆见状立即叫我伸手从头顶机舱架上拿出特制装污物的纸袋，吐入其中。

不一会，眼见投放盐粉那块浓积云迅速翻滚发展，云色由白变黑，李玉昆立即叫飞机驾驶员返航。正在返航中，飞机左翼突遭雷击，打的"噼噼啪啪"响，并有小火花飞溅，飞机颠簸震荡，我们个个紧张极了。幸好几秒钟后，飞机摆脱了危险境地，并迅速返航降落。

我们和许多人站在机场坪上看到原来的那块雏型浓积云已变成连绵一大片的降雨云。

两小时后，我们陆续接到电话，长沙北面的安沙、金井、江背、黄花和湘阴、浏阳部分地区降了大小不等的雷阵雨，这时站在机场坪上的人们相互拥抱，个个欣喜若狂。

该年 10 月，又使用一架米格-17 开展增雨作业。全年 3 架飞机共飞行 14 架次，进行 39 次播撒试验，作业影响范围达 21 个县。据不完全统计评估，总降雨量达到 1.34 亿立方米，降雨总面积达 9.7 万多平方千米，其中益阳、湘阴、浏阳、长沙等县 6.67 万公顷农田解除了旱情。

湖南首次开展飞机人工增雨试验，取到了很好的社会效益和经济效益，得到了省委、省人民政府领导同志在多次全省性大会上的表扬，人民群众也拍手叫好，有的地方还敲锣打鼓送喜报，大大提高了气象服务工作的声望。农民朋友说，久旱降甘雨，是救命雨啊！城市居民也纷纷说，高温干旱降喜雨，解暑纳凉，真要感谢人工降雨。有些降雨区的群众还编了一些顺口溜：人工降雨落大地，田间地头喜若狂，共产党为民办好事，子孙后代永不忘，三湘大地现惊雷，气象天兵显神威，人工降雨解旱象，欢呼跳跃在田间。

1960 年 6 月，湖南省正式成立"湖南省人工控制局部天气委员会"，时任副省长章伯森任主任。其任务是：在省委、省人委的直接领导下，紧密与农业生产配合，为生产服务；领导全省人工控制局部天气的试验研究和指导当时特设在"南岳增雨试验基地"的工作；组织全省范围的大协作。委员会主任由分管农业的副省长兼任，副主任及成员由省军区与人工影响天气有关的部、委、厅、局、大专院校的领导兼任。委员会下设办公室于省气象局内，办公室主任由省气象局局长兼任。以后因人工影响天气工作领导机构更名，任务调整，各单位人事变动，省人民政府及时对领导机构成员作了相应调整。

从头越

游仁一 [①]

1976年，我从部队转业到重庆市气象局办公室，面对生疏的环境、陌生的工作，举步维艰，困难重重。经过多年的边学习边摸索，慢慢地熟悉了情况，找到了规律。正当我像老马识途，工作起来比较得心应手之时，却被调到一个新的部门，又开始了面对生疏的环境、陌生的工作。

挪"窝"

由于大气环流的原因，重庆市几乎年年都有旱灾发生，对农业生产的影响很大，人工降雨是抗旱斗争的重要手段之一。从1960年开始，年年都用"三七"高炮发射装有碘化银的炮弹，进行人工降雨作业。1989年以前，每年都是由市政府办公厅或者农业委员会牵头，组织各有关部门抽调人员组成临时的工作班子，具体组织和指挥人工降雨作业。

1989年市编制委员会下达了人员编制，组建了专门的人工降雨办公室。一个机构两块牌子，对内是市气象局人工降雨办公室，对外是重庆市人工降雨指挥部办公室。指挥长是分管农业的王正德副市长。可能是因为我"玩"了20多年的高射炮，就从局办公室调去人工降雨办公室。新组建的处室，什么都没有，只有一间很大的、空空如也的房子。人手也很少，除了我，有一个学过大气物理专业的工程师、

---

① 游仁一（1937—　），原重庆市人工降雨防雹办公室主任（1989—1996），1996年退休。

还有一个刚从大学毕业的学电子工程专业的学生。我简直像是到了一个蛮荒之地，从烧荒、翻土开始，也像是拿到一张白纸，要我画出美丽的图画——一切都得从头做起，白手起家。

建"窝"

当务之急，先要把人工降雨作业的指挥室建立起来。像部队的作战指挥室那样，必须有一幅巨大的、大比例尺地形图。这种地图在书店买不到，去市里、省里的测绘局也要不到。不得已，向空军驻重庆的飞行师求援，答应提供一套比例为 1：50000 的重庆行政区地形图。请来木工在一个整面墙壁上钉上三合板，四周做了金色的边框。飞行师的一个参谋送来地图，并帮助我们把地图表糊到三合板上。这是一个技术性强的工作，没有表糊技术的人，地图会起皱，铺不平整。在地图的上面，覆盖了几大张有机玻璃，把全市的 45 门"三七"高炮和测雨雷达的位置标示在有机玻璃板上。购置了台式电脑、打印机和办公用的桌椅。与负责空中管制的飞行师航行科之间，租用了有线电话线路。一个人工降雨指挥机构的雏形初步形成，俨然一个高炮团的指挥所。

摸索

我虽然是个老炮兵，但是如何组织实施人工降雨作业，我一无所知。1989 年的人工降雨作业，我是"大姑娘坐花轿"——头一回，只能在作业过程中潜心摸索。在实施作业过程中的确遇到了许多困难，发现了一些问题。

首先是作业队伍的组成，要由重庆警备区出面，报经总参批准，才能出动解放军的高炮部队和当地大型厂矿的高炮民兵，组织协调工作十分复杂和困难。

第二是作业时机的选择有一定的难度。情报来源主要是本市的一部气象雷达。作业时机是靠指挥人员对雷达回波的判读来选择，而对回波的准确判读确有一定的难度，不能一目了然。判读的准确与否，直接影响到作业效果。

第三是通信联络手段落后，同空中管制部门和各个炮点，靠的是从电信局租用的有线电话线路。因为通信联络不畅而贻误了作业机会的情况时有发生。比如某个炮点上空有了符合作业条件的机会，但是不能立即开炮，必须先向负责空中管制的飞行师航行科要作业时间。他们确定作业空域没有我机飞行时才能开炮作业。我们与航行科之间，常因占线无法接通。云团是移动的，作业机会稍纵即逝。等电话接通了，作业的机会却消失了。我们与炮点的通信联络也是如此，常因占线，作业指令不能及即时下达，贻误了作业机会。

必须克服这些困难，才能把人工降雨作业提升到一个更高的水平。

学样

根据 1989 年的实践经验，我发现人工降雨作业与高射炮兵的对空作战情况十分相似。比照高炮部队的对空作战样式，重庆市人工降雨队伍的建设蓝图便跃然纸上。在市委、市府的高度重视和支持下，用一年多的时间，我们迅速建立了 3 个系统：指挥系统、作业系统和通信系统。

指挥系统，实质上就是方便、实用的情报保障手段。1990 年初，当时成都气象学院的气象雷达数字化处理系统刚刚开发出来，我们就立即把这个软件买回来安装调试，当年投入使用。雷达回波数字化处理系统，是将回波信号变换为数字信号，并经电脑处理，在显示器上以数字和彩色分层显示回波的强度，使指挥人员一目了然，能准确、迅速地捕捉到作业时机，增强人工降雨作业的效果。

作业系统，就是要有自己的"三七"高炮、半专业的炮手。避免了动用担负着繁重战备训练任务的部队高射炮兵，也不用出动生产岗位上的高炮民兵。由市政府出面，几经周折，报经总参同意，先后购置了 45 门"三七"高炮。选拔炮点周围的农民培训成炮手，这些炮手都能随叫随到，可以迅速投入人工降雨作业。

通信系统，以前指挥作业是有线电话网络，经常遇到占线，指挥不畅。要解决这个问题，必须建立畅通的无线电话网络。建立无线电话网络的过程，值得把它记录下来。

当我揣着写给市政府要求建立无线电通信网络的请示报告，去无线电管理委员会咨询怎样办理购买无线电话的手续时，他们说——

"无线电话也有频段太忙需要等待的时候。"

"有没有什么更好的办法呢？"

"有，有一种叫作'甚高频无线电话'。可以点对点通话，也可以群呼，最适合你们人工降雨作业使用。"

"那就请你们分配无线电频率，就买甚高频无线电话。"我很高兴地说。

"不行。建立甚高频无线电话网络，要经过市政府丘万兴秘书长批准才行。"

"哦，谢谢。"我拿起申请报告就去找丘秘书长。

······

丘万兴秘书长听了我的陈述，又问了我几个问题后，皱着眉头思忖了一会儿，提笔在申请报告上写下了"同意购买甚高频无线电话"几个字。我没有想到会如此顺利，高兴得有点忘乎所以，转身就走。刚走一两步，突然想到，购买甚高频电话的经费还没有批示呢，我立即回过身说："丘秘书长，能不能将购买甚高频电话的经费也做个批示，同时给解决了。"

"哦！这倒也是……"他像是在自言自语，低着头，沉思良久，然后问，"需要多少钱？"

"刚才无线电管理委员会的同志估算，50台得12万元左右。"

"这超过了我的权限，要常务副市长批准才行。"

"怎样才能找到张副市长呢？"

"走，我们一道去找他，"秘书长顿了一下说。

······

走进张副市长办公室，丘秘书长向他介绍说："他是人工降雨办公室的同志，要求解决通信网络的经费问题。"

我接着陈述了理由，副市长听完后问："这种电话是一次性使用呢，还是以后作业也可以继续使用？"

"以后每年作业都能继续使用。"

他听后，皱着眉头，略加思索后点头说："哦，这倒可以。"接过我手中的申请报告，写上同意开支的字样。

······

当我返回无线电管理委员会办公室请求分配频率时，他们的脸上流露出惊诧的神色，好像有点出乎意料。一个个点着头赞叹说："呃，办事嘛，就得要这个样子才行！"像是赞扬领导的干练和果决，也像是赞许我的锲而不舍。

有了甚高频无线电话，没有了占线和频道忙的等待之苦，指挥的口令直接下达到炮点，十分顺畅。

收获

辛勤的耕耘，必有丰硕的果实。有了 3 个系统，提高了人工降雨作业的效率，增强了作业效果。重庆市的人工降雨工作也小有名气。四川省和国家气象局分别在重庆召开了两次会议，对重庆的人工降雨工作成绩给予了肯定。

1991 年 12 月下旬，国家气象局人工影响天气办公室在重庆召开了我国南方 13 个省、市、自治区参加的"南方省市区人工影响天气工作研讨会议"，代表们对重庆市人工影响天气工作的现代化建设，给予了很高的评价。中国气象科学研究院研究员游来光在会上指出："重庆的同志们通过努力，把现有的科技成果迅速转化为生产力，实现了比较完善的指挥、通信和作业 3 个系统，重庆能够办到，其他省市也应该办得到。"

1992 年 3 月上旬，四川省在重庆市召开了"全省人工降雨防雹工作研讨会"。省人民政府副秘书长刘忠彬在总结讲话中说："重庆人降办在近两年的时间里建立和完善了指挥作业系统，包括由卫星、雷达和计算机组成的探测系统；高频无线电通信系统和高炮作业系统 3 部分。这不仅在省内，就是在我国南方各省中也属先进的，使指挥作业功能加强，效益提高，而且节约了经费，大家现场参观后留下了深刻的印象，开阔了思路。"

俗话说，万事开头难。但是，"雄关漫道真如铁，而今迈步从头越"。只要下定决心，勇敢地迈出第一步，坚定地走下去，成功也许就在前面不远处。

沐风栉雨　玉汝于成

——四川省人工影响天气服务记忆

刘　平[①]　刘东升（四川省人工影响天气办公室）

春风化雨润万物，阡陌田垄嫩枝芽

盘旋，俯冲，滑跑！迎着风、顶着雨，夏延 B-3625 飞机徐徐减速，安全着陆昆明长水机场。这是 2012 年四川省援助云南省的飞机增雨抗旱作业的场景。

受 2009 年春夏连旱、2010 年百年不遇干旱、2011 年雨季干旱和 2012 冬春季节性干旱的影响，2012 年云南省遭受了较为严重的干旱灾害，给灾区工农业生产、群众生活特别是饮水安全和森林防火带来了前所未有的挑战和困难，全省抗旱救灾形势异常严峻。

2012 年 2 月 29 日，云南省人民政府致函四川省人民政府，商请协调人工增雨作业飞机开展跨省人工增雨作业。函中指出："据气象部门预测，近期（3 月 2—4 日）云南将有一次全省性弱降水天气过程，为进一步增强抗旱应急人工增雨作业效果，恳请四川省人民政府及时帮助，协调安排作业飞机赴云南省帮助开展抗旱应急人工增雨作业。"

收到文件当天，时任四川省委常委、副省长钟勉立即批示："请学谦同志牵头

---

① 刘平（1969— ），四川省人工影响天气办公室副主任，高级工程师，2009 年主持、2015 年第三完成人完成人工影响天气研究项目，分别获得四川省科技进步三等奖。

协调，全力支持云南省人工增雨抗旱工作。"

四川省政府副秘书长赵学谦要求省气象局速将研究情况报省政府。

按照四川省领导批示，省气象局迅速进行安排部署，紧急协调飞机，并在第一时间办理跨省调机相关手续。四川省气象台与云南省气象台开展每天定时天气会商，准确把握作业机会，四川、云南多普勒雷达 24 小时开机，为飞机增雨工作提供保障。

3 月 2 日 17 时，夏延 3625 增雨作业飞机从四川广汉起飞，进入云南境内后，即沿威宁→东川→元谋→富民→昆明线路，对适宜云层进行了催化作业。3 月 3 日 10 时 6 分至 12 时 35 分，飞机沿师宗→陆良→禄劝→元谋→新平线路进行了催化作业，16 时至 18 时 50 分，飞机沿泸西→丘北→开远→玉溪→泸西→昆明线路，再次进行了催化作业。3 月 4 日 7 时至 10 时 51 分，飞机沿新平→墨江→通海→个旧→弥勒→文山→泸西线路进行了催化作业。

雨，淅淅沥沥，滋润着久旱的大地。雨，滴滴答答，溅在石梯，落在山涧，汇成涓涓细流——流入池塘、流入小溪、流入江河……绿了阡陌，嫩了枝芽。

此次飞机增雨作业共计 4 架次，航时 11 小时 35 分钟。作业区普降喜雨，据云南全省自动气象站监测，3 月 2 日 14 时至 3 月 4 日 20 时，云南全省有 558 个站达小雨，406 个站达中雨，168 站达大雨，有 20 个站雨量超过 50 毫米。据效益评估分析，飞机增雨作业累计影响面 15 万平方千米，增加降水 5 亿立方米，云南的昆明、曲靖、楚雄南部、保山、德宏、大理、临沧等部分地方旱情得到了缓解。

四川飞机跨省作业得到了空军、民航、中国民航飞行学院、云南机场集团等有关单位的大力支持。机组和作业人员克服困难，按照作业指挥设定的路线一丝不苟完成了每次作业飞行和催化剂播撒，取得了显著作业效果。此次飞机援助增雨抗旱作业，受到云南各级政府和群众的普遍好评，央视、上海卫视等各新闻媒体进行了充分报道。

快乐运动，逐梦天府——人工影响天气作业为全国第九届残运会暨第六届特奥会开幕式助力

2015 年 9 月 12 日上午，全国第九届残运会暨第六届特奥会开幕式在成都举行，这是四川省承办的最大规模的全国综合性体育运动会。国务委员、国务院残疾人工

作委员会主任、全国第九届残疾人运动会暨第六届全国特殊奥林匹克运动会组委会名誉主席王勇出席开幕式，中国残联主席、全国第九届残疾人运动会暨第六届特殊奥林匹克运动会组委会顾问张海迪致开幕词，四川省委书记、省人大常委会主任、全国第九届残疾人运动会暨第六届特殊奥林匹克运动会组委会顾问王东明致欢迎词。

为保障开幕式顺利举行，按照组委会的安排，成都市气象局承担了天气保障任务，制定了人工消（减）雨作业方案，部署人影作业高炮 28 门、车载火箭 28 部、作业飞机 1 架。省人影办提供 1 架作业飞机，积极配合成都市气象局完成保障作业。

为了确保消（减）雨保障作业取得成功，四川省人工影响天气指挥部于 9 月 6 日在省政府召开四川省重大活动人影作业保障协调会议，省政府副秘书长、省人工影响天气指挥部副指挥长赵学谦主持会议，各相关单位负责同志参加。会议强调，各单位协作配合，最大限度地预防和降低不利天气对活动的影响，力保活动在良好天气状况下顺利进行，并以纪要形式下发了会议议定事项。

9 月 9—11 日，盆地南部和北部部分地区降了大雨到暴雨，成都连续多日阴雨天气，天气形势不利开幕式的顺利进行，人工影响天气作业紧张展开。成都空军航管处、民航西南空管局管制中心为人工影响天气作业空域提供了有力保障，成都市气象局组织实施地面作业 78 次、飞机作业 3 架次，省人影办实施飞机作业 2 架次。

在各单位通力协作下，人工消（减）雨作业取得了成功，成都市区当天上午基本无降水，保障了全国第九届残运会暨第六届特奥会开幕式的顺利进行。

借天之水洗涪江——人工增雨清除涪江锰污染

2011 年 7 月 21 日凌晨 02 时左右，四川阿坝州松潘县小河乡境内突发强降雨，山洪泥石流造成四川岷江电解锰厂渣场挡坝部分损毁，泥石流卷走部分矿渣，冲入河道造成涪江污染。

涪江是沿线城市主要取水源，此次污染事件使得江油、绵阳等地出现饮水困难。截至 7 月 29 日 05 时，遂宁市射洪县涪江香山断面氨氮、锰含量已超标，7 月 30 日污染水体将到达遂宁市城区。据有关部门测算，涪江锰污染影响遂宁地区将持续 3～5 天。如果不采取措施及时消除污染，将对下游地区造成环境污染，影响极大。

7 月 29 日 18 时，省政府发出紧急指示，要求省气象局组织开展人工增雨作业，增加涪江径流、尽快消除污染。省气象局迅速组成了由主要领导带队，人影办、气象台、应急减灾处等单位的领导专家参加的应急工作小组，于19时出发连夜赶赴遂宁市，组织实施地面人工增雨作业。

在赶往遂宁的路上，应急工作小组对天气形势图和实时雷达回波图进行了分析，认为当晚将有增雨作业条件，紧急制定了作业方案：一是遂宁市火箭车全部进入应急作业状态；二是绵阳市火箭车在涪江上游三台县适时开展作业；三是抽调南充市的火箭车紧急赶往遂宁支援，德阳市提供弹药支援；四是省气象局分管领导率应急保障车赶往遂宁。四川省人影办紧急协调人工增雨消污作业空域保障。

接到指令后，绵阳迅速在三台县布设了2套车载火箭，南充派出2套车载火箭紧急赶赴遂宁，遂宁市出动了全部5套车载火箭，分别在该市的大英县、射洪县、船山区等地布防，共计布设了21个作业点。指挥人员根据雷达回波发展情况，于29日19时08分至22时32分，指挥蓬莱镇、隆盛镇、智水乡、柳树镇、复兴镇、金家镇、永兴镇、回马镇等8个作业点完成了第一批次作业，发射火箭弹45枚。催化之后雷达回波发展明显、回波面积增大，回波强度平均增加了20 dBz，最大回波强度由30 dBz增加到54 dBz，影响区降水强度明显加大。30日凌晨02时10分至03时10分，火箭作业车在金华镇、太乙镇、东塔镇、玉峰镇、天保镇、安居镇等6个作业点完成了第二批次作业，发射火箭弹26枚；30日09时50分至11时41分，在任隆镇、天仙镇、仁和镇、唐家乡、横山镇、玉太镇、西宁乡等7个作业点完成了第三批次作业，发射火箭弹22枚。至30日中午，9台车载火箭共开展增雨作业32箭次，发射BL-1火箭弹53枚、WR火箭弹40枚。

人工增雨作业影响范围为遂宁市及绵阳南部的涪江流域约6000平方千米。7月29日晚至30日白天，遂宁全市普降中到大雨，平均雨量达到43毫米，其中射洪境内普降暴雨，局部地方大暴雨，作业影响区内的陈古镇雨量达到280毫米，为全省最大雨量，绵阳三台县作业点达到大暴雨。由于人工催化作业，影响区雨量明显大于其他区域，并且远远超出预报降水量级，预报专家反复推敲仍大惑不解，后来得知人工增雨作业后方才释怀。

7月30日下午，经遂宁市环境监测站监测，涪江遂宁段的水质达标。四川省政府副秘书长宣布四川省治理"7·21"涪江水污染事故取得决定性胜利，称赞人工增雨发挥了关键性作用，气象部门为治理水污染立下了头功！省环保专家也表示：

人工增雨取得了超乎想象的效果!

天雨如愿护生态——人工增雨扑灭森林火灾

2005 年初夏时节,长江上游生态涵养区、国家重要林区——川西高原地区,由于持续多日的高温、少雨、强日照天气,使得土壤水分的蒸发加剧,树木涵水量下降,落叶和杂草干枯,给护林防火工作造成极大的困难,各处林区火情、火警不断,护林防火形势十分严峻。

从 5 月 17 日至 6 月 3 日,连续发生 3 场重大森林火灾:

5 月 17 日傍晚 20 时左右,木里县东子乡发生森林火灾,由于前期持续的高温、干旱、大风天气,加之火点位处边远,扑救难度大等因素,致使火势迅速蔓延,至 5 月 21 日发展为过火面积达 17000 余亩的重大森林火灾。

5 月 23 日 9 时左右,木里县水洛乡原始林区又相继发生森林火灾,26 日过火面积达 9600 余亩,成为又一起重大森林火灾。

6 月 3 日晚 20 时左右,木里县唐央乡昏沙村再次发生森林火情,到 4 日上午发展为过火面积上千亩的火灾,火势曾一度得到控制,6 月 4 日 17 时左右,由于突起大风,整个火场突破防火线,至 7 日上午过火面积已达 27000 亩,发展成为中华人民共和国成立以来凉山最严重的一次森林火灾。

护林防火及有关部门采取了很多措施、投入了大量人力物力展开灭火工作,但是由于该区域地势险峻、山高壑深、路况险恶,交通极为不便,仍然不能有效扑灭火灾,持续的大火肆意破坏着森林资源,引起了国务院的高度重视。

省气象局按照省森林草原防灭火指挥部的要求,在火灾发生之第一时间启动应急预案,紧急申请了多个临时作业点,组织人员、装备部署到位,省人影办车载雷达昼夜兼程赶赴火场前线,在深山老林选点监测,捕捉增雨时机。

前线作业和指挥人员风餐露宿,坚守 20 多个日夜,密切监视天气变化,充分利用雷达探测信息,对每一次有利时机均实施了有效作业:共 3 场火灾实施人工增雨灭火作业 9 次,使用增雨箭、弹近百枚,其中有效作业 7 次,作业后火场区普降小雨,山顶降下了小雪。人工增雨作业有效控制了火势并增加了火场的空气湿度,迅速降低了森林火险等级,使疯狂蔓延长达 20 多千米的火线及时得以控制,为扑灭林火创造了非常有利的气象条件,夺取了制服火魔的主动权。灭火前线指挥部的省、州、县领导果断抓住转折性的机遇，指挥扑救人员集中力量进行合围，全面发起总攻，扑救民兵分队对火线进行封锁和突破，迅速将大火控制和扑灭，保护了森林资源和生态环境。

这些都不是故事，而是一次次全省人影作业服务片段，"方位 285°、仰角 65°、炮弹 30 发""飞机、飞机，前方有强回波，请速返航"，这是人影指挥中心发出的指令，虽不是誓言，却句句铿锵有力、掷地有声。林林总总，虽只是冰山一角，却传承着勇于探索、不畏艰难、任劳任怨的人影精神。多少个灯火阑珊、夜深人静时，多少个风雨交加、夙兴夜寐日，我们奔走在停机坪、穿梭在风雨中，就这样风雨兼程，用如歌的生命书写着时代的华章。

我在贵州从事人工影响天气研究的回忆

李启泰 [1]

我 1963 年毕业于北京大学地球物理系天气—动力气象专业，分配到福建省气象台当预报员。这期间积累的天气预报经验和大气物理、云雾降水观测知识，对我此后几十年的人工影响天气和大气环境研究工作影响极大。"文革" 10 年的大半时间当了 "反革命"，1975 年开始在福建省福安县和省气象科研所从事火箭人工防雹、高炮人工增雨的野外试验和研究。1982 年调回老家贵州，1983 年贵州省气象科研所成立云物理研究室，我任副主任（主任是李根巨），带领着几个年轻人（杨平、卢成孝、万和华、罗宁、赵彩；文继芬 1984 年加入）踏上了作为严谨的科学实验事业的人工影响天气试验研究的征程。

1983 年以前贵州的人工影响天气基本上是临时减灾性质的抗旱和防雹作业。云物理研究室成立后，首先结合本省夏季抗旱的生产实际需要，将夏季积云飞机人工增雨作为主攻方向，与国内飞机试验经验丰富的吉林省气象科研所协作，引入现代化的飞机云物理探测技术和暖云催化技术，进行了贵州首次夏季积云飞机人工增雨的试验研究，包括空中摄影、云含水量、云滴谱、云内冰晶浓度、飞行参数，同时进行了与飞机试验同步的 711 雷达观测，还开展了贵州夏季积云一维数值模拟（图 1）。

① 李启泰（1938— ），贵州省环境科学研究院研究员，主要致力于大气环境保护研究，1998 年退休。

图1　1983年7月，磊庄机场，贵州省气象科研所云物理研究室飞机人工增雨试验的机组人员、撒播人员、后勤人员合影。研究人员为：李启泰、杨平、卢成孝、万和华、罗宁、赵彩

试验研究表明：贵州夏季积云具有人工增雨的潜力。但由于云内温度条件限制（大都在-2℃以上），不宜使用传统的冷云催化剂（碘化银，要求温度在-6℃以下），然而可以使用干冰。因为干冰入云以后迅速气化冷却，在低温区生成大量冰晶，从而催化贝吉龙降水过程出现，同时也促进了积云的垂直发展，为自然降水的出现创造了条件。

这些科学试验及其初步成果（论文）在国内专业期刊上连续发表，为减少贵州省夏季积云人工增雨的盲目性，提高我国南方积云降水及其人工催化增雨的研究水平做出了贵州省的贡献。在1983年广州召开的我国南方夏季积云人工影响科学讨论会上，贵州省气科所的高水平成果介绍受到南方积云降水研究同行的高度关注。1983—1985年我们坚持3年使用伊尔-14飞机和干冰撒播方法，对于贵州夏季积云的宏微观结构及其降水特征进行了大量探测和研究，积累了大量资料和研究成果，培养了一些高素质的人工影响天气科研人才。

图2是一次在贵州中部对暖性积云撒播干冰以后出现的云体发展、云上部冰晶化以及产生降水的飞机作业过程照片。

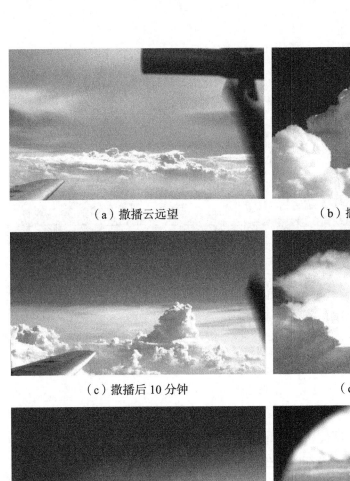

（a）撒播云远望

（b）撒播云近观（5100米）

（c）撒播后10分钟

（d）撒播后30分钟

（e）云上部正在冰晶化

（f）飞机温度表上结冰

（g）撒播后，云下降水明显　　　（h）本人担任飞机试验的空中探测、作业指挥

图2　1985年7月26日在金沙—毕节一带的飞机干冰撒播试验

1986 年 3 月，在时任贵州省委书记胡锦涛、省长王朝文、省委副书记丁廷模的关心和支持下，气象科研所云物理研究室使用国产运-12 飞机进行了播散干冰的贵州省首次冬季层状云飞机人工增雨试验。在同时进行的多种飞机仪器探测研究中，发现了贵州冬季静止锋层状云微观结构的一个重要特征——云内基本不存在冰晶，无线电探空和云内飞机温度探测廓线也表现出明显的暖云结构，人工增雨的潜力巨大。受此启发，在后来贵州省电线积冰灾害研究的雨雾凇微物理结构探测中还发现了云贵冬季静止锋层状云的过冷水降水（雨凇）与云内湍流强度关系极大。飞机探测获得的贵州省冬季层状云内液态水含量也可以支持厚度 2000 米以上云层的人工催化降水效果。

1984—1986 年，我们还结合贵州省农业气候区划进行了国内首次空中水汽资源的研究，其主要创新成果是：除了西藏高原以外，我国南方各省空中过境水汽中，只有不到 0.5% 通过各种降水机制降到地面，人工影响增加水汽凝结降出率的潜力非常大。这项研究成果后来被广泛引用到空中水资源研究。2012 年贵州省气候中心还将此理论实际应用于西藏高原东部澜沧江上游最大可能降雨的研究中，受到中国气象局李泽椿、丁一汇等院士专家的好评。

1985 年以后，我将在福建开始进行的大气超声 - 重力波探测技术引进入贵州的灾害性冰雹预测工作，在贵州省多雹灾的贵阳、普定、织金、威宁以及内蒙古的呼和浩特开始了应用性的试验研究，取得了一些初步的成果，后来陆续中断，没有继续。30 多年过去了，据说内蒙古的冰雹预警还在使用；近年南京信息工程大学也有使用这一理论原理进行强对流研究的论文报道，祝他们取得成功。

国家气象局原副总工程师易仕明老先生曾亲手交给我两个超声冰晶发生喷口（类似火箭拉瓦尔喷管），嘱咐我一定要找机会对贵州特有的层状过冷水云催化增雨试验将它们用起来，这个技术曾经在江西庐山云物理实验室使用过，确实产生了大量冰晶。但是造化弄人，我争取了几次，都没有成功。而今我也是 80 岁的老人了，那两个喷管还躺在我的身边。

1987 年我调离气象部门，"半改行"从事环境保护工作。最近几年，在对贵州省冬季大气污染的研究中，感到气象部门大有用武之地，例如冬季大面积的细颗粒物污染已成为贵州各大城市的"心头之痛"，其来源有工业排放，有交通及建筑工地的扬尘，还有大片农田的秸秆燃烧。研究表明这种污染只需每天 3～5 毫米的大面积小降水即可加以缓解，是否可以借用飞机人工降雨技术？经济效益如何呢？最近的贵州省城市大气质量研究还发现某些突发性的城市上空高浓度臭氧可能来自几十千米以外的强雷暴活动。对于这些不断出现的与人民群众生活密切相关的科学技术问题，人工影响天气的理论和技术能有所作为吗？我认为值得研究。

1958 年，云南鹤庆的人工防雹会，吉林的飞机人工降雨首飞，回头望去这 60 年，那些一起在荒郊野外山头上弄火箭、弄高炮、弄雷达、弄催化剂，在飞机舱里前后忙碌的伙伴们，你们都哪里去啦？身体还好吗？真想你们哪！

"何当共剪西窗烛，却话巴山夜雨时"，这话有些伤感。不过倒是可以用来勉励后来的年轻同行。

我当过预报员，但曾经很自豪的就是：天气预报员只是用不同的方式解释大气过程，而人工影响天气则是要对老天爷动一下手术。这话来自我们当年经常用来激励自己进行人工影响天气的卡尔·马克思的名言："从来的哲学家都是用不同的方式解释世界，但问题是要改造世界。"

一名地面操作员的人工影响天气琐记

胡　峰 [①]

提起人工影响天气工作，就有好多记忆浮现心头，随着时光流转，有些也开始模糊，主要结合自己参加日照市地面人工影响天气作业的经历，琐记如下：

一、历程

日照市人工影响天气工作的开始是在 2000 年左右的某天，局办公室通知开会，然后大家聚集在二楼会议室，领导宣布成立日照市人工增雨办公室，与会者都是兼职成员，那时大家都对什么是人工增雨，所知甚少，只是知道要打炮了，可能有危险。

作业初期，日照市气象局迁到城市的新市区，基建任务重，家底薄，那时人工增雨是新生事物，职工平均年龄比较小，大家工作热情高，作业次数较少，领导重视，每次作业，局领导经常到现场慰问，有时分管市长也亲临现场，电视台记者随作业组跟踪报道，驻地东港区水利局安排录像、加餐，局办公室通知作业人员所在科室进行调度，负责车辆伙食等保障，大家都很新奇，都很关注，都想去现场看，每次作业前后都热烈的讨论，好像一个大事件。

渐渐地，随着气象事业的发展，人工影响天气作业次数增多，我们也已经开始

---

① 胡峰（1976— ），山东日照人，日照市气象局专业气象台经济师、高级工程师。1997 年参加工作，主要从事气象科技服务、设备管理工作，常年兼职从事地面人工影响天气作业和培训工作。

熟悉这项工作，作业组织逐步完备，一般由兼职人工影响天气办公室主任通知各作业小组组长或直接通知组员参加作业，办公室负责车辆、工作餐等后勤保障工作，人工影响天气工作渐渐作为一项业务工作独立运转。但是随着作业次数增多，从事地面作业时间的够长，陆续发生的火箭发射架炸膛、火箭弹逆飞、发射架断轴等意外事件也见识过了，我本人对这项工作的认识更加深刻，更加小心，不再像年轻时一样嘲笑电视台记者被火箭弹点燃瞬间的巨响吓得抱头蹲在地上，每次作业完毕都及时地给家人打个电话报个平安，这样他们就能知道我大概两个小时回单位擦完发射架就可以回家了。

特别是 2016 年日照市编制办公室批准设立日照市人民政府人工影响天气办公室以后，进一步明确了工作职责，配备了专职管理人工影响天气的干部，人工影响天气办公室已经作为市气象局管理的一个直属事业单位独立运行，各项规章制度逐渐落实。

二、人员

因为没有下辖的区级气象机构，日照市级人工影响天气作业范围包括东港区、岚山区、日照经济技术开发区、山海天旅游度假区和日照高新技术产业开发区。初期有两个作业小组，一组组长谷旭德，二组组长安丰文，每组包括组长有三名组员，我当时是一组组员，但人员是随机搭配，并不固定。最初的人工影响天气负责人谷旭德是业务科科长，他身材魁梧，身体很壮实，经常笑话我们这些小青年没有力气，说他年轻时一只手就能举起来……特别是作业前，他仿佛化身为一个军队指挥员，严谨地请示，得到批准后动作幅度很大地挥手，"预备——放"。他对大家要求很严格，即使雨雪再大，其他人员都已离开，也让我们把现场清理好后再离开，回程路上我们又能欣赏到他自得其乐哼唱的小曲了。安丰文同志带队的话大家比较放松，老哥、老弟地叫着，他烟瘾很大，一路喷吐而去，余烟缭绕而回。他对现场围观人员耐心劝导离开，对我们这些小兄弟一直很照顾。即使后来因为年龄原因不再从事人工影响天气工作了，有一次恰好碰到我带队出去作业，还谆谆指导我一定要注意射击仰角的问题。

后来负责人工影响天气的马品印、吕学光，也都是非常热心人工影响天气工作的同志，他们对作业人员关心备至，在自己范围内为人工影响天气作业人员提供工作方便，每次作业前、作业后，他俩都很耐心地等待我们回来才回家，不管是早上五点，还是晚上两点，很不容易，像这样认真工作的人已经很少见了，但我们日照人工影响天气工作中这样的同志不在少数。

张民凯是日照市人民政府人工影响天气办公室设立后的第一任专职主任，他负责人工影响天气工作后，态度非常谦虚，积极向我们一线作业人员咨询，先后印制了培训教程，编写了操作口诀，在领导的支持下用文件规范了人工影响天气作业人员调配制度等，工作开展的规范有效。

时玉耀、厉建增是我经常搭档的两位司机师傅，只要是他们开车，我就能放心地倚在车座上眯一会儿，因为我们的拖拉火箭发射架的车辆没有警示灯具，火箭发射架上也没有示位灯光，而且我们的作业一般在夜间，后方车辆超车、会车，极易发生危险，所以行车时比较紧张，时常回头观察后方情况，因为曾经发生过发射架轴承断裂的事故。

还有好多优秀的同事，在这里就不一一详述了。

三、场景

虽然我们作业场景中既有分管市长的现场慰问，对我们抗旱工作的大力褒扬，但还是有这样几个场景印象深刻。

一次是在黄墩竖旗岭，那年冬天为了抗旱我们进行连续的增雪作业。因为作业点一般选在荒野的地方，没有卖吃的，早上饿坏了，我们就把弹药箱搬下来，让刘杰开车去附近镇上买点吃的来。我和李业明一起裹了块塑料球皮，躺在一处背风坡雪地上避风。等刘杰回来，我俩都冻僵了，禁不住埋怨他，他委屈地说，附近没有村子，他只好到陈疃镇里去的，路上又滑，他自己一口没吃，赶回来晚了，我们听了直道歉。

一次是在三庄作业时，人工影响天气火箭弹逆风抬头，向我们的发射阵地倒飞回来，在头顶爆炸，幸好我们当时都戴着头盔，当时碎弹片敲打在钢盔上，打在遮挡发射器的雨伞上，冷汗直流，所以我后来一直认为：火工产品没有百分百的安全，所谓火箭弹残片不是都小于 100 克的。

印象最深刻的是岚山石大科技爆炸现场增雨作业的情景，记得那天我正在值班，其他同事有事脱不开，接到指令后我临时下楼，车已经等在那里，顾不上拿头盔雨具，直接上车赶赴现场。路上大家密切关注事态进展、情况通报，越接近爆炸中心心情越紧张，但是看到车辆驶过外围警戒的公安交警身边时，心情反而平静下来。现场有几点感触：一是危急时刻，空中管制中心无条件配合，因为我们不在固定作业点，用手机定位经纬度不准确，他们在大概确定方位后立即批准临时作业点作业，给予充分的发射时间。二是当地的居民，他们在确认我们是来增雨的人员后，没有鼓掌欢呼，没有高声感谢，只是互相说，看政府派气象局来打雨灭火啦。看我们没带雨具，有人给我们打了把伞，有人帮我们理顺发射器的导线，有人帮我们抬弹药箱，还有人即时将增雨图片、视频上传到微博、论坛、朋友圈里。事后大众网将此定格为《日照岚山石大科技燃爆事故 24 小时（组图）》第 9 图，"日照市气象局……在火灾区域实施人工降雨，增雨效果明显，为尽快控制火灾和防止环境污染创造有利条件。"我们做了一点事情，但是大家都看到了。

另外，每年的世界气象日开放活动现场，孩子们灿烂的笑脸是人工影响天气火箭发射架旁边最美的风景，叽叽喳喳的提问，一双双要触摸火箭教练弹的小手，好奇纯真的双眼，都使我们觉得自己的工作很有意义。

还有好多好多的场景让我受到触动……

四、综述

人工影响天气是一项光荣的工作，不论是为了人民群众，还是为了自然环境，这项工作都丰富充实了我的人生经历，只要工作需要，我还会一直认真努力地干下去，因为这很有意义。

砥砺前行惠民生

——人工影响天气 60 周年回忆录

<<< 总结展望

我国近 10 年（2008—2018）国家级人工影响天气相关科学研究进展回顾

郭学良 [①]

一、前言

我国自 1958 年开始人工影响天气试验以来，经过 60 年的发展，已经成为世界人工影响天气大国。尽管全国发展存在不平衡情况，但从整体上看，我国目前已经形成了较为完备的人工影响天气相关产业、业务与管理体系，综合实力与科技水平不断提高。基于气象基本业务体系发展基础上的人工影响天气作业条件预报、识别、作业指挥能力有了明显提高。整个社会对抗旱蓄水、防雹、生态环境保护和重大活动保障等方面的迫切需求，促进了人工影响天气装备的现代化水平的快速提升。

从 2008—2018 年的近 10 年以来，我国人工影响天气进入快速发展阶段，主要表现在大型作业活动和科学试验显著增加，加深了对作业效果以及自然云和降水物理过程的认识，同时，探测和作业装备的现代化水平明显提高，科学试验和研究能力显著提高。理论与科学试验的水平的提高，促进了对人工影响天气科学机理的认

① 郭学良（1964— ），研究员，博士生导师，中国气象局科技领军人才、享受国务院特殊津贴专家。北京大学-中国气象局大气水循环与人工影响天气联合研究中心学术委员会委员等。现担任《Adv. Atmos. Sci.》《大气科学》《气象学报》等专业杂志常务编委。

识。但同时应该看到，我国人工影响天气的资金投入在增加，但科技创新能力、创新动力和人才仍然不足，特别是针对人工影响天气的关键核心技术以及新理论、新技术和新方法的创新研究方面需亟待加强。

二、以重大活动保障为目的的人工影响天气活动，有效提升了业务能力

为避免云和降水天气的影响，在很多重大活动场合采用了人工消云减雨作业。自 2008 年以来，我国连续开展了北京奥运会、阅兵、亚运会、G20 峰会等大量以重大活动保障为目的的人工影响天气作业活动。这些人工影响天气作业具有作业强度大、作业时间集中、安全性要求高和作业效果易于检验等显著特点。由于具有比较理想的空域条件，使实施更为严格和复杂的科学设计作业方案和效果检验成为可能，同时，这些重大活动往往集中了国内不同部门的科技力量，在预报、监测、识别、作业及效果检验等各个环节紧密衔接和科学性等方面明显提高，既能检验作业的协同能力和科技水平，又能锻炼和培养不同团队的人员。

2008 年北京奥运会人工消云减雨作业活动，是我国历史上最大规模的一次人工影响天气作业活动，此次人工影响天气作业活动主要基于地面火箭作业和雷达观测指挥，通过多次反复的作业，可以明显看到雷达回波的变化及对流云过程的减弱。由此可见，大剂量催化剂作业确实对北方夏季的对流云过程产生重要影响。2016 年 9 月初杭州 G20 人工影响天气保障活动主要采用多架飞机进行作业，可以明显看到作业后云中粒子的变化情况。

通过近 10 年的以重大活动保障为目的的人工消云减雨活动，得到了一些初步的认识和技术。一是提前降水技术和原理，一般在保护区上游对于适合增雨的云实施增雨作业，由于降雨会使云的强度减弱，甚至消散，使保护区的降水减弱或不产生降雨。如 2008 年北京奥运会人工消减雨作业。二是过量播撒技术和原理，一般在云中大剂量播撒催化剂，争食水分，使降水形成滞后，经过保护区后再产生降水。但这种作业方法不适合水分充足，发展强大的云，对于这类云，即使过量播撒也会显著增加降水。三是上升气流破坏技术和原理，对于刚形成的云或一些单体云，直接通过破坏其上升气流的方法，形成下沉气流，促使云提前消散。如俄罗斯采用在云顶投掷大量水泥，形成强下沉气流，导致云中上升气流结构破坏。

人工消云减雨是一项很复杂的工作，要依据当时云的状况决定采取的手段，实时监测非常重要。由于人工可影响的范围和强度毕竟有限，对于大范围持续性降水性云系，实施人工消云减雨的技术难度非常大。

三、大量外场科学试验的开展，提高了对云和降水过程的认识

从"十一五"开始，在国家科技支撑计划重点项目"人工影响天气关键技术与装备研发"支持下，中国气象科学研究院联合北京、河北和山西人工影响天气办公室在华北地区开展了由三架飞机组成联合云物理探测科学试验，取得了重要研究成果。随后通过国家"东北区域人工影响天气能力建设"以及其他一些省级人工影响天气建设项目，我国以飞机为主的人工影响天气探测综合试验能力显著提高。通过大量外场飞机探测科学试验，不仅仅提高了气溶胶-云-降水相互作用机理的认识，同时，对人影作业科学机理的认识也不断提高。

依托第三次青藏高原大气科学试验，我国首次在青藏高原中部地区开展了青藏高原云和降水过程的飞机综合观测研究，取得了一些重要成果，如发现高原云内过冷水含量丰富，云滴粒子尺度大，浓度小，而霰粒子浓度高，冰相过程在高原降水中具有十分重要的作用，高原夏季对流云易产生降水。

四、人工影响天气探测与作业装备现代化水平明显提高

近10年我国人工影响天气探测与作业装备的现代化呈现出快速发展和提高的势头。随着雷达监测网的建立，使人影作业的盲目性得到有效降低，对云系的跟踪观测科技水平有了显著的提高；卫星定位系统、地理信息系统和遥感观测系统的广泛应用，使作业目标的跟踪，时效性，针对性，效果分析等更加直观和科学，显著降低了作业的不确定性；特别是一些先进的观测和作业系统，如高性能飞机、云粒子测量系统、偏振雷达等的应用，使作业的科技含量显著提高。

通过国家"东北区域人工影响天气能力建设"，建设完成了3架国家高性能人工影响天气探测与作业飞机。北京、河北和陕西省依托省级工程建设项目建设了以美国空中国王为主的先进飞机探测与作业系统（图1）。

（a）国产新舟-60

（b）美国产空中国王

图 1　通过人工影响天气重大工程项目建设的高性能探测和作业飞机

　　近 10 年来，在国家各类科技项目的支持下，我国一些人工影响天气相关的核心关键设备的自主研发取得重要进展。为联合国内优势科技力量，2009 年 2 月 26 日，中国气象科学研究院与中国兵器科学研究院（以下简称"中兵"）在北京签订了人工影响天气装备技术联合研发战略合作伙伴协议，拟共同推进我国人工影响天气装备技术的进步（图 2）。

　　"中兵"人工影响天气联合研发战略合作伙伴协议签署以来，双方开展了卓有成效的合作研究与开发，先后成功研制了一系列"中兵"高技术成果，如多通道微波辐射计、X 波段偏振雷达、机载云降水粒子谱仪与成像仪、雾滴谱仪、先进火箭作业系统等。这些设备均采用了激光、微波先进技术，通过研发，部分原来依靠进口的仪器设备，已完全实现了国产化和产业化（图 3、图 4）。而这些核心探测设备成功应用在高性能膨胀云室中，首次实现了我国云室中粒子谱与图像的自动化监测（图 5）。

图 2　2009 年 2 月 26 日，中国兵器科学研究院与中国气象科学研究院签订了人工影响天气装备技术联合研发战略合作伙伴协议。中国兵器集团和中国气象局领导参加了签字仪式

图 3　国家重大科学仪器专项研制的机载云粒子谱仪与成像仪在外场观测试验中得到应用

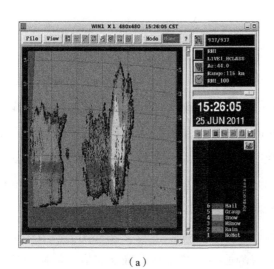 

（a）　　　　　　　　　　　　　　　　　（b）

图 4　中国气象科学研究院与中国兵器科学研究院联合研制的 X 波段双偏振雷达作业指挥系统对一次冰雹云结构的探测结果（a）；新型自动化火箭作业系统（b）

图 5　通过国家修缮购置专项建立的现代化膨胀云室，主要云粒子监测仪器采用了国产化设备

　　"中兵"人工影响天气战略合作伙伴关系建立的最初目标是充分利用我国军工技术，发挥军工和气象两部门各自的专业优势，提高我国人工影响天气核心关键技术的自主研发，最终实现核心装备的国产化。事实证明，这一合作关系的建设是具有前瞻性、战略性的，取得了非常重要的成果。

五、人工影响天气新技术试验取得的新进展

目前的人工影响天气技术已发展了70多年，主要基于在云中增加云凝结核（CCN）或冰核（IN）的方法。在实际操作中，由于对云微物理结构观测手段的限制，一些关键技术，如播撒量、播撒时间和播撒位置很难掌握。另外，云和降水过程本身自然变率很大，播撒作业也受制于很多因素的影响，从而造成很难建立人为影响的云微物理量变化与地面降水的关系，这些因素致使效果检验困难。依据过去50多年世界人工影响天气试验结果研究表明，基于增加云中CCN和IN的播撒技术，其可播撒的窗区非常窄，换句话说，目前的人工影响天气技术的适用条件非常苛刻，但这些条件很难通过现有的观测或数值模式技术准确获取，从而导致作业的盲目性普遍存在，一些作业成功，一些作业不成功，一个地方的作业成功并不能保证另一个地方作业成功。因此，基于现代科技发展，试验和发展更有效的人工影响天气新技术，满足各种条件下的作业活动非常重要。最近几年国内外开始研究一些人工影响天气的新技术，并且在实验室层面和少量的外场试验中已经取得了一些结果。

1. 电离法人工影响天气新技术

电离法人工增雨（雪）的技术原理与利用吸湿性物质、碘化银、干冰等催化剂进行播云的技术原理不同。吸湿性催化剂（氯化钠）、碘化银、干冰等播云技术是利用了云粒子形成需要凝结核（CCN）和冰核（IN）的原理，在一定的条件下，人为增加具有形成这些核的化学物质，可以促进云中云滴和冰晶的形成过程，这些云滴、冰晶的进一步增长就可以产生能到达地面的降水性大云粒子，从而增加了地面降水。而基于电离法的人工影响天气技术是采用高压放电产生电晕，使空气电离，从而释放大量带电离子，这些离子借助有利的风速和上升气流进入云中，使云粒子荷电，从而促进云中粒子的加速碰并形成较大降水性粒子。最早开展这项试验研究的也是碘化银催化剂的发现者Vonnegut，他从1959年开始开展了大量科学试验，随后开展的大量试验研究均来自这一技术。

但利用电离法的人工影响天气技术在原理上仍然存在未解决的问题，如进入云中带电离子的分布、对云中电场的影响，以及与云粒子荷电过程和相互作用过程等。这种技术在一些国家进行了试验，如澳大利亚开展的Atlant电离技术试验，由

澳大利亚人工增雨技术部门（ART）分别在 2008 年、2009 年和 2010 年共开展了 3 年，2010 年试验采用了更为严格的随机检验方法，结果表明平均有 9% 的增雨效果。尽管 3 年的试验结果具有很好的一致性，均是正效果，但也声明，有关试验结果产生机制不是很清楚。另一个引起国际上关注的试验是 2010 年 6—10 月在沙特阿布扎比开展的电离技术人工增雨试验，声称成功制造 50 多次强降水过程。从德国马普生物地球化学研究所开展的评估报告看，有明显的效果，但也声称需要进一步开展科学试验验证。

我国华中科技大学、中国科学院上海光机所等部门也开展了电离法人工影响天气新技术实验研究，取得了重要进展。我们通过数值模式比较研究了考虑云中荷电过程和不考虑荷电过程的云和降水形成过程，发现云中荷电过程及电场的形成仅对小云粒子形成过程有明显影响，而对大云粒子的形成过程没有明显的影响，云中电过程增加降水约 10% 左右。这一结果与澳大利亚外场试验结果一致。

2. 基于飞秒激光的人工影响天气新技术

飞秒是时间单位，1 飞秒就是 10^{-15} 秒。飞秒激光是一种脉冲形式的激光，持续时间非常短，只有几个飞秒。飞秒激光具有非常高的瞬时功率，可达到百万亿瓦。飞秒激光能聚焦到比头发的直径还要小的空间区域。

研究表明，在相对湿度大于 70% 的情况下，飞秒激光丝可以引起水汽凝结，水滴快速长大到几个微米。主要原理是，通过光化学过程，形成了 $H_2O\text{-}HNO_3$ 粒子。光化学反应促进了凝结过程。一些研究表明，对于大于 25 纳米的粒子，飞秒激光可以促进这种粒子的聚集和气相核化过程（类似污染中二次气溶胶的形成过程），一旦粒子尺度达到 500 纳米，水汽分子的扩散增长减弱，需要高水汽含量和较高温度才能维持增长（吸湿增长过程），一般情况下，由于空气处于未饱和状况，会导致蒸发过程，通过电离和光氧化过程产生的高浓度 HNO_3 具有强吸湿作用，维持了粒子增长过程。印度研究人员提出用飞秒激光诱导凝结核形成的能量原理，飞秒激光导致大气中的 O_2 和 N_2 处于激发态，激发态的 N 和 O 随后氧化形成 ON 和 O_3，这个过程具有强烈的吸热降温效应，导致凝结核的形成。

我国在飞秒激光诱导降雪方面做了很多科学实验研究工作，取得了很好的进展，如中国科学院上海光机所飞秒激光诱导降雪室内实验研究（图 6）。

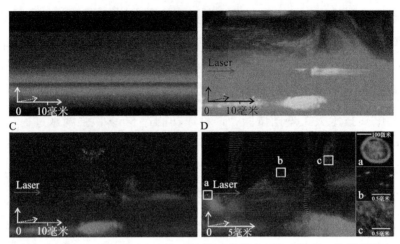

图 6　飞秒激光诱导降雪室内实验结果（中科院上海光机所，鞠晶晶等）

六、总结与展望

随着社会对抗旱蓄水、防雹、生态环境保护和重大活动气象保障等方面的迫切需求，我国人工影响天气得到快速发展。尽管各地发展存在不平衡情况，但总体上已经形成比较完善的产业、业务和管理体系。人工影响天气综合实力与科技水平不断提高。

从 2008—2018 年的近 10 年以来，基于重大活动保障的人工影响天气活动明显增加，同时通过人工影响天气工程项目建设，探测和作业装备的现代化水平明显提高，科学试验和研究能力显著提高，从而促进了云和降水物理研究和人工影响天气科学机理的认识。但同时应该看到，我国人工影响天气的科技创新能力、创新发展动力和人才等方面仍然存在明显不足，特别是针对人工影响天气的新理论、新技术和新方法的创新研究方面需亟待加强。人工影响天气相关技术仍然存在很多亟待解决和突破的方面：

1. 数值模式发展和在人工影响天气中的应用

目前的人工影响天气的主要对象是"云"，但在大气科学领域，对云的认识仍然处在半定量化阶段，由于自然云和降水过程的不可完全重复性以及人工影响天气技术本身的限制，导致人工影响天气科学试验结果重复验证困难，存在很多不确定性。目前的天气预报主要依赖数值模式，但天气数值模式中对云和降水物理过程的描述和定量化预报仍然存在很多不确定性，从而使得在人工影响天气领域应用数值模式存在更大的挑战性。随着数值天气模式时空分辨率的提高，各种物理过程的不断完善，对云和降水物理过程定量化预报能力的提高，将会大幅度促进人工影响天气一些关键技术的解决。

2. 云和降水物理过程先进探测技术的发展和广泛应用

云和降水物理的精细化探测能力的提高，对人工影响天气作业的每一个环节至关重要。目前在云粒子相态、云中上升气流等重要物理量方面的探测能力有限，极大限制了人工影响天气科技水平的提高。随着这些关键技术的提升和广泛应用，人工影响天气将进入一个新的发展时期。

3. 人工影响天气新技术的发展和应用

现代人工影响天气技术是 20 世纪 40 年代末提出的，核心部分是基于云粒子形成所需的凝结核（CCN）和冰核（IN）原理，经过 70 年的发展，在一些方面取得了重要进展和认识，但并没有在原理上实现突破性进展。由于自然界中也存在 CCN 和 IN，因对微观物理过程观测条件和能力的限制，在云中人工增加 CCN 或 IN 的条件、时机等方面很难把握，目前的大部分作业，只能依靠对云宏观过程的观测数据，从而造成人工影响天气作业或多或少存在盲目性。

另外，目前的大部分科学试验结果表明，人工影响天气可增加地面降水 5%～25%。但自然降水变率可达到 30% 以上，从而造成效果检验非常困难。因此，发展和试验更为直接高效的人工影响天气新技术非常必要。从现在开展的激光等技术的室内实验结果可以看到，一旦这些技术达到外场应用的能力，增加地面降水的量将大幅度提高。

参考文献

方春刚，郭学良，王广河，2012. 我国人工影响天气探测装备技术 [J]. 气象知识，(2): 16-17.

郭学良，付丹红，胡朝霞，2013. 云降水物理与人工影响天气研究进展（2008—2012 年）[J]. 大气科学，**37**(2): 351-363, doi: 10.3878/j.issn.1006-9895.2012.12321.

郑国光，郭学良，2012. 人工影响天气科学技术现状与发展趋势 [J]. 中国工程科学，**14**(9): 20-27.

Guo X L, Fu D H, Li X Y, et al., 2015. Advances in cloud physics and weather modification in China [J]. *Adv. Atmos. Sci.*, **32**(2): 230-249, doi: 10.1007/s00376-014-0006-9.

Ma Jianzhong, Guo Xueliang, Zhao Chunsheng, et al., 2007. Recent progress in cloud physics research in China [J], *Adv. Atmos. Sci.*, 24: 1121-1137.

Zhu S, Guo X, Lu G, et al., 2015. Ice crystal habits and growth processes in stratiform clouds with embedded convection examined through aircraft observations in Northern China [J], *J. Atmos. Sci.*, 72: 2011-2032. doi: http://dx.doi.org/10.1175/JAS-D-14-0194.1.

中国人工影响天气近 20 年国际交流与合作回顾

姚展予 [①]

进入 21 世纪以来，中国人工影响天气国际交流与合作日趋活跃。为了解和紧跟云降水物理与人工影响天气研究国际前沿及其动态，中国气象局积极组团参加世界气象组织（WMO）每四年举办一次的 WMO 人工影响天气科学大会，以及国际云降水协会每四年举办一次的国际云降水科学大会等重要的国际会议，始终保持与国际同行的广泛接触，紧跟国际前沿，了解动态发展。中国还积极参与世界气象组织人工影响天气专家组的活动，让世界更加客观地了解中国的人工影响天气活动，并在世界人工影响天气活动中增加一定的话语权。中国与国际上很多国家在人工影响天气领域的交流与合作一直都非常积极并卓有成效。加强国际合作可以更好地服务国家"一带一路"的总体外交战略。

一、积极参加 WMO 人工影响天气科学大会和国际云降水科学大会等重要国际会议

中国气象局高度重视了解和紧跟云降水物理与人工影响天气研究国际前沿及其动态的重要性，2000 年以来，组团参加了 WMO 每四年举办一次的所有人工影响天气科学大会（图 1～图 3）。由于经费紧张的原因，2011 年以后，WMO 暂时取消了

---

① 姚展予（1964— ），博士，中国气象科学研究院研究员，世界气象组织人工影响天气专家组成员，全国人工影响天气科技咨询评议委员会委员，国家森林防火指挥部专家组成员，中国气象学会人工影响天气委员会副主任。

四年一度的人工影响天气科学大会。

图 1 第 8 届 WMO 人工影响天气科学大会，摩洛哥卡萨布兰卡，2003 年 4 月 7—11 日

图 2 第 9 届 WMO 人工影响天气科学大会，土耳其安塔利亚，2007 年 10 月 22—24 日

图 3　第 10 届 WMO 人工影响天气科学大会，印度尼西亚巴厘岛，2011 年 10 月 4—7 日

　　除了组团参加 WMO 人工影响天气科学大会，中国科技工作者还积极参加四年一度的所有国际云降水科学大会（第 14 届，意大利博洛尼亚，2004 年 7 月 19—23 日；第 15 届，墨西哥坎昆，2008 年 7 月 7—11 日；第 16 届，德国莱比锡，2012 年 7 月 30 日—8 月 3 日；第 17 届，英国曼彻斯特，2016 年 7 月 25—29 日）和其他一些重要的国际会议，始终保持对国际前沿研究和进展的高度关注。

二、积极参与世界气象组织（WMO）人工影响天气专家组活动

　　中国气象局一直都非常支持 WMO 人工影响天气专家组活动，迄今为止先后选派 3 名专家担任 WMO 人工影响天气专家组成员，他们分别是：马培民（1996 年 2 月—2006 年 1 月），陈跃（2006 年 2 月—2016 年 11 月），姚展予（2016 年 12 月至今）。他们在 WMO 人工影响天气专家组活动中致力于宣传中国的人工影响天气活动，积极维护中国的国家利益，为促进中国和世界各国在人工影响天气领域的合作交流做出了积极贡献。

三、加强人工影响天气领域双边和多边国际交流与合作

　　近 20 年来，中国在人工影响天气领域已与美国、俄罗斯、以色列、古巴、沙特、智利、印度、斯里兰卡、阿曼、印度尼西亚、马来西亚、伊朗、韩国、蒙古、

阿联酋、越南、玻利维亚、委内瑞拉、埃及、塞浦路斯、津巴布韦、日本等许多国家建立了良好的双边交流与合作关系。在学习和借鉴国际先进的人工影响天气理念和技术的同时，中国的人工影响天气科技水平不断提高，中国的人工影响天气技术也逐渐输出国门、走向世界。目前，中国已经在古巴、沙特等国实施了人工增雨项目，并与 20 多个国家建立了人工影响天气科技合作意向。

（1）美国

尽管美国政府已不太支持人工影响天气研究，但美国国内仍有一些科学家致力于推进云降水物理和人工影响天气研究，其研究水平和研究成果仍然居世界前列。美国国家大气研究中心（NCAR）、美国沙漠气象研究所、科罗拉多大学、怀俄明大学、加州大学等科研机构和高等院校活跃着一批从事云降水物理和人工影响天气研究的科学家，他们的科研成果和技术方法在国际上总体处于领先水平。因此，中国云降水物理和人工影响天气领域的科研业务人员应加强与美国有关机构和科学家的交流和合作，学习和借鉴国际先进经验。中国气象局人工影响天气中心姚展予研究员和陈跃高工作为美国人工影响天气协会（WMA）会员，积极参加协会会议和活动，学习和借鉴美国先进的人工影响天气理念和技术。

美国在机载云物理探测技术及仪器装备方面处于国际领先水平，曾经的 PMS 公司和现在的 DMT 公司、SPEC 公司等都是国际上拥有机载云物理探测领先技术及先进仪器装备的专业性公司，其机载仪器装备垄断了全球市场。中国气象局人工影响天气中心、中国科学院大气物理研究所、北京市人工影响天气办公室、河北省人工影响天气办公室、山西省人工影响天气办公室等全国多家人工影响天气科研业务单位都购买了美国这几家公司的产品，这些机载仪器装备在中国的人工影响天气科研探测和业务作业应用中发挥了重要作用。

在人才培养和技术培训方面，中国与美国的合作近年来愈加广泛。近几年，在中国气象局大院和有关省气象局人工影响天气中心或培训机构，多次举办人工影响天气国际培训班，邀请美国专家授课；同时，中国气象局也组织了数个培训团，赴美国接受机载仪器装备使用和维护的专业技术培训。

（2）俄罗斯

多年来，俄罗斯在人工影响天气领域一直是一个世界强国。尤其在人工防雹、人工消云减雨、催化剂检测和室内实验等方面处于世界领先水平。

近年来，中国与俄罗斯在人工影响天气领域开展了许多双边合作和交流，取得了显著成效。2003 年 12 月 15—17 日，在北京中国气象局举办了中俄人工影响天气国际研讨会，俄罗斯多名人工影响天气专家应邀出席并报告介绍了俄罗斯的人工影响天气工作，中国人工影响天气专家也介绍了中国的人工影响天气工作；2009 年 4 月 16—21 日，再次在北京中国气象局举办了中俄人工防雹和增雨新型催化技术和催化剂研究国际研讨会，俄罗斯 9 位专家应邀参加研讨会，中俄双方的人工影响天气专家就两国的人工影响天气催化技术及其发展进行了充分的研讨。中国气象局人工影响天气中心苏正军博士与俄罗斯专家还共同申报中国国家自然科学基金委员会（NSFC）与俄罗斯基础研究基金会（RFBR）双边协议合作项目，并得到两个基金委的共同批准，在该合作项目的经费支持下，2005 年 9 月 1—12 日和 2007 年 1 月 22—28 日，中国气象科学研究院张纪淮研究员、王广河研究员和苏正军博士分别前往位于俄罗斯奥伯林斯克市的"台风"科研生产联合体进行科技交流；2005 年 10 月 19—27 日，俄罗斯的两位人工影响天气专家来北京访问了中国气象科学研究院并进行学术交流。2008 年 8 月北京奥运会期间，两位俄罗斯专家应北京奥运气象服务中心的邀请，来北京市气象局指导奥运会开幕式人工消云减雨工作，加强了中俄双方在大型社会活动的人工消云减雨保障工作方面的合作。

由于俄罗斯在人工防雹和人工消云减雨等方面具有丰富的理论和实践经验，近年来，中国气象局系统组织过多个团组（例如：2002 年 10 月 4—24 日，中国气象局人工影响天气管理和技术培训团；2004 年 6 月 2—23 日，新疆维吾尔自治区气象局人工防雹技术培训团；2007 年 12 月 14—30 日，辽宁省气象局人工影响天气技术培训团；2011 年 8 月 15—25 日，中农办、发改委、中国气象局联合考察团；2017 年 11 月 1—7 日，中国气象局人工影响天气考察团；2018 年 5 月 21—26 日，北京市气象局人工影响天气考察团，等）赴俄罗斯进行人工影响天气业务管理、技术培训、考察学习、交流合作，使中国许多人工影响天气业务部门的管理和技术骨干直接了解和学习了国际先进的俄罗斯人工影响天气管理和技术经验。

（3）以色列

以色列的人工增雨试验居世界领先水平。其人工增雨试验设计、催化作业技术、数值模拟技术、监测技术、效果检验评估技术值得世界同行学习和借鉴。近年来，以色列科学家在研究气溶胶对云和降水的影响这一国际科学前沿热点问题方面取得了许多具有国际影响力的重要成果。以色列希伯来大学著名科学家 Rosenfeld 教授与中国气象科学研究院、陕西省气象科学研究所、北京市人工影响天气办公室、北京师范大学、南京信息工程大学等单位建立了良好的合作关系，多次来中国有关单位做专题讲座和开展学术交流，指导并与中国同行开展气溶胶和云降水物理的合作研究，取得了丰硕成果。2007 年，Rosenfeld 教授被聘为中国气象科学研究院客座研究员；2008 年，陕西省人民政府授予 Rosenfeld 教授"友谊奖"；2009 年，国务院授予 Rosenfeld 教授"友谊奖"（图 4）。

图 4　2009 年国务院授予 Rosenfeld 教授"友谊奖"

（4）古巴

2005 年 3 月 23—29 日，中国气象局预测减灾司翟盘茂副司长一行 3 人访问古巴，与古方商谈中古人工影响天气双边合作事宜。2005 年 4 月，中国气象局与古巴科技与环境部在北京签署了中古人工影响天气合作框架协议。2005 年 8 月 10—30 日，中国气象局预测减灾司人工影响天气处陈志宇处长一行 4 人访问古巴，进一步落实中古人工影响天气双边合作计划。此后，中国气象局分别于 2005 年 10 月 5 日至 11 月 1 日、2006 年 5 月 27 日至 8 月 3 日、2007 年 7 月 18 日至 8 月 11 日连续三次派出以中国气象科学研究院姚展予研究员为组长的中国人工影响天气专家组访问古巴，帮助古巴开展人工增雨作业，取得了显著的增雨效果，得到古巴方面的广泛赞誉。古巴气象局授予中国气象局人工影响天气专家组组长、中国气象科学研究院研究员姚展予博士"杰出贡献奖"，以表彰其帮助古巴开展人工增雨工作所做出的突出贡献。2008 年 7 月 10—26 日，中国气象科学研究院人工影响天气中心与省气象局同行一行 6 人访问古巴，与古巴气象局同行进行了云物理和人工影响天气学术交流，并就未来拓展在研究领域的交流与合作达成共识。

2007 年 4 月和 9 月，中国气象科学研究院分别邀请两批古巴专家访问中国，促进了双方的技术交流和合作。

中古人工增雨合作是中国人工影响天气领域国际合作的一个典范，其成功经验值得推广。

（5）沙特

2007 年 1 月 24—29 日，中国气象科学研究院姚展予研究员、江西省人工影响天气办公室吴万友高工、山西省人工影响天气办公室李培仁高工参加中国科学院寒区旱区研究所组织的考察团访问沙特吉达，沙特王子接见了代表团成员（图 5）。姚展予研究员向沙特王子及沙特有关部门的专家详细介绍了中国人工影响天气活动。沙特方面表示期望在人工影响天气领域与中国开展合作。

图 5 沙特王子接见了代表团成员

2007 年 4 月 13 日，沙特驻华大使萨利赫·本·阿卜杜拉阿齐兹·侯杰兰等一行 5 人拜会中国气象局郑国光局长。中国气象局国际合作司、预测减灾司和中国气象科学研究院的领导及人工影响天气专家参加了会见。郑国光局长向沙特客人介绍了中国人工影响天气工作情况，萨利赫·本·阿卜杜拉阿齐兹·侯杰兰大使对中国人工影响天气方面取得的成就表示由衷钦佩，并受沙特国王的委托，希望中国气象局能够组织人工增雨专家赴沙特进行人工增雨作业，并与中国气象局在人工增雨方面开展长期合作。

2007年7月14—17日，应沙特国王办公厅邀请，中国气象科学研究院姚展予研究员为组长的中国人工影响天气专家组一行5人访问沙特吉达，沙特国王阿卜杜拉·本·阿卜杜勒阿齐兹接见了专家组成员，希望中国在人工增雨方面帮助沙特开展工作。

2007年10月24日，中国气象科学研究院与沙特驻华大使馆签署了"沙特利雅得地区人工增雨试验"项目合同，项目负责人为中国气象科学研究院姚展予研究员。2007年11月27日至2008年5月27日，由中国气象科学研究院牵头，贵州省气象局、贵州双阳通用航空公司等国内多家单位参与的沙特人工增雨试验项目在沙特境内实施，中国赴沙特人工增雨试验工作组18人携一架中国运-12飞机和机载作业设备在沙特首都利雅得地区进行了为期6个月的飞机人工增雨试验，顺利完成了试验任务，取得了良好的增雨效果，得到了沙特方面的好评。

（6）智利

2008年2月，智利驻华大使馆和智利农业部官员一行3人到访中国气象科学研究院，中国气象局预测减灾司、国际合作司和中国气象科学研究院人工影响天气中心有关专家与智利来访客人进行了交流，详细介绍了中国的人工增雨技术和对外合作成功案例，智利客人对引进中国技术、与中国开展人工增雨合作表示了浓厚的兴趣。

2008年4月，智利农业部和智利驻华大使馆人员再次到访中国气象局，并与中国气象局签署了两国人工影响天气合作协议，郑国光局长出席签字仪式。

2012年5月11日，智利农业部长率代表团访问中国气象局，郑国光局长接见了智利代表团成员，双方签署了在农业气象和人工影响天气领域合作谅解备忘录。

2013年6月6日，智利农业部长再次率代表团访问中国气象局，与中国气象局郑国光局长商讨加强在人工影响天气领域的合作，并邀请中国气象局出席同年7月4日在智利召开的第三届国际水资源可持续发展高峰论坛。

中国气象局选派中国气象科学研究院姚展予研究员代表中国气象局出席2013

年 7 月 4 人在智利召开的第三届国际水资源可持续发展高峰论坛，中国代表被主办方安排在智利首都圣地亚哥主会场第一个大会特邀报告介绍中国的人工影响天气活动和水资源可持续发展的实践经验，40 分钟的特邀报告全程向南美 18 个国家电视直播，由于反响热烈，主办方又临时增加了 30 分钟现场回答电视观众提问，让南美国家充分了解了中国的人工影响天气活动。

2012—2013 年，中国气象科学研究院姚展予研究员先后 2 次应邀访问智利，帮助智利设计人工增雨雪实施方案，并帮助智利评估过去 4 年开展的冬季人工增雪效果，得到智利政府的高度评价。

（7）印度

应印度马哈拉施特拉邦（以下简称"马邦"）政府邀请，2016 年 5 月 26 至 6 月 4 日，由中国气象局人工影响天气中心姚展予、段婧，上海市气象局张晖、谈建国，安徽省气象局袁野和上海市政府外事办公室亚大处周国荣副处长共 6 人组成的中方气象专家组赴印度马邦执行援印人工增雨任务。中方气象专家组严格按照出访预案进行考察，圆满完成了既定任务。在印度马邦访问期间，中方气象专家组在中国驻孟买总领事郑曦原全程陪同下，冒着酷暑在马邦孟买、浦那和索拉普尔地区实地考察，了解旱情和当地水利情况，还考察马邦最重要的水利工程——乌贾尼水库（图 6）。中方气象专家组与马邦政府减灾与重建部官员、气象学家、水文专家及旱情监测专家进行了深入交流，就开展人工增雨合作进行可行性讨论。经过深入调研和讨论交流，中方气象专家组撰写了《关于在印度马邦开展人工增雨工作的建议草案》。6 月 2 日，印度马邦政府首席秘书（相当于我国省长）萨特里亚会见了中方气象专家组，详细听取了中方气象专家组关于在印度马邦开展人工增雨工作的建议草案的介绍，他感谢中方气象专家组的高效工作，高度肯定了中方气象专家组提交的积极可行的技术方案，对中方气象专家组提出的"建立乌贾尼（Ujjani）水库流域人工增雨作业示范区"的建议非常感兴趣。萨特里亚首席秘书表示会抓紧向印度联邦政府汇报，并做好与印度国家气象局的沟通协调。

图6 专家组考察印度马邦最重要的水利工程——乌贾尼水库

（8）斯里兰卡

应斯里兰卡政府基础产业部邀请，2018 年 5 月 10—16 日，由中国气象科学研究院姚展予研究员和海南省气象局黄彦彬研究员 2 人组成的中国人工影响天气专家组赴斯里兰卡考察实施人工增雨计划的可行性。专家组严格按照出访预案进行考察和交流，先后与斯里兰卡基础产业部、气象局、东部省地方官员、空军等人工增雨计划相关部门对接并进行了充分交流和交换意见，接受咨询，最后向斯里兰卡基础产业部提交了人工增雨技术建议方案，圆满完成了既定任务。

在斯里兰卡基础产业部 Daya Gamage 部长的亲自陪同下，中方专家组与斯方基础产业部、气象局、空军等部门有关专家一道冒着酷暑到干旱最为严重的中部省、Uva 省和东部省等地区进行了考察。在斯里兰卡最大的水库马杜拉水库库区，当地官员介绍了当地水库库区水资源短缺情况、降水量分布、水文及水库蓄水情况，双方对在库区实施人工增雨作业的关键技术细节如库区来水、汇入河流走向、云的移动发展演变情况等进行了交流。

在与斯方有关部门进行了充分的沟通和交流后，中方专家组与斯里兰卡基础产业部、气象局、空军、空管等部门联合召开了人工增雨技术协调会议。斯里兰卡基础产业部就人工增雨作业需求、作业区域及作业时段等相关情况进行了介绍，斯里兰卡气象局介绍了斯里兰卡降水时空分布、干旱多发地区及发生时段、斯里兰卡天气和气候特征及背景情况等，中方专家组介绍了中国人工影响天气工作及相关技术，回答了斯里兰卡专家关于人工增雨作业装备、雷达探测设备、人工增雨作业条件、实施人工增雨计划的环境影响及作业效果评估等技术问题。

出访期间，中方专家组与斯里兰卡基础产业部 Daya Gamage 部长一同到中华人民共和国驻斯里兰卡大使馆拜会了程学源大使，就中国和斯里兰卡开展人工增雨计划双边合作进行了交流和讨论。

经过深入调研和讨论交流，中方专家组撰写了《关于在斯里兰卡开展人工增雨工作的建议草案》。2018 年 5 月 15 日，斯里兰卡基础产业部 Daya Gamage 部长会见了中方专家组，详细听取了中方专家组关于在斯里兰卡开展人工增雨工作的建议草案的介绍，他感谢中方专家组的高效工作，高度肯定了中方专家组提交的积极可行的技术方案，对中方专家组关于在斯里兰卡实施人工增雨计划的建议和意见给予了肯定。

在中方专家组完成考察任务后，斯里兰卡政府总理维克拉马辛哈先生接见了中方专家组（图 7），基础产业部 Daya Gamage 部长向维克拉马辛哈总理呈交了中方专家组撰写的《关于在斯里兰卡开展人工增雨工作的建议草案》，维克拉马辛哈总理对中方专家组的出色工作和积极建议表示感谢。

图 7　斯里兰卡政府总理维克拉马辛哈先生接见中方专家组

（9）阿曼

2010 年 7 月 21 日，中国气象局副局长矫梅燕在中国气象局会见了来访的阿曼苏丹国地方市政和水资源部大臣鲁瓦斯一行。双方就开展人工影响天气工作方面开展交流。阿曼方希望中国能够利用人工增雨技术帮助阿曼解决面临的严重干旱和水资源短缺问题。

应阿曼苏丹国地方城镇与水资源部邀请，以中国气象科学研究院张人禾院长为团长的中国气象局代表团一行 7 人于 2011 年 3 月 17—24 日赴阿曼苏丹国访问，根据阿曼方要求就帮助阿曼开展人工增雨工作的可行性和实施条件进行实地考察和交流。出访期间，代表团按照出访预案，参观访问了阿曼城镇与水资源部、阿曼气象局（Muscat 地区气象局和 Salalah 地区气象局），获取了阿曼城镇与水资源部以及阿曼气象局提供的阿曼天气气候背景资料和降水资料，实地考察了解了阿曼北部 AlHajar 山区和南部 Salalah 山区的天气气候背景、云和降水状况以及水文、农业等方面的具体情况，还拜访了中国驻阿曼大使馆。代表团离开阿曼之前，向阿曼城镇与水资源部提交了一份在阿曼开展人工增雨工作的初步建议。此次中国代表团访问阿曼得到中阿两国政府的高度重视，中国驻阿曼大使专门会见了中国代表团，认为中阿人工增雨合作是中阿两国之间合作的一项重要任务；阿曼地方城镇与水资源部部长和副部长分别会见了中国代表团，对中国帮助阿曼开展人工增雨工作寄予很高的期望；阿曼报纸也对中国代表团的到访进行了报道。

图 8　中方专家组就阿曼开展人工增雨工作的可行性和实施条件进行实地考察

（10）埃及

2007 年 4 月 2 日，埃及环境事务国务部长马吉德·乔治·阿里亚斯先生一行 6 人拜访了中国气象局，就人工影响天气工作情况与中国气象局进行了交流，张文建副局长会见了埃及客人。在听取了中国气象科学研究院姚展予研究员关于中国人工影响天气工作现状的介绍之后，乔治部长表示中国的人工影响天气工作给他留下了深刻的印象，希望能够与中国气象局进行合作，在埃及开展人工影响天气作业，以及相关技术的交流和转让。

2008 年 11 月 2—19 日，中国气象科学研究院姚展予研究员赴埃及访问，在埃及环境部、埃及气象局、埃及空军有关部门等地分别作了专场报告，详细介绍了中国的人工增雨技术和对外合作的成功案例，并与埃及多个部门的有关专家进行了多次交流，让更多的埃及相关领域的专家学者了解了中国的人工增雨技术。此次访问，达到了推介中国人工增雨技术的访问目的。目前，中埃双方正就下一步在埃及开展人工增雨试验的具体合作进行洽谈。

（11）委内瑞拉

2009 年 11 月 17 日，委内瑞拉驻华大使馆一等秘书、商务处负责人 Ricardo Parilli，委内瑞拉石油公司中国代表处总经理 Francisco Jimenez，委内瑞拉大使馆中国秘书陈淑燕一行 3 人在中国气象局国际合作司双边处应宁处长陪同下来中国气象局人工影响天气中心交流。人工影响天气中心姚展予研究员用 PPT 详细介绍了中国目前的人工影响天气活动现状及国际合作情况。双方进行了讨论和交流。委内瑞拉希望中国气象局能派遣专家赴委内瑞拉帮助开展人工增雨工作。

（12）韩国

2003 年 9 月 14—20 日，韩国气象厅韩国气象研究所举行了"第一届人工影响天气国际研讨会"，会议邀请了来自美国、中国、日本、伊朗四国的 5 名人工影响天气专家出席，中国气象科学研究院姚展予研究员应邀出席研讨会；2005 年 11 月 27 日—12 月 1 日，中国气象科学研究院姚展予研究员和中科院大气物理研究所雷恒池研究员应邀赴韩国延世大学出席韩国举办的"第二届人工影响天气国际研讨会"；2006 年 9 月 7—9 日，由中国气象科学研究院主办，在北京召开了"第三届中韩人工影响天气国际研讨会"，5 名韩国专家应邀出席了研讨会。2009 年 3 月 10—14 日，中国气象科学研究院张人禾院长和姚展予研究员应邀访问韩国气象研究所，双方就进一步加强中韩两国人工影响天气领域的科研和业务交流与合作达成共识。

近年来，中韩两国在冬奥会人工影响天气保障技术上加强了合作，2017 年 9 月 18—22 日，北京市人工影响天气办公室何晖一行 4 人赴韩国平昌参加第三届 2018 年平昌冬奥会国际协作试验研讨会，与韩国专家共同研讨冬奥会人工影响天气关键技术。

（13）其他国家

近年来，还有很多国家例如印度尼西亚、马来西亚、伊朗、蒙古、泰国、越南、缅甸、西班牙、澳大利亚、塞浦路斯、津巴布韦等国的有关部门或人员通过各种方式与中国气象局有关部门接触，希望了解中国的人工影响天气技术和现状，并表达了引进中国人工影响天气技术在本国开展人工影响天气作业来服务于本国经济的意愿。中国气象局应适时重视并支持与这些国家开展人工影响天气领域的双边合作，这对发展和提高中国的人工影响天气科技水平、提升中国的国际形象具有重要的促进作用。

四、加强对"一带一路"国家人工影响天气技术援助，努力服务国家外交战略

近年来，印度、斯里兰卡、印度尼西亚、马来西亚、阿联酋、阿曼等许多"一带一路"沿线国家不断向中国提出人工影响天气技术援助或技术合作需求，这些"一带一路"沿线国家的气候背景和天气条件与中国有很多相似之处，季风气候特征明显，水资源短缺日益严重。中国近年来人工影响天气技术发展迅速，技术输出已经有很多成功的案例。因此，加强对"一带一路"沿线国家在人工影响天气领域的合作交流和技术输出，既有助于中国人工影响天气事业发展，又能扩大中国人工影响天气的国际影响力，还能够更好地服务国家"一带一路"的总体外交战略。

南京信息工程大学（南京气象学院）在人工影响天气方面的教学和科研工作回顾

李子华　银燕　陈倩　杨军　等

（南京信息工程大学大气物理学院）

一、开设大气物理、云雾物理和人工影响天气专业，培养了一大批云雾物理和人工影响天气方面的人才

南京气象学院自 1960 年建院开始，即建立大气物理系，招收大气物理专业本科生。后来在国家"调整"方针提出后，决定暂停大气物理教学，把招收的两届大气物理学生，改为天气动力学学生。"文化大革命"之后，"暂停"期也过去了，南京气象学院恢复了教学秩序。大气物理学和大气探测专业于 1977 年开始招生。1978年起，增招大气物理（人工影响天气专业），一直延续至今。

截止到 2017 年 6 月，大气物理专业本科毕业生 1161 人，大气探测专业本科毕业生 1297 人，云雾物理和人工影响天气本科毕业生 317 人，大气物理专业毕业的硕士生 628 人，博士生 152 人，他们分配到我国气象研究机构及事业单位，在我国云雾物理领域做出了很大的贡献，有许多已成为著名的学术带头人。还有许多人毕业后出国深造，长期在国外高校、科研院所和气象部门工作，成为著名学者。

二、开展人工影响天气试验，科学研究成果丰收

（1）雹块和人工防雹研究

早先，王鹏飞先生率领大气物理专业师生赴安徽宿县等地进行人工防雹试验。

1981年5月1日下午，长江下游地区出现一次罕见的雹暴和龙卷，使苏皖两省20多个县遭受风、雹袭击，1304人受伤，17人死亡。次日，王鹏飞先生带领大气物理专业教师赴六合泉水公社龙卷、雹灾现场实地考察，采集到雹块样品。接着，对"5·1"雹块微切片分析，分析冰雹的晶体和气泡结构，并推论其生长条件。由此开始，进行了系列的雹块实验研究，包括冰雹下落末速度的实验研究，圆锥形冰雹阻力系数的实验研究，并针对新疆圆锥形雹块最多的特点，分析了圆锥形雹块特征，推导了圆锥形雹块的生长方程和热平衡方程。这对深入了解新疆冰雹，研究它的形成机制，具有重要意义。与此同时，王鹏飞先生指导研究生郑国光进行了冰碰冻增长的试验研究，讨论了碰冻冰微物理参数与生长条件之间的关系，这为利用自然雹块微物理结构研究其生长条件提供了很有用的资料。郭恩铭认为，这些工作是当时国内最完整系列的研究，尤其是对圆锥形雹块的空气动力学特征及其增长过程的研究，与国外相比，独具特色，有所创新。

此外，20世纪末南京气象学院师生还赴威宁与贵州省合作进行人工防雹试验。

（2）人工降雨试验及暴雨形成机制研究

1980—1981年，南京气象学院与安徽省人工降雨办公室合作，在安徽省庐江县白湖农场进行人工降雨试验，利用711雷达和雨量站网，对梅雨锋降水回波进行了比较系统的观测研究。结果发现，梅雨锋降水有四种类型：①积层混合云降水，即大片层状云降水内嵌入对流云降水；②纯层状云降水；③积雨云降水；④弱对流云降水。并指出，积层混合云降水是梅雨锋降水的主要类型，梅雨锋暴雨属于强积层混合云降水，即大片层状云内嵌入比较强的积雨云降水。

1981年6月27—28日，在长江中下游地区发生一次梅雨锋暴雨过程，中心雨量最大为208.8毫米。白湖试验基地对这次过程进行了连续雷达观测，100千米范围内的70多个雨量点进行了逐时的雨量和风的观测，并加放了探空球，观测了雨滴谱。研究表明，梅雨锋往往不及地，在锋前暖区湿层厚，对流不稳定层也很厚，能形成强积层混合云降水带，是梅雨锋的大暴雨区。强降水时，其下沉辐散气流的偏北气流和西南暖湿气流，可以在雨带南侧形成地面辐合线，在其上新生积层混合云降雨带，使强降水区向南传播。由于大别山特殊地形的影响，山区常有辐合线产生与维持，导致积云单体不断生成。这些新生单体在东移过程中，因西南暖湿气流连续补充而发展，造成大别山东侧的桐城地区多次出现强降水，成为特大暴雨的一个强中心。

以上表明，白湖人工降雨试验的观测工作重要成果有二：①首次提出积层混合云概念，并认为积层混合云降水是梅雨锋降水的主要类型。这一名词现在已为各地接受，并得到广泛的应用。②强积层混合云降水是暴雨形成的重要原因，这为梅雨锋暴雨预报提供了科学依据。

此外，20 世纪末、21 世纪初，南京气象学院师生还赴河南唐河，与河南省合作进行人工降雨试验；赴沈阳、鞍山与辽宁省合作，研究"东北冷涡天气系统人工增雨技术"，研究成果被收入气象出版社出版的《东北冷涡云物理及导变技术》一书（2005）。

（3）中国雾研究进展

"七五"期间，与重庆市气象局合作，承担国家科委重点课题"重庆市区雾害的成因及潜势预报警报服务系统"的研究。组织了国内外少见的大规模的综合考察试验，进行了全面系统的理论研究，对重庆雾宏微观结构及其成因，城市热岛及空气污染对雾的双重效应等，提出了不少新的观点，并有许多重大发现，使对重庆雾的认识有一个可喜的深化。

沪宁高速公路通车后，由于屡遭雾害，南京气象学院又与江苏省气象研究所合作，在沪宁高速公路现场进行雾的观测，用滴谱仪对雾取样，分析雾的微物理结构；用 ADAS 飞艇对大气边界层探测，研究雾生消过程中边界层结构演变特征。西双版纳是我国雾最多的一个地区，因而我们又赴云南观测研究了西双版纳雾的物理过程。这些研究均获许多重要成果。

南京信息工程大气物理学院成立后，通过国家自然科学基金、中国气象局行业专项以及江苏省重点课题等经费支持，对南京冬季雾进行了连续、系统的观测研究，共发表论文百余篇。据《气象科技进展》统计，南京信息工程大学李子华、牛生杰、杨军为全国发表雾主题论文最多的作者，此外，出版了以雾为主题的专著2 部。

通过十余年的观测发现，我国中东部地区常出现能见度低于 200 米的强浓雾和低于 50 米的特强浓雾。因此常引发重大交通事故。研究发现强浓雾形成时常具有爆发性特征，即在很短时间内（一般小于 30 分钟）雾突变为强浓雾或特强浓雾。重大交通事故多发生于雾突然增强时段。我们研究了雾体爆发的本质及爆发增强的微物理过程，探讨了雾体爆发增强的原因，观测分析了强浓雾的边界层结构特征。这些工作为研究强浓雾的预报方法提供了科学依据。研究结果发现，针对强浓雾还有许多待解决的重大科学问题。

三、开展多层次业务培训，提高人工影响天气队伍的科技水平

针对人工影响天气业务发展的不同需求，学校先后举办了十余期全国人工影响天气技术培训班和近十期新疆人工影响天气技术培训班，前后有 1000 多人次接受培训，提高了人工影响天气基层业务人员的基础理论水平和业务技能。

北京人工影响天气 60 年回顾

金永利[①] 黄梦宇[②] 等

1958—1966 年：科学研究和试验性工作开启

1958 年，在延庆县开展了小范围土炮（或称防灾炮）防雹试验。1960 年，在昌平县、密云县推广开展土炮防雹工作；同年，北京市政府成立了人工降雨办公室，并会同中央气象局观象台、河北省气象局在南苑机场开展飞机增雨试验；与北京大学联合在昌平、延庆、密云等地试验使用地面烧烟增雨试验。1963 年冬季，北京首次开展了飞机人工增雪试验。

图 1 民众踊跃架设防雹土炮

图 2 土法烧烟增雨

① 金永利（1975— ），高级工程师，现任北京市人影办综合科科长。
② 黄梦宇（1981— ），高级工程师，主要从事地面和飞机人工影响天气作业指挥和飞机云微物理资料分析及消云减雨外场试验的工作。

1967—1971 年：日常业务和服务工作基本运行

1967 年，人工防雹被列入"气象为农业服务"重要任务。1968 年，北京市气象台专门设立了人工防雹试验组，并开始试验使用礼花炮代替土炮进行防雹。1969—1971 年，全市共 10 个区县开展防雹服务，建立防雹作业点 300 余个，投入 3000 余人力；在延庆靳家堡设立防雹试验基地，开展了大量炮击冰雹云的试验。

图 3　礼花炮防雹作业　　　　　　　图 4　礼花炮

图 5　作坊式生产防雹礼花弹

图 6　延庆靳家堡防雹基地　　　　图 7　试验组住宿条件简陋的农家

图 8　一人一炮　　　　图 9　试验记录　　　　图 10　填充炮弹

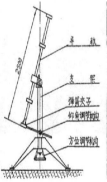

图 11　自制火箭发射架　图 12　火箭发射　图 13　1977 年 3 月平谷峨眉山火箭厂试验人员合影
　　　　　　　　　　　　　架图纸　　　　　　　（左起：晁忠明、毛节泰、李修池、王继仁）

1972—1976 年：积极开展外场试验和科研工作

北京市气象台成立了试验组开展人工影响天气试验，在南苑机场实施人工增雨作业。1973 年，延庆防雹基地以及各作业点开始使用"三七"高炮进行防雹、增雨作业。到 1974 年，先后使用了伊尔-12、里-2、轰-5 等 3 种型号飞机，飞行 23 架次，试验播撒干冰等多种催化剂。1976 年，安全性和实用性更强的新型锥-22、锥-26 系列人影火箭弹，在平谷峨眉山火箭厂投入生产。

图 14　1977 年自行研制干冰播撒设备　　图 15　1976 年 6 月米季德（右一）与飞行员商讨

飞行方案

图 16　1977 年 7 月单管"三七"高炮防雹作业人员：王继仁（左一）、滑志芬（左二）、米季德

（右二）

1976—1989 年：作业技术及装备制式化、标准化发展

陆续完成支农一型、支农二型人影火箭的研制，取得"北京地区的冰雹及防雹效果""北京市高炮防雹试验分析""冰雹天气的单站短期预报方法""冰雹天气的短期综合预报方法"等科研成果。1976 年 7 月，在天津杨村机场使用轰-5 飞机播撒盐粉（NaCl）开展增雨试验。1980—1982 年，在南苑机场使用伊尔-12 飞机播撒

碘化银、尿素、干冰开展增雨试验。1984—1989 年，重点围绕高炮防雹、增雨开展人工影响天气工作。

图 17　单管"三七"高炮

图 18　延庆靳家堡高炮作业点

图 19　飞机向试验目标云飞去

图 20　挂弹架安装播撒碘化银装置

图 21　自主研发火箭发射试验

1990—1999 年：人工影响天气工作快速、正规发展

1990 年 3 月，北京市人工影响天气办公室正式成立；1991—1999 年，北京人影办进行了"气球增雪试验""液氮催化剂试验""液氮人工消除过冷雾技术的应用研究""液氮人工增雨技术的应用研究""人工冰凇"等外场试验，并尝试采用飞机装载罐装液氮自压喷洒暖云催化进行人工消雨试验，北京人影的基础理论、气候背景、方案设计、装备应用、试验分析、效果评估等得到了一定发展；先后印发《北京市人工影响天气业务管理办法》《高炮人工防雹技术规定》《高炮人工增雨技术规定》《北京市人工影响天气高炮及炮弹管理办法》等一整套相关规章制度，全市人工影响天气工作开始步入正规化、制度化的发展进程。

图 22　气球携带催化剂　　　　　图 23　增雪试验

图 24　液氮罐车喷洒液氮消雾　　　图 25　机场地面明显出现冰晶

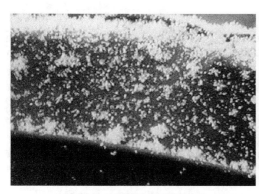

图 26　冰晶效应显著　　　　　　　　图 27　试验后，飞机起飞

2000—2014 年：作业装备、探测设备、外场试验、效果评估快速发展

通过"人工防雹应用新技术研究""高山地面增雨雪装备及相关技术的研究""火箭、高山地基人工增水应用技术研究""北京市综合人工增雨系统示范工程""北京市水资源增蓄型人工增雨技术示范研究专题""奥运期间人工防雹、消雨作业试验研究""北京地区人工消雾技术研究""北京地区云微物理结构探测—北京外场专题""环北京地区空中水资源评价研究""高速公路雾的监测及预警技术应用研究与推广"和"空中水资源评估业务试验示范"等项目、课题的研究和"云蒙山增雨试验""尖子山增雪试验""北京、武清人工消雾试验""人工消减雨试验"和"2014 年人工消减雾霾"等外场试验的发展，初步建立了以飞机、高炮、火箭和高山地基烟炉为主要作业手段的空地立体作业系统，加强抗旱增蓄型人工增雨作业力度，建立了两库汇水区跨区域联合作业的协同机制，为重大社会活动提供有效的人工影响天气保障服务，先后成功保障了"上海特奥会""内蒙古自治区成立 60 周年""北京奥运""国庆 60 周年保障""山东全运会""广州亚运会"等重大活动。

2010 年，经北京市科委、北京市总工会批准成立以劳动模范命名的"张蔷创新工作室"。

2012 年 5 月，"云降水物理研究与云水资源开发北京市重点实验室"经北京市科学技术委员会批准正式成立；积极申报推进北京人影综合科学试验基地建设。

2012 年，引进我国第一架人工影响天气高性能飞机空中国王 350R 新型飞机，

2014年完成改装全面投入使用，大幅提高了北京地区人工影响天气作业能力和云系宏观结构特征、云微物理特征以及大气成分等综合探测水平，标志着北京人影在率先实现现代化工作中迈出了坚实的一步。

图28　人影高性能飞机——空中国王

2013年9月，由北京市政府协调组织，市编办、市发展改革委、市公安局、市民政局、市科委、市财政局、市人力社保局、市环保局、市农委、市水务局、市安全监管局、市园林绿化局、市农业局、民航华北空管局和北京军区空军司令部航空管制处等部门参加的北京市人工影响天气指挥部正式成立，市—区二级业务管理体制、市—区—作业点三级作业指挥体系逐步完善。

2013年，"基于物联网技术的市级人工影响天气装备综合管理业务系统"通过验收，创新地将物联网技术应用到弹药安全管理。

2014年7月，圆满完成青藏高原飞机探测任务。针对青藏高原地区的云降水粒子微物理特征，如云滴谱、云粒子形状、云粒子相态等进行了高空数据采集。这是世界上首次利用飞机对青藏高原地区云的微物理结构进行有效探测。

图29　2014年10月16日王安顺调研北京市人影办

2014年，北京人影办消减雾霾试验项目获批，为贯彻落实王安顺市长调研北京气象局关于做好大气污染防治工作的指示精神，响应市气象局做好APEC峰会等重大活动气象服务保障工作要求，人影办积极组织并开展多次人工消减雾霾试验。

图 30　云蒙山试验实况

图 31　俄罗斯高空观象台人影专家介绍俄罗斯人工影响天气工作（郭恩铭翻译）

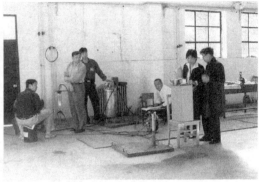

图 32　碘化银燃烧喷洒滴谱试验

图 33　三轴风向仪测山区扩散参数

图 34　碘化银燃烧器增雪试验

图 35　山区增雪采样试验

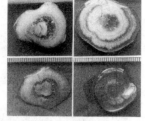
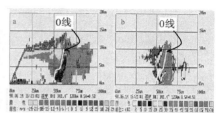

图中白线是0线　　北京气象雷达站供图

图 36　北京地区冰雹路径　　图 37　冰雹形成机理研究　　图 38　冰雹云结构和防雹技术

图 39　卡拉斯科夫、别特拉洛夫介绍消减雨经验

图 40　2004 年实施消雾试验，米-8T 直升机机舱内监控、液氮播撒

图 41　高山地基作业示范点

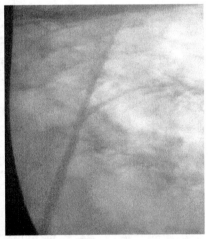

图 42　2005 年 9 月消云试验作业前、后观测到的云状对比（右图云沟明显）

图 43　消减雨催化剂准备工作　　　　　图 44　消减雨播撒试验

图 45　奥运保障飞行方案研讨

图 46　奥运保障飞行方法讨论

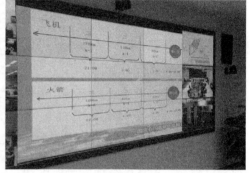

图 47　2009 年国庆 60 周年保障，中外专家共商作业方法

图 48　2009 年郑国光局长、牛有成常委、夏占义副市长听取汇报，关注天气变化

2015—2018 年：人影现代化和"三年行动计划"建设科学发展

2015 年，北京人影综合科学试验基地项目获北京市发改委、北京市政府批准，8 月底完成科学试验基地建设项目初步设计方案及概算，建筑面积 7470 平方米，批

复建设资金 13571 万元。

2015 年，制定冬奥会申办人工影响天气服务保障工作方案，成立冬奥会申办人工影响天气服务技术专家组。建立空地立体人工增雪作业体系，积极开展人工增雪外场科学试验，科学评估人工增雪效果。2015 年冬奥会申办期间，紧盯天气过程，科学制定增雪作业方案，在海坨山地区共开展地面增雪作业 17 次，圆满完成北京申办 2022 年冬奥会的人工增雪保障任务。

2015 年 7 月，开始全面落实《人工影响天气业务现代化建设三年行动计划》，科学构建基于综合飞行探测、地基遥感分析、催化模式研究、业务技术和装备研发等方面一系列科研成果，以作业条件、空域申报、决策指挥、效果评估、安全监管、资料处理与发布等七大业务系统为主的北京人影综合业务平台。2017 年，在中国气象局组织第三方评估的"三年行动计划"中期考核中排名第一。

2016—2018 年，充分利用多种资源多种手段加快推进海陀山降雪观测仪器布网建设工作，建成海坨山闫家坪综合观测站，配备云、冰核、雾滴、雨滴、降雪以及常规气象要素 5 类 19 种探测设备；配合"空中国王"和"运-12"两架云物理探测飞机，建成海陀山区空-地立体化的外场观测体系；组织山区（海坨山）冬季降雪观测试验和冬奥赛区空地联合试验。

图 49　2016 年北京市人影办科研人员进驻海陀山观测

冷云催化潜力识别模式平台开始服务人影业务。北京人影冷云催化潜力识别模式平台（BJ-CCSPR），可根据 BJ-RUC 模式预报结果，综合三维云宏微观物理量条件、热力和动力条件，直观给出逐小时的环北京区域人影催化潜力区的空间和地域分布综合指标（seed3D、seed2D、seedH）。

图 50　2012 年 1 月 19 日许小峰副局长调研北　图 51　2016 年赵根武、曲晓波在延庆海坨山视察
　　　　京市人影办　　　　　　　　　　　　　　　　　人工增雪试验

　　2017 年，依托北京人影综合科学试验基地经评审被授予"中国气象局华北云降水野外科学试验基地"称号。以高性能飞机为空基观测平台，以山区、平原地区、大城市人影特种地面观测站为地基观测平台，建设空地一体化综合观测系统；构成野外和室内、山区-平原-城市、空中-地面相结合的全方位独具特色的华北云降水野外科学实验基地；以云降水物理关键技术为重点攻关方向，开展华北地区典型云系、气溶胶活化特性和雾霾的综合研究。

图 52　2017 年 8 月 22 日中国气象局刘雅鸣局长视察北京人工影响天气综合科学试验基地

图 53　宇如聪（左图，2017 年 8 月 22 日），矫梅燕、赵根武、姚学祥（右图，2017 年 6 月 8 日）等
　　　　领导调研北京人工影响天气综合科学试验基地

2017年6月，人影办在京组织召开第一届北京云物理和人工影响天气国际研讨会。来自美国、韩国、日本、澳大利亚的特邀知名专家及该领域国内科研院所、企事业单位的专家学者100余人参加会议。

图54　云降水物理和云水资源开发北京市重点实验室首届国际学术交流会　　图55　华北8省（区、市）人工影响天气技术交流会

2017年12月，北京大学-北京市人影办云降水物理学联合实验室挂牌成立，双方将在人才培养、试验与观测、申请项目、信息资料成果共享等方面开展全方位合作。2018年4月，北京大学-北京市人工影响天气办公室云降水物理学联合实验室第一届学术年会在北京大学召开。

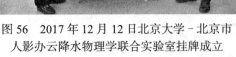

图56　2017年12月12日北京大学－北京市人影办云降水物理学联合实验室挂牌成立　　图57　2018年4月27日北京大学－北京人影办云降水物理学实验室第一届学术年会在北京大学召开

2017年11月，人影办在北京人工影响天气综合科学试验基地（平谷）组织召开了低频声波人影技术研讨会。来自北大、清华、中科院大气物理研究所、北京应用气象研究所、中国气象局减灾司、中国气象科学研究院、中国气象局人影中心、中国华云气象科技集团公司、北京维埃特新技术发展有限责任公司等单位的领导、专家、学者、技术人员参加了会议。

2017 年 11 月，人影办联合国家人影中心在湖北大厦隆中厅举办"新型观测资料在人影中的应用技术交流会"，北京大学、中国气象科学研究院、国防科技大学、减灾司人影处和 28 个省市的专家、学者和科研工作者参加了本次交流会。

近 3 年来，共承担"全球气候变化与应对—黑碳对东亚气候影响及其气候—健康效益评估""典型区域云水资源监测、开发和耦合利用示范"等国家重点研发计划、国家自然基金项目共计 12 项，承担"京北山区冬季降雪综合观测和数值模拟研究"等北京市科委计划项目、北京市自然基金项目 8 项，承担"飞机人工增雨（雪）宏观记录规范"等中国气象局、北京市气象局科技项目 14 项。获得发明专利 4 项，软件著作权 1 项，制订行业标准 2 项，发表 SCI 文章 10 篇，国内核心期刊文章 15 篇。

聘请美国、韩国、北京大学、中国气象局人影中心、南京信息工程大学等 10 余名国内外知名专家对青年科技人员项目研究、文章、申报基金项目等提供指导；引进以色列耶路撒冷希伯来大学、NCAR、美国布鲁克海文国家实验室、澳大利亚、英国、德国、日本、韩国延世大学等国外单位一流专家 25 人次来华交流与指导，派遣 10 名青年科研人员赴美国学习与访问。

图 58　2017 年在 NCAR 交流访问

图 59　在科罗拉多州立大学培训

图 60　在韩国首尔参加学术会议

图 61　在怀俄明大学交流访问

图 62　2017 年在 SPEC 公司

图 63　在 NOAA 交流访问

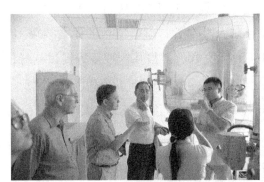

图 64　2018 年邀请国外专家学者来华开展技术指导和学术交流研讨

重大国事活动保障能力不断提高。组织完成申冬奥、田径世锦赛、"9·3" 纪念大会、"一带一路" 高峰论坛等多项重大活动保障，参与完成 G20 杭州峰会、天津全运会、建军 90 周年阅兵等重大国事活动保障任务。

图 65　2015 年领导小组指导 "9·3" 纪念大会人影保障工作

图 66　2015 年 8 月林克庆、矫梅燕、赵根武、姚学祥等领导研究天气形势和现场指导保障工作

结　语

北京人影将再接再厉，在人影现代化建设、三年行动计划和重大国事活动保障中做出突出贡献。

（主要编写人员：丁德平、金永利、黄梦宇、杨帅、马新成、赵德龙、宛霞，等）

十八大以来
河北省人工影响天气实现跨越式发展

李宝东 ①

党的十八大以来，河北省气象局紧紧围绕"五位一体"的战略布局和京津冀协同发展国家重大战略，坚持创新发展理念，积极落实第三次全国人工影响天气（以下简称人影）工作会议精神和省部合作协议，全力建设作业资源高效整合、人影业务规范集约、协调机制健全完善、规模效益显著提高的空地一体化人工增雨防雹作业体系，人影业务现代化建设取得显著成绩。

一、坚持需求引领，人影服务规模效益显著提高

十八大以来，河北省气象局围绕京津冀城市群供水、环首都生态建设与保护、重大社会活动服务、抗旱减灾、地下水超采综合治理等需求，认真贯彻落实中国气象局《人工影响天气业务发展指导意见》和《人工影响天气业务现代化三年行动计划》，调整全省人影业务布局，明确省、市、县、作业单位四级业务分工；调整业务机构，完善省、市、县三级业务机构设置，明确职责，落实人员；调整业务岗位设置，省、市、县、作业单位分别设置18个、5个、2个和3个业务岗位，将各级业务任务落实到岗，责任落实到人。建立了以省级为核心、市县级为基础，保障关系统一协调、作业力量统一调度、潜力预报统一发布、作业方案统一设计、联合作

① 李宝东（1962—），河北省人工影响天气办公室主任（2009—）。

业统一指挥的全省空地一体化人工增雨防雹业务体制。到2017年，全省共组织实施飞机人工增雨作业飞行585架次、空中飞行1458小时，组织火箭高炮人工增雨防雹作业7346次，发射火箭弹27553枚、炮弹17088发，燃放地面烟条5374根。年均增加降水30亿立方米，比十八大前增加20%，防雹保护面积800万亩，同比增加200万亩。

二、坚持固本强基，人影综合作业能力明显增强

十八大以来，省政府投资1.03亿元购买了3架增雨飞机（空中国王庆丰号，运-12耕耘号、播雨号）并全部投入使用，全省"一主两副"的飞机作业布局已基本形成，实现了全省全年飞机增雨全覆盖。投资8000多万元用于基地基础设施建设，指挥业务楼、综合保障楼、实验楼、高速风洞已基本完工，云室基础设施也即将竣工，预计业务系统安装调试后即可投入使用；冀东、冀西北飞机增雨基地建设项目也正式启动，飞机增雨保障能力明显增强。按照"限制规模、提高质量、确保安全"的要求，优化了全省作业布局，划分石家庄粮食主产区作业区、冀西北生态保护作业区、冀东水资源保障作业区、坝上风沙源治理作业区、京津冀消减雾霾作业区、太行山与燕山人工防雹作业区、黑龙港流域地下水超采综合治理作业区共7个功能区，建成标准化作业点187个，更新自动化火箭发射系统62部，高炮自动化改造51门。空地一体化人影作业综合能力大幅提升，装备设备更加先进。以飞机增雨作业为主、地面作业辅助，以服务生态安全为主、兼顾服务水安全和粮食安全的综合能力实现了跨越式提升。

三、坚持创新发展，人影监测预警技术全面加强

河北省气象局瞄准人影的关键技术和顶尖技术装备，认真贯彻"五大发展理念"，在引进先进技术装备、搭建科学研究平台、创新技术方法等方面下功夫，由人影大省向人影强省迈进。5年来，先后完成了1架空中国王和2架运-12增雨飞机改装，分别加装了国际先进的探测设备——SPEC和DMT云降水粒子探测系统以及气溶胶探测系统、环境气象要素监测设备，加装了机载微波辐射计、视频传输系统和农业遥感观测系统。飞机平台不仅可对云降水进行观测，还满足了省委、省政府开展"气象探测、森林草原防火、空中应急指挥、农业遥感"等功能要求。通过

两种探测系统对比、高低空搭配，可同时开展对比观测、联合观测以及播撒和效果检验观测等，为验证空基综合观测资料的准确性、可靠性提供了支持。在河北省中南部约6万平方千米范围内建设了人影外场试验区，增加了地基人影特种探测设备，包括X波段双偏振雷达3部、微波辐射计3部、激光雨滴谱仪65套、六要素自动气象站46套、微雨雷达2部、便携式天气雷达12部等，与基本气象观测系统及空中探测平台共同构成了高分辨率的"天、空、地"三位一体的立体观测系统，为开展大型外场科学试验提供支撑。同时，以飞机增雨技术保障平台为核心的国家级科学实验基地稳步推进，与野外试验区相配合，形成人影关键技术综合实验研发平台，为推动我国人影事业科学发展奠定了坚实的基础。

四、坚持开放合作，人影作业科学水平迅速提升

河北省气象局坚持"开放合作"和"科研业务共同发展"的原则，广泛合作，推进业务转化，科技支撑能力明显增强。5年来，参加人影相关的行业专项研究2项，主持省科技支撑项目3项，参与北京大学、北京师范大学"973"项目2项，"山区果品种植区防雹减灾技术研究与示范"被评为省科技进步三等奖，取得发明专利、著作专利4项。2014年以来，先后与北京大学、北京师范大学合作，在河北南部开展了双机、多机联合观测以及空地联合试验，取得了丰富的云和降水观测资料。依托行业专项"层状云人工增雨作业条件识别和效果分析技术"，利用空中观测平台和气象观测系统，针对河北地区的层状云系开展了有科学设计的外场综合观测和催化试验，建立优化了河北地区层状云系人工增雨作业指标体系。在反复试验和总结的基础上，建立和完善了层状云系（西风槽、回流、冷风）人工增雨概念模型和作业判别指标、积云人工增雨概念模型和作业条件判别指标以及雹云人工防雹概念模型和作业条件判别指标，提高了作业方案设计、联合作业（观测）指挥、效果检验分析等关键技术能力和科学水平。同时，统一设计和开发了省、市人影综合业务指挥系统和县级综合业务应用系统，实现了省、市、县三级人影业务上下互通，功能互补，提高了省、市两级人工影响天气作业指挥科学性、针对性和有效性。

五、坚持政府主导，人影组织保障体系日趋完善

2016年9月，在全省行政机构和事业单位编制全面压缩的背景下，省机构编

制委员会批准省人影办编制由 22 人增加至 60 人。按照需求，省人影办及时调整了内部机构，设置了管理和业务 9 个科室，既满足了业务管理的要求，也明确了人影"五段业务"职责，为全省人影核心业务的发展提供了坚实的保障。几年来，90%的市县政府将人工影响天气工作纳入地方气象灾害防御中心职能，依托全省 180 个市县气象灾害防御指挥部办公室和气象灾害防御中心落实 400 余名全额事业编制，保障了市县级人影业务管理工作的开展。以河北省"部门职责—工作活动"为重点内容的财政绩效预算管理改革为契机，省、市、县三级全部将人工影响天气工作列入地方事权和地方公共服务名录，建立了与地方事权和支出责任相适应的财政供给长效机制。十八大以来，全省人影共投资 6.07 亿元，省政府落实人影资金 3.51 亿，市县落实人影资金 2.08 亿元。省、市两级共确定 12 项人影工程列入"十三五"规划，涉及资金达 6.39 亿元。

六、坚持顶层设计，人影融入国家战略快速发展

河北省气象局认真落实十八大、十九大精神，在认真规划和落实"十二五""十三五"气象发展规划的基础上，紧紧围绕生态文明建设、京津冀协同发展、雄安新区建设等国家重大战略，积极谋划，加大顶层设计力度，全省一盘棋，人影事业发展步入国家发展快车道。2014—2016 年，国务院在河北省黑龙港流域开展地下水超采综合治理，省气象局分年度编制了人工增雨实施方案。通过三年的实施，打造了 6 万平方千米的野外试验区，并连续开展了气溶胶、云降水、增雨防雹作业技术试验，推动了人影技术发展；加快了基础设施建设，该区域标准化作业点增加了 85 个，人影作业保障能力迅速增强；提高了人工增雨作业效率，加大了增雨作业频次，特别是加大对流云人工增雨作业力度，可作业天气利用率和作业能力明显提高，作业量显著增加，规模效益显著。2017 年，国家确定建设雄安新区，省气象局第一时间组织编制了雄安新区人影服务保障工程项目可研报告，并将此项工作纳入新一轮省部、市厅、局县合作内容，调整纳入"十三五"规划重点工程项目。目前，省气象局正在组织河北省生态修复人影服务需求调研，为制订"十四五"发展规划、谋划重点工程项目提供科学依据。

耕云播雨 60 载，内蒙古人工影响天气成绩斐然

——纪念人工影响天气事业开展 60 周年

申庆荣（内蒙古自治区人工影响天气指挥部办公室）

内蒙古自治区人工影响天气事业经历了 60 年的风雨历程。目前，全区每年使用 10 架飞机（其中自购 6 架）、307 部新型火箭、402 门防雹高炮、76 座地面碘化银烟炉开展人工增雨（雪）和人工防雹作业。近年来，全区年均飞机作业 150 架次、火箭作业 1200 余点次、地面烟炉作业 300 余次、高炮作业 800 点次，全区年均人工增雨（雪）作业影响区面积约 60 万平方千米，年均可增加降水约 20 亿吨；高炮防雹保护面积约 4000 万亩，年均减少冰雹灾害损失 3 亿元左右。在重大社会活动、森林草原防扑火及生态环境保护的人工影响天气保障和作业服务中发挥了重要作用，多次受到国务院、自治区党委政府、中国气象局的表彰奖励。

一、政府高度重视，人工影响天气机制体制日趋完善

自 2012 年国务院召开第三次全国人工影响天气工作会议和国务院办公厅印发《国务院办公厅关于进一步加强人工影响天气工作的意见》以来，中国气象局先后印发了《全国人工影响天气业务发展指导意见》《人工影响天气业务现代化建设三年行动计划》，有力指导和推进了人工影响天气业务现代化进程。内蒙古自治区气象局印发了《内蒙古自治区人工影响天气业务现代化建设三年行动计划实施细则》。

组织体系进一步完善。 从各级政府层面看：自治区、盟市、旗县三级均成立了

人工影响天气与气象灾害防御指挥部，建立了人工影响天气联席会议制度，每年定期或不定期召开联席会议，通报人工影响天气工作、研究工作计划、强化组织协调。

运行经费进一步落实。 人工影响天气运行经费全部纳入地方财政预算，据统计，三级政府每年投入的经费达到 8000 万元，有力支撑了自治区人工影响天气业务的发展。

顶层设计进一步加强。 自治区发改委与气象局率先联合发布了《内蒙古自治区人工影响天气发展规划（2016—2020 年）》，明确了"十三五"期间人工影响天气发展的指导思想、基本原则、发展目标，提出了自治区人工影响天气规划布局和主要功能，确定了业务能力建设和重点工程建设任务。

二、完善人工影响天气业务体系，业务能力显著提高

探测能力得到加强。 人工影响天气机载云粒子探测系统 4 套、多通道微波辐射计 2 部、GNSS/MET 水汽监测系统 19 套、激光雨滴谱仪 25 台、各种类型雷达 28 部（X 波段双偏振多普勒雷达 1 部、X 波段移动多普勒天气雷达 4 部、TWR01 型小雷达 15 部、新一代多普勒雷达 8 部）、探空火箭 1 部。

业务流程更加规范。 经过多年来的发展，横向到边、纵向到底的五段式业务流程规范化运行，这种业务流程的设计是基于多年业务实践的认识、总结和提炼，有一定的创新性，体现了人工影响天气业务的特色，五段式流程包括了作业过程预报和作业计划制定、作业潜力预报和作业预案制定、作业条件监测预警和作业方案制定、跟踪作业指挥和作业实施以及作业效果评估，是人工影响天气业务发展中的重要标志性进展。

业务系统平台快速推进。 建成并运行了内蒙古自治区人影综合业务系统、内蒙古人工影响天气可视化信息系统、视频会商系统和内蒙古气象业务内网，引进了国家人工影响天气中心的"一平台四系统"，在东四盟和旗县推广，整体提升了业务指导和作业指挥的能力，信息化和科学化水平都得到明显的提升。

重大活动保障和森林草原扑火屡建奇功。 在保障 2008 年北京奥运会、"9·3 阅兵""大兴安岭乌码、毕拉河、纳吉等森林大火补救""建军 90 周年沙场阅兵""自治区成立 70 周年"等多次重大活动保障中，五级联动、密切配合，从作业计划、作

业方案、作业预案的制定方面形成了完整的人影作业产品，凸显了三年行动计划实施的成果。

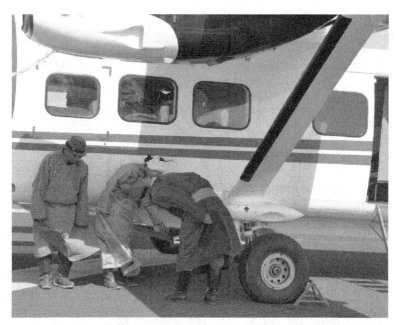

图 1　草原牧民群众参观锡林郭勒盟新购置的增雨飞机

图 2　乌兰察布市火箭人工增雪现场

图 3 包头市地面增雨烟炉试验

图 4 人工影响天气安全检查

图 5 DMT 系统机舱内设施

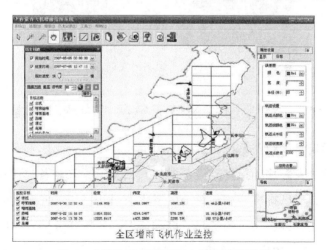

图 6 内蒙古飞机增雨地空通信指挥系统

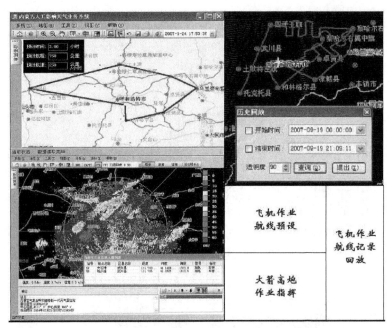

图 7   内蒙古自治区人工影响天气业务系统

图 8   内蒙古自治区人工影响天气重点实验室全景

三、强化创新驱动，人工影响天气科技内涵不断提升

加强人工影响天气业务系统建设。在内蒙古自治区人工影响天气综合业务系统的基础上，完成了人影移动指挥监控系统和人工影响天气装备弹药物联网管理系统业务系统的研发，现已推广应用。对全区增雨飞机进行了"北斗地空指挥系统"的升级，实现了对全区人影飞机的实时监控和通信，飞机作业信息实时上传至国家人影中心。将 MM5 和 WRF 模式移植到信息中心资源池中，并依托 CIMISS 系统实现

作业指挥所需的全部气象观测资料与监测预报产品的实时收集，依照国家新的相关标准实现自治区级系统的升级改造。

科研成果不断转化。全区围绕人工影响天气业务需求，确立的五个优先领域，发挥人工影响天气重点实验室的优势，积极争取各类科研项目，完善了 MM5 嵌套微物理模式，建立了基于 fisher 判别模型的飞机增雨作业湿热力结构综合预报模型，优化了层状云系作业概念模型，开展了内蒙古云水资源时空分布特征以及人工增雨潜力研究，揭示了全区空中水汽及云水资源的时空分布特征。各盟市气象局自立项目，研究制订了冰雹云识别、防雹作业指标及火箭、烟炉增雨作业指标等。科学研究成果不断转化为支撑业务发展的生产力，大大提高了人工影响天气作业指挥的科学性、准确性、及时性，提升了人工影响天气的综合效益和科技内涵。

开展常态化科学外场观测试验。完成了机载云粒子探测系统（DMT）的改装、测试和业务运行工作。开展增雨效果检验、云宏微观物理特征分析、催化作业对云粒子谱的影响、雨滴谱观测试验等研究型业务的工作，不断提升人影软实力建设。

四、加强行业监管，人影安全体系逐步建立

人工影响天气规章制度不断完善。2011 年 1 月 2 日自治区政府颁发了《内蒙古自治区人工影响天气管理办法》，制订、修订完善了涉及人工影响天气业务、应急管理和行业管理等 24 个内控制度，印发了《内蒙古自治区人工影响天气制度汇编》。制定了 1 个行业标准和 7 个地方标准并已发布实施。

多部门开展安全监管。自治区政府和各盟行署市人民政府相继出台了《关于加强人工影响天气安全管理工作的意见》，明确了政府、公安、安监、气象等相关部门的责任，安全监管工作从政策层面得到落实，已经形成了"政府主导、部门协作、综合监管"的新型人工影响天气安全管理体制机制，进一步压实了强化安全监管的责任。

局企合作成效明显。在飞机运行方面，与相关的通用航空公司合作，有效保障了自购飞机和租赁飞机的安全运行。在火箭发射装置方面，与 556 厂合作，开展火箭发射装置的年检，每年出具年检报告，有效保障了火箭增雨作业的实施。在高炮检定方面，与有资质的企业合作，分批次开展高炮年检和鉴定工作，有效规避了气象部门的短板。我们与威信押运公司合作，开展人工影响天气弹药储运等工作，有

效提升了安全系数。加强军地合作，借助社会力量全面完成盟市、旗县两级弹药储存和盟市、旗县、作业点三级弹药运输工作。人影弹药储存和弹药运输主要以租赁军用或民用爆炸物品库、委托有民用爆炸物品运输资质的押解组织或租赁民用爆炸物品运输车辆的方式进行。

强化人工影响天气队伍建设。 按照《内蒙古自治区人工影响天气人才发展规划》，依托团队和项目建设培养人才，组建自治区级人影创新团队，吸纳了相关盟市的人工影响天气业务骨干，积极参与创新团队工作，培养了一批骨干人才。通过东北人工影响天气项目建设，在加快业务现代化建设进程的同时，培养锻炼了一支队伍。增雨防雹作业人员实现全员培训，在公安机关备案率达 100%。

多方位开展人影作业安全宣传。 针对群众阻挠人工增雨事件，各级气象部门继续开展全方位多角度科普宣传工作，通过官方微信、微博、网站等方式对人工影响天气工作原理和相关法律法规进行宣传，并在牧区发布蒙汉双语人影作业公告。

耕云播雨保赣鄱

——江西省人工影响天气工作综述

宾　振[①]

2018 年是江西省人工影响天气领导小组办公室成立 26 周年。20 多年来，江西省人工影响天气（以下简称人影）工作紧紧围绕江西经济社会发展，以农业抗旱、生态环境、水库增蓄、防雹减灾、森林防灭火为重点，通过专业规范的预警指挥，科学协调的规模作业，安全高效的运行保障，使全省人工影响天气工作在组织管理、建设规模、作业能力、现代化建设和综合效益等方面积累了宝贵的经验，取得了显著的成效，得到了社会各界和人民群众的广泛赞誉。

体制机制不断完善

在省委、省政府的统一领导下，江西省各级政府和有关部门齐心协力，密切配合，基本形成了"政府主导、部门协作、综合监管"的新型人影管理体制。

为了加强人影作业管理，确保作业安全高效，发挥人工影响天气工作在防御、减轻气象灾害和服务地方经济建设中的作用，2000 年 12 月江西省人民政府颁布《江西省人工影响天气管理办法》，为全国第三家，并于 2010 年 11 月，重新修订。2013 年，江西省政府办公厅印发《关于进一步加强人工影响天气工作的实施意见》（赣府厅发〔2013〕3 号）强调，要加强人工增雨示范区建设，强化抗旱防雹减灾作业服

---

① 宾振（1983—　），江西省人工影响天气领导小组办公室技术发展科科长。

务，围绕全省粮食等重要农产品生产安全，在重要农事季节、作物需水关键期，适时开展人工增雨作业。强化空中云水资源开发作业服务，在赣江、抚河、信江、饶河、修河流域和全省大、中型水库集水区，开展增蓄性人工增雨作业。加强森林、湿地等自然生态系统保护的常态化人工增雨作业。强化突发事件应对和重大活动保障作业服务，探索开展人工消雾作业和人工消（减）雨作业。。

目前，江西省人影领导小组共有 25 个成员单位。省政府每年召集省人影领导小组成员单位负责人召开人工影响天气工作会议，总结和部署人工影响天气工作，研究人影事业发展问题。

飞机增雨作业取得历史突破

2008 年 4 月，江西省委政府主要领导指出："要特别重视人工增雨工作，加快人工增雨基本建设，增加措施，并逐步转向以飞机人工增雨为主。"随即，在省人工影响天气领导小组会议上，时任省委常委、副省长陈达恒对做好飞机人工增雨工作进行了部署。

2008 年 10 月 5 日，南昌增雨飞机首飞成功，实现了江西省开展大规模飞机人工增雨的历史突破。2011 年 10 月，在中国气象局的统一领导下，由江西省牵头，组织开展了我国首次赣粤闽跨省、跨空域飞机人工增雨作业。从 2008 年 1 架飞机在南昌执行增雨任务，到 2010 年作业飞机增加到 2 架，再到 2011 年实现赣粤闽三省联合飞机人工增雨作业，4 年来，江西省飞机人工增雨业务实现了"三连跳"。

服务能力不断加强

目前，全省拥有标准化地面火箭移动作业系统 212 套、高炮 45 门、地面燃烧炉 15 台、租用飞机 2 架，基本形成了飞机、火箭、高炮、地面燃烧炉相结合的空地立体化作业体系，人影作业能力进一步提升。

江西省人影办研发了省、市两级地面人影作业指挥业务系统、飞机作业指挥业务系统和全省掌上人影作业指挥系统，构建了人影五段业务，人影作业决策指挥能力得到加强。

关键时刻显神威

龟裂的大地、干涸的河流、缺水的村民……时间回到 2003 年夏天，在江西那场夏秋连旱，全省各地旱情之严重，让政府领导揪心不已。时任省委书记孟建柱、省长黄智权等领导多次作出指示，要求气象部门适时开展人工增雨作业。

2003 年 7 月 31 日，省委书记孟建柱到省气象局和省人工影响天气领导小组办公室看望慰问并合影留念。并指示称赞说：人工增雨在扑灭井冈山林火中发挥了关键性作用。井冈山市人民政府为表示感谢，给省气象局送来了"山火无情人有情 无私奉献护井冈"的锦旗。

孟建柱书记对人工增雨工作在抗旱减灾中的作用寄予很高的期望，给予很高的评价。在半个月的时间里，七次对人工增雨工作做出重要指示和批示，发出应用人工增雨抗旱的号召，提出人工增雨抗旱工作的方针原则：科学实施人工增雨，是抗旱救灾的重要举措。全省各地要抓住一切有利天气条件，打破本位主义，打破行政区划界限，使人工增雨的作业面尽可能宽一些，作业量尽可能大一些。实施更多的人工增雨减灾作业，为全省夺取抗旱斗争的胜利做出更大的贡献。

工作成效显著

目前，全省春夏秋冬人影作业基本实现常态化、业务化，人工影响天气工作从传统的以农业抗旱、森林防灭火为主的人工增雨，实现了向空中云水资源开发利用、生态环境建设和保护、重大社会活动保障、突发性污染事件等多领域并举转变，在经济社会建设中发挥着越来越重要的作用。

江西省森林覆盖率达 63.1%，森林防火任务重。省人影办积极联合省森林防火办，部署森林防火人工增雨工作。省人影办还与省发改委合作，联合部署城镇人工增雨降温减排作业工作。为做好人工防雹工作，人影办每年制订全省人工防雹作业方案，要求各地密切关注天气形势，适时开展人工防雹作业。2005—2018 年，共组织各类地面人影作业 3375 次，累计增加水量 50.6 亿立方米，产生直接经济效益 20.3 亿元。2008 年 10 月至 2018 年 5 月，共开展飞机人工增雨作业 190 架次。近年来累计增加水量 92.52 亿立方米，产生直接经济效益 39.328 亿元。

发展能力不断加强

近15年来，全省组织完成了30多个人影科研项目，并投入业务应用。其中"江西夏季对流云人工增雨潜力区识别技术研究"和"基于3G通信技术的人影指挥与信息收集技术应用"等一批研究成果达到国内领先水平。

目前，全省人影队伍近700人，其中指挥和作业持证上岗人员500余人，管理人员100余人；高工20人，研究生10人。初步形成了一支管理水平较高、科研业务能力较强、作业操作规范的人影队伍。

江西省人影办制订了《江西省森林火灾和突发环境事件人工影响天气应急预案》，完善了20多项管理制度，全省人工影响天气工作基本形成了有章可循的良好局面。同时，建立了全省人影安全生产责任制，制订了人影作业操作、弹药使用管理、空域申请和作业转场交通等方面的安全管理制度。

规划美好蓝图

经江西省人民政府同意，江西省人影办编制了《江西省人工影响天气事业发展第十一个五年规划》《江西省人工影响天气事业发展第十二个五年规划》《江西省人工影响天气事业发展第十三个五年规划》，为江西省人工影响天气工作的进一步发展指明了方向。

全省初步建立了"以各级地方政府投入为主、中央投入为辅"的人影经费投入机制，基本保证了人工影响天气工作所需经费列入各级政府财政预算。据统计，近十年期间，全省共投入超1.8亿元用于人影重大项目建设。2009年开始，江西省首批进入国家中央财政支持人影专项经费项目试点省（区），10年来，中央财政共投入约4500万元支持江西人影事业，有效地保障了全省人影事业的健康稳定发展。

面对新形势新要求，江西省人工影响天气工作者必将抓住机遇，迎接挑战，坚定信心，攻坚克难，扎实工作。在思想上高度重视，行动上勤沟通，举措上求实效，全力以赴做好各项人影作业服务。

河南人工影响天气 60 周年大事记

杜春丽 [①]

一、改装运-8C 增雨飞机　全面提升飞机作业能力

2008 年，为解决河南省租用的增雨作业飞机（主要为安-26、运-7 机型）服役年限到期，且飞机设备老化、对机场起降标准要求高、续航能力不足、缺乏必要的大气探测设备等问题，同时为能更好地满足全省飞机人工增雨作业的需求，河南省气象局经多方调研，在充分考虑价格、飞机性能、机场起降条件等因素的前提下，结合全国各省增雨飞机改装使用情况，最后选定改装开封空军 13 师 37 团的运-8C 飞机（改进型、全密封）。

通过反复调研、多次论证和函询，并经空司作战部、空装外场部、空军指挥学院、空军装备研究院航空所、空 13 师 37 团、凌云科技有限公司、中科院大气所、河南省气象局和青海人影办等单位多次评审，2011 年 2 月最终确定飞机改装总体方案。

2011 年 4 月开始在武汉阳逻凌云科技有限公司实施飞机改装。2011 年 5 月，河南省人工增雨飞机（运-8C20144 号）改装适应性试飞放飞评审会在凌云科技有限公司召开，评审组在对相关问题咨询后，同意 20144 号飞机进行适应性试飞放飞，在武汉阳逻机场进行了两个架次的试飞，之后从阳逻机场转场至开封机场。改装后的

---

① 杜春丽（1983— ），女，主要从事人工影响天气工作，高级工程师。2008 年至今在河南省气象局从事人工
　影响天气作业技术研究、作业指挥及人影业务管理工作。

运-8C 飞机在 2011 年春、秋季飞机增雨作业中试用，取得了较好的作业效果。2011 年 11 月 19 日，运-8C 人工增雨飞机在郑州顺利通过专家验收，正式投入业务使用。

改装后的运-8C 增雨飞机，具有全密封、货仓容积大、续航时间长、飞行高度高、有效负载大、催化剂携带量大等特点。飞机上加装了先进的焰弹发射、焰条播撒和液态二氧化碳播撒 3 种催化设备，同时还配备了国内先进的北斗卫星飞机定位和无线语音通信设备，使河南省飞机人工增雨作业有效控制面积和作业范围显著增大，同时也为豫鲁皖苏重点粮食生产大范围区域联合作业提供了保障，极大地提升了河南省飞机人工影响天气作业能力。

图 1　改装中的运-8C 增雨飞机

图 2　运-8C 增雨飞机适应性试飞放飞评审会

二、加强人影作业队伍建设　全面提升人影从业人员素质

从 2011 年开始，由河南省总工会和河南省气象局联合举办的河南省气象行业人

工影响天气岗位技能竞赛每两年举行一次，至今共举行 4 届。竞赛内容主要包括高炮和火箭实地操作，人影理论知识、人影法律法规、人影技术规范和安全管理、人影现代化和人影业务平台应用等。参赛人员覆盖基层高炮、火箭操作人员，市县级人影作业指挥人员和人影技术人员等，累计参赛人员达 300 余人次。

对竞赛成绩优异选手进行表彰，至今已有 7 人获得由河南省总工会授予的"省五一劳动奖章"，35 人获得"个人全能"称号，24 人获单项奖。

全省人影技能大比武，极大地提高了人影从业人员的工作积极性，更是提升全省人影作业人员的操作技能水平、提高安全作业意识和科学作业能力的重要举措，同时也带动了全省各级人影业务培训和各种形式的人影技能竞赛。省内南阳、鹤壁、濮阳、商丘等地纷纷效仿省气象局，由各市总工会与各市气象局联合举办人影技能竞赛。一系列业务培训和技能竞赛活动的开展对于全面提升人影业务技术人员素质和能力、全面提高全省人影科学作业能力和水平、促进全省人影事业持续健康发展起到了积极的推动作用。

图 3　2013 年河南省第二届人影技能竞赛高炮　　　图 4　2015 年河南省第三届人影技能竞赛火箭
　　　　操作现场　　　　　　　　　　　　　　　　　　发射架操作现场

三、强化人影安全管理　规范人影弹药储运

2014 年之后，随着全国安全生产形势愈发严峻、各部门不断加强安全管理工作的深度和力度，原先存储人影弹药的部队、武警、武装部和国家储备库陆续提出不予存放人影弹药的要求，使得全省人影弹药存储不得不多次移库，几经周折，最终省级和个别市级人影弹药转至民爆仓库，暂时解决了弹药存储困难，但大部分市级

弹药存储问题仍未得到有效解决。各县级和作业点弹药均存储在建弹药库的专用弹药保险柜内，储存条件远不能满足民爆物品存储安全要求。

另一方面，根据《民用爆炸物品安全管理条例》，人影弹药运输需遵照属地化原则，由弹药到达目的地公安部门开具弹药运输许可证，并且必须使用专用车辆运输人影弹药。由于弹药运输途中责任承担、气象部门自建弹药库不能严格符合公安部门弹药储存要求等种种原因，各地准运证办理困难，导致全省各地市购置的弹药大多无法运输至市级仓库，从而严重影响了全省人影事业的健康发展。

图 5　2017 年度人影火箭操作培训在南阳进行

2016 年，河南省人影办为解决全省弹药储运面临的困难，积极主动协调省公安厅就基层人影弹药运输证办理、弹药库租赁、作业点临时储存、弹药仓库建设等进行实地调研。调研后，省公安厅高度重视，积极推动问题的解决。

2016 年 7 月，河南省公安厅与河南省气象局联合下发了《关于加强人工影响天气作业用炮弹、火箭弹安全管理的通知》（豫公通〔2016〕169 号），从河南省人影弹药储运面临的主要问题着手，理顺了人影弹药购买、转运、存储等环节的关系，规范和加强了人影弹药购买运输和库存监管。《通知》的出台解决了全省普遍面临的人影弹药储运难题，对全省人影事业的健康发展起了重要的推动作用。

四、抗旱减灾为河南农业生产保驾护航

2014 年夏季，河南遭遇有气象记录 63 年来最为严重的特大干旱，水库干涸、河水断流，平顶山、许昌、洛阳、三门峡、驻马店、漯河等地农民含泪铲除旱死的庄稼，人畜饮水极为困难。全省启动干旱Ⅲ级应急响应。

面对严重旱情，河南全省各级人影同志暗下决心：一定要尽最大努力解除旱情！寻找一切机会，克服一切困难，积极展开大规模飞机和高炮、火箭、烟炉联合立体抗旱保秋人工增雨作业。

空军 13 师增雨机组克服机长身体健康不佳、夏季空中对流强烈、颠簸剧烈等

实际困难，在确保安全的前提下，抓住一切有利时机积极开展飞机人工增雨作业。2014 年 8 月 17 日，飞机增雨作业后返场途中，在洛阳与郑州交界处遭遇强对流天气，机组以高超的技能从对流云缝中穿过，顺利返回郑州机场；2014 年 8 月 30 日，机组在向驻马店飞行过程中，在漯河上空遭遇空中飞机空域繁忙，飞机在漯河上空盘旋 3 圈后才到达驻马店上空实施人工增雨作业……这样的情形还有许多，目的只有一个，就是多飞行、多增雨，尽最大可能减轻干旱损失。在短短 20 天的时间内，开展组织增雨飞行 12 架次，累计飞行 32.5 小时，航程 16250 千米，特别是开展了河南省有史以来首次夏季飞机人工增雨工作。

全省各地市抓住有利时机，积极开展地面增雨作业。在一个半月的时间内，共组织地面作业 919 点次，发射"三七"式人影弹 13289 发、火箭弹 1566 枚，燃烧地面碘化银烟条 282 根。

河南遭遇罕见大旱，受到了各级部门的关注和支持。省财政厅紧急下拨人工增雨专项资金支持全省抗旱保秋增雨工作，省军区军械修理所奔赴各地做好增雨高炮巡检、维修等保障工作，中国气象局领导高度重视，专门针对黄淮旱区下发作业条件潜势预报，对旱区人工增雨作业条件进行技术指导。经过各级部门的共同努力，抗旱人工增雨工作最终取得了圆满的成功。

全省人影抗旱增雨工作受到了省委、省政府和社会各界的高度赞扬，当时河南省省委书记郭庚茂、省长谢伏瞻和副省长王铁均对全省人工抗旱增雨工作进行了重要批示，对气象部门在全省抗旱保秋工作中的所付出的努力进行了高度赞扬！

五、健全人影安全管理体制　强化政府主体责任

为进一步健全人影安全管理体制机制，提升人工影响天气安全管理水平，强化地方政府的人工影响天气领导职能，河南省气象局积极向省政府沟通协调，2015 年 9 月，在省政府召开的全省人工影响天气暨"三农"气象服务工作会议上，河南省副省长王铁代表河南省人民政府人工影响天气及气象灾害防御工作领导小组与省辖市（直管县）人民政府集体签订了人影安全工作责任书。《安全责任书》的签订，进一步明确了"省辖市（直管县）人民政府是当地人影安全工作的责任主体，主管领导是本区域人影安全工作第一责任人，各成员单位各负其责、齐抓共管"的体制机制。

　　这一举措对推动和落实全省各级建立和完善"政府主导，部门协作"的安全责任体制和工作机制具有重要的意义。全省各级气象部门以此为契机，积极推动辖区内市—县、县—乡（镇）各级政府人影安全责任书的签订，进一步明确了政府部门的监管职责和实施单位的主体责任。同时省人影办积极加强与安监、公安、工信等部门合作，积极推进将人影安全纳入当地安全监管体系，对人影弹药的运输、储存、使用等环节进行联合监管，形成了政府主导、部门协作、联合监管的新型人影管理体制。

广西人工影响天气事业向现代化大步迈进

——60 年发展回顾

王　冀　（广西壮族自治区人工影响天气办公室）

广西人工影响天气工作始于 1959 年，在各级政府的大力支持下，经过近 60 年的不懈努力，得到了长足的发展。现在自治区人民政府把人工影响天气作为减灾防灾、科学开发云水资源的一项重要战略性措施来抓，资金投入逐年增长，仅自治区级资金投入就由过去的 200 多万元 / 年，增长到现在的 800 多万元 / 年，全区全年人影经费投入超过 3000 万元。据统计，近 5 年来，广西平均每年实施飞机增雨作业近 40 架次，作业飞行 120 多小时；开展火箭高炮作业的市县达到 90 多个，作业次数达 400 多次。在飞机和火箭作业的影响下，全区平均每年增加降水约 40 亿立方米，增雨防雹作业受益面积约 17 万平方千米，直接经济效益近 4.0 亿元，为缓解旱情、减轻气象灾害发挥了积极作用。在做好常规作业服务的同时，还积极根据需求开展针对性强的专项作业服务，作业服务领域不断拓宽，实现了变季节作业为常年作业，变应急抗旱为多功能并举的策略转移。

一、不忘初心，牢记职责使命

在自治区各级党委、政府的重视关怀和区气象局的直接领导下，在各有关部门的密切协作下，1999 年以来广西壮族自治区各级人工影响天气工作部门积极开展人工影响天气各项业务工作，圆满完成了春季、后夏及秋季人工增雨防雹任务，为抗旱减灾、增加地面水资源、改善生态环境发挥了积极的作用，为促进全区经济建设特别是农业生产丰收做出了应有的贡献。

1999 年 3 月 29 日上午，时任自治区党委书记曹伯纯在听取区气象局林少雄局长汇报天气情况和人工增雨作业情况后，对增雨工作成绩表示满意，非常高兴地说："感谢气象部门做了大量的工作。"同日，自治区政府办公厅向自治区人降办、各地市人降办和 3501 机组以及参加高炮人工增雨作业的气象工作者、民兵战士发了慰问电，高度赞扬全体人工增雨工作人员日夜坚守岗位，开展飞机和高炮增雨作业，为全区抗旱保春耕做出了显著的成绩。自治区党委副书记陆兵也多次指示要搞好人工增雨防雹工作，加大人工增雨防雹的力度。区防汛抗旱指挥部，玉林、钦州、北海等市政府和南宁、百色、贺州、河池地区行署也纷纷致电区人降办表示感谢和慰问。期间，《人民日报》《中国气象报》、新华社广西分社、《广西日报》《南国早报》《南宁晚报》、广西电视台、广西广播电台以及有关地市电视台、报社等新闻媒体也分别对自治区大规模的人工增雨情况和显著的作业效果先后作了 30 多次的宣传报道，引起了社会各界的广泛关注和称赞。

2008 年，时任自治区人民政府副主席陈章良专程到人影基地检查指导工作，慰问机组和自治区人影办全体干部职工，还在专报上批示，高度赞扬自治区在清明期间实施人工增雨，有效地降低了森林火险等级，保障了人民生命及财产安全，并有力地促进了春耕生产。他充分肯定人工增雨就是给老百姓"下钱雨""下黄金雨"，对增加农民收入和农业增产增效至关重要，是一项充分利用现代科技造福人民的重要工作，是一项为民办实事、办好事的事业，它的作用非常大，非常重要，要求各市县人民政府要在经费上予以保障，并注意调动社会有关方面的积极性，多渠道筹集人工影响天气工作经费，千万不能因为资金短缺而贻误或者错失增雨防雹作业机会，气象、人影部门要保证抓住每一次有利的天气时机组织实施人工增雨防雹作业，最大限度地发挥人工影响天气在防灾减灾中的作用。

崇左市四大班子领导连续 10 年莅临人影基地慰问。南宁糖业股份有限公司的领导连续 2 年带领所属的各糖厂厂长大年初一到基地给机组和自治区人影办全体干部职工拜年。各市县党委政府及各有关部门的领导也通过打电话、发短信或亲自到作业点等形式向作业人员进行慰问感谢。

2009—2010 年，自治区遭遇了历史罕见的特大干旱灾害，对广西经济社会发展特别是工农业生产、森林防火灭火、人畜饮水安全等造成了极其严重的影响。党中央、国务院、自治区领导高度重视抗旱救灾工作，胡锦涛、温家宝等中央领导以及郭声琨、马飚、陈际瓦等自治区领导都对广西抗旱救灾做出了一系列重要指示和批示，要求采取措施抗旱保生产生活，努力将旱灾损失降到最低程度。自治区副主席、自治区人影指挥部指挥长陈章良指示各级人影办要严密监测天气变化，抓住每一次有利天气时机，全力组织开展人工增雨作业，力争最大限度地缓解旱情。

4月3日，时任自治区党委书记郭声琨在自治区人影基地看望和慰问飞机人工增雨作业一线人员时，高度评价人工增雨工作，指出面对罕见的旱灾，人工增雨工作成效显著，成绩突出，为缓解旱情，降低森林火险等级，促进春耕春种发挥了重要作用。时任自治区人民政府主席马飚在《人工影响天气专报》（2010年第2期）上做出重要批示："自治区人工影响天气指挥部判断准确，时机抓得及时，组织人工增雨作业措施有力，效果显著，为缓解我区旱情做出了贡献！在此，代表自治区人民政府向你们表示诚挚的问候！"时任自治区党委副书记陈际瓦在百色看望和慰问人工增雨一线作业人员并出席了2010年度广西飞机人工增雨作业总结会，对人工增雨抗旱救灾也给予了高度评价，勉励气象部门要充分发挥科技优势，在做好监测预报的同时，特别要做好人工增雨抗旱工作，发挥自身重要作用。时任自治区人民政府副主席陈章良多次看望、慰问作业机组和区人影办全体干部职工，先后4次对人工影响天气工作做重要批示，充分肯定人工影响天气工作，并代表全区人民特别是旱区人民对人工影响天气工作者深表感谢。2010年，自治区人影办获广西防汛抗旱救灾工作先进集体。

2014年5月29日，广西壮族自治区党委常委唐仁健带领发改委、财政厅等部门负责人到自治区人工影响天气基地调研指导，慰问了自治区人影办工作人员和飞机增雨作业机组，观看了业务技术系统演示，并参加了人工影响天气工作座谈会。在座谈会上，唐仁健充分肯定了广西人工影响天气工作取得的成绩，他指出，自治区人工影响天气指挥部按照"政府领导、部门联动、气象部门组织实施"的运行机制，抓住一切有利天气时机，全力开展飞机、火箭人工增雨防雹作业，降下了及时雨、防御了冰雹灾害，为防灾减灾和经济社会发展做出了突出贡献。

2017年2月13日，广西壮族自治区人民政府召开自治区气象灾害应急指挥部、自治区人工影响天气指挥部、自治区全面推进气象现代化建设领导小组等三个自治区议事协调机构成员单位会议，自治区副主席张秀隆出席会议听取汇报后，充分肯定了近年来全区气象灾害应急、人工影响天气、气象现代化建设各项工作所取得的成绩。会议明确了加快建立指挥部定期联席会议制度，每年至少召开一次人工影响天气指挥部成员单位的协调会议，强化部门间的沟通协调，发挥好指挥部作用。

二、健全制度，不断强化管理

2000 年人影组织机构和作业人员队伍建设及业务规范化管理工作得到进一步加强。根据《气象法》和上级的有关规定，积极要求理顺和建立健全各级人工影响天气工作机构，争取政府对人影组织机构建设的重视和支持，自治区政府领导已批复同意调整充实自治区人工影响天气指挥部领导成员，由自治区副主席担任指挥长。继梧州市、贺州地区于 2000 年成立人工影响天气领导小组后，全区各地市人工影响天气工作领导机构和办事机构已经健全，县（市）级人影机构也有所加强。各级人影组织机构的逐步健全，使自治区人工影响天气的领导和协调工作得到进一步加强，对各地开展人工增雨防雹作业起到了积极的推动作用。

2001 年，自治区人降办还根据中国气象局《高炮人工防雹增雨作业业务规范》的要求并结合自治区实际，修改完善原有的相关制度和办法，下发了《广西火箭高炮作业安全生产制度》《广西火箭高炮增雨防雹作业人员培训及上岗证管理办法》和《广西火箭高炮及弹药管理办法》等，进一步规范了人工影响天气工作的管理。

2002 年在《人工影响天气管理条例》颁布实施后，按照人影条例的要求，自治区在人员持证上岗、作业工具年检、弹药管理、操作程序等方面狠抓规章制度的落实，同时初步拟定了《广西地面人工影响天气作业组织资格管理办法》等。

2004 年继续加强制度建设，制定完善 8 个管理规章制度：《广西壮族自治区人工影响天气安全管理办法》《广西壮族自治区人工影响天气安全事故处理预案》《广西壮族自治区人工影响天气作业公告实施办法》《广西壮族自治区人工影响天气作业人员培训及上岗证管理办法》《广西壮族自治区人工影响天气火箭发射装置、高炮管理办法》《广西壮族自治区人工影响天气弹药管理办法》《广西壮族自治区人工影响天气作业空域申报制度》《广西壮族自治区人工影响天气作业炮点设置的规定》，规范化管理得到进一步加强。

2014 年 1 月 14 日自治区人民政府颁布了《广西人工影响天气管理办法》，从

2014年3月1日起施行。11月，自治区气象局下发了《广西壮族自治区人工影响天气地面作业人员培训及上岗资格证管理办法》（修订稿），完成《广西壮族自治区地面人工影响天气作业组织资格管理办法》（修订稿）。在自治区气象局和各地政府部门的协调帮助下，健全全区人影安全责任制，自治区气象局与各地市政府签订安全责任书达100%，使自治区人影安全生产工作得到了进步的保障和政府的高度肯定。

2014年下半年至2015年，广西人影办充分利用军地资源建设广西人工增雨弹药专用库，进一步加强自治区本级人工增雨弹药储存管理，保证弹药储存更安全可靠。在广西军区的鼎力支持下，采取创新方式，按照军队弹药库标准及要求，由部队提供土地，地方投入建设资金，新建一栋使用面积达300平方米的自治区级弹药储存专用库房。推进人工增雨弹药专业押运，最大限度地降低弹药运输风险，努力确保万无一失。2015年与具备危险爆炸物品运输资质的企业签订弹药运输合同，并从2015年2月起，各市弹药实行由自治区本级委托专业机构、专业人员、专业车辆无缝隙直接运抵市级弹药储存库。

2017年5月10日，广西地标《人工影响天气火箭固定作业站建设技术规范》正式发布。这是广西人工影响天气业务第一项正式发布的地方标准，对推动广西人工影响天气火箭固定作业站建设和管理规范化发展具有重要意义。

三、科技引领，向现代化加快迈进

1999年，广西壮族自治区首次使用气象火箭进行增雨作业获得成功。扶绥县政府拨款购置了HJY-74型气象火箭实施人工增雨，共作业4次，发射火箭10枚，增雨效果显著，得到了当地政府和群众的肯定。

2000年，广西壮族自治区继续下大力气抓紧抓好业务技术系统建设，加快人影作业工具设备更新步伐，通过扩建吴圩基地人影作业指挥室，建立现代化的计算机局域网，建成人工影响天气专家系统、中尺度数值预报系统、9210单收站等子系统，使自治区人工影响天气现代化建设有了新的进展，全区人工增雨防雹作业的科技含量和总体水平得到了进一步的提高，实现了信息资料共享，加快了作业信息交换速率，自治区人影指挥中心在天气监测、作业方案设计、条件时机判别、实时作业指挥、信息收集和作业效果分析等方面更加科学合理，为及时指导全区各地实施高炮、火箭作业、提高作业效果提供了保证。

长期以来，自治区人工影响天气地面作业使用的"三七"高炮设备比较陈旧，零件磨损老化，不利于安全管理及无法实施流动作业，为了尽快改变作业工具落后的面貌，加强农业基础设施建设，自治区人民政府加大了投入力度，逐步为全区人影部门配备新型的人工增雨防雹火箭作业系统。2001 年初，区政府安排了 400 万元专款为自治区干旱、冰雹重灾区和主要粮食经济作物产区首批配备火箭系统，各有关地、市、县政府积极响应，想方设法落实匹配资金，自治区人降办和各地人降办下大力气抓好配备火箭作业系统有关具体事项，积极做好火箭设备的配置、安装调试和操作培训等工作。3 月底，首批 100 套增雨防雹火箭配备到 50 个县（市），并及时投入了春季作业使用。新型人工增雨防雹火箭作业系统操作简易、安全性好、增雨效率高等优越性得到了各级政府领导和当地群众的充分肯定。6 月初，区政府再次拨出了 300 万元补助款为其余县（市）配备人工增雨防雹火箭作业系统。自治区人降指挥中心还引进了新的卫星云图实时接收处理系统，开设了 DDN 专线，保障了数字化雷达探测资料和其他气象信息产品的及时调用，使自治区火箭、高炮作业指挥朝科学化、客观化方向迈进了一大步。

2006 年，由业务科技术人员主持的人工影响天气业务攻关项目——"广西人影作业指挥手机短信发送平台""人工影响天气作业空域报批系统"相继投入业务运行。平台直接将作业预警指令从区人影办作业指挥中心通过手机短信发送给各市、县人影作业指挥员，大大减少了作业指令的传输时间，提高了作业效率。系统实现了人影作业空域申报从电话报批到计算机信息网络报批的质的改进，能同时受理多个作业点的空域申请及报批。

由于广西壮族自治区 37 毫米高炮从 1976 年开始使用，为部队退役装备，且绝大多数为单管高炮，由于使用年限长，部件磨损严重、老化等原因，故障率高，存在较大的安全隐患，已经无法正常使用。2009 年 1—6 月，自治区人工影响天气办公室积极与广西军区装备部、广西军区军械修理所沟通协调高炮报废处理事宜，并于 2009 年 8—10 月聘请并配合广西军区军械修理所严格按照高炮报废程序，对全区 82 门废旧高炮进行了报废处理，消除了高炮作业安全隐患，保障了作业安全。

2010—2011 年，经自治区人民政府批准，自治区财政分两次性核拨 1600 万元，为重旱区、粮食主产区、甘蔗主产区、森林防火灭火重点作业区、大中型水库重点作业区、防雹消雹重点作业区等，增配了 100 套车载式人工增雨防雹火箭发射系统，广西人影作业装备再上新台阶，防灾减灾能力得到进一步增强。

2012 年自治区各级政府继续加强人工影响天气探测和预警指挥能力及作业能力建设，先后投入 1700 多万元，全区配备的第 1 批 57 套县级人工影响天气探测系统顺利建成并投入使用。为了加强弹药安全管理，2013—2014 年为全区 75 个县（区）配备了人工增雨防雹火箭弹专用保险柜。

在自治区气象局计财处、减灾处等相关处室的大力指导和支持下，攻坚克难，在当时车辆编制审批十分困难的情况下，与自治区财政厅等有关部门有效沟通，解决了车辆编制和采购等难点问题，自治区财政核拨第二批项目建设资金 800 万元。2015 年 4 月 17 日，广西第二批 35 套县级人工影响天气探测系统在南宁正式交付各县（区），标志着广西覆盖全区 92 个市、县（区）的人工影响天气车载移动雷达探测网络全面建成，全区人工影响天气作业监测和服务能力迈上新台阶。

为积极探索适合广西地面人工增雨防雹作业的手段方法，提高作业效果，2015 年 5—6 月对建设地面增雨防雹焰炉的选址进行调研，按照技术标准和环境要求进行了实地勘察，2018 年底前在柳州、桂林、玉林、百色、河池开工建设首批 11 套地面焰条燃烧炉播撒系统，开创人工增雨防雹新方式。

2017 年引进中国气象局人影中心云降水综合分析系统（CPAS），率先在广西区级人影效果检验中得到应用，为自治区今后人影业务规范化、科学化提供了探索性思路。引进全天空成像仪和雨滴谱仪，为全区人影观测设备的选型布点做了试验性工作。开展广西空中云水资源开发利用暨人工影响天气作业区划分析研究，为广西合理开发利用空中云水资源，布局人影作业点、配置不同类型的先进作业装备、规划作业弹药储备等提供科学依据。

2017 年在全区各市县气象局的共同努力下，在全区各级人民政府的大力支持下，全区共建成 91 个人影标准化作业站。自治区气象局分两年通过区部合作项目资金为 83 个作业站点配套了自动火箭发射系统、火箭弹专用保险柜、应急发电机、移动指挥平台和作业实景监控系统，投资金额达 1200 多万元，站点建设进一步提高了自治区人工影响天气作业站的现代化、科学化和规范化的水平，完善了人工影响天气作业的工作条件和环境，作业安全得到有力保障。

四、开放合作，勇于自主创新

在做好人工增雨防雹作业的同时，我们努力开放合作，勇于自主创新，进一步加强了人影业务科研工作，当时提出了要赶超国内同行先进水平的新目标，充实技术力量，加大科研力度，业务技术建设不断取得新的进展，使自治区人影科技含量和作业效果有了明显的提高。

2001 年初，自治区人降办和信息产业部电子第二十二研究所达成了联合建设广西雷电探测系统的协议，并在吴圩基地新建了雷电定位主站，在桂林、柳州、河池、百色、玉林等地市建立了副站，形成了覆盖全区的雷电探测网，为自治区实施人影作业增添了新的监测手段。4 月，中国气象局青年气象科学基金资助项目"广西春季人工增雨作业中对流云的实时模拟试验"课题通过了专家验收，其成果可指导今后的增雨作业。

2008 年自治区人影办与广东人影办和海南气科所联合申报中国气象局立项课题——"粤琼桂人工影响天气作业条件综合监测分析共享平台"的研制和广州区域中心立项课题——"新一代天气雷达在人工影响天气中的应用研究"获得立项，并按时间要求完成了相关的研究工作。

2010 年加强与国内外有关单位的科研合作与交流，注重提高自主创新能力和加强人才培养。自治区人影办邀请李大山、姚展予、段英、王广河等国内著名的人影专家到广西做学术报告；派出 2 人访问美国威斯康星大学气象卫星研究院和参加《气象卫星观测在人工影响天气中的应用》项目交流。

2011 年广西承担了国家气象局人影中心暖云吸湿性催化剂试验中的部分试用任务。自治区人影办精心组织，严格按照试验方案要求组织开展飞机外场试验，目前已完成飞机外场试验 20 架次，试用暖云催化焰条 98 根，收集了相关技术数据，并取得了一定的增雨催化效果。8 月邀请美国专家 Allen 教授来自治区人影办开展学术交流。9 月 26—29 日，成功举办中西部九省（区、市）人影办主任联席会暨人影业务技术交流会。

2012 年中国气象局下达的粤、琼、桂三省合作的"飞机跨省作业联合指挥集成技术应用"项目中广西承担的试验任务，最终顺利通过中国气象局组织的验收。

2015 年，自治区人工影响天气办公室与自治区森林防火指挥部办公室签订了

《广西人工影响天气与森林防火合作框架协议》，并正式贯彻实施具体内容。这是广西人工影响天气发展史上与服务对象跨部门签订的第一部框架协议，赋予合作发展新战略。在全国人工影响天气部门亦是率先与林业部门正式签订框架协议，提效益促发展。双方以此为契机，达成长远发展共识，共同推进全区各级人工影响天气部门与林业森林防火部门深入合作，防灾减灾，提效益促发展。同年分别与四川和广东省人影办（人影中心）签订人影业务交流合作协议，协议规范和明确了合作的目标、主要内容以及合作机制等内容，为今后人影业务的交流合作奠定了良好的基础。

2016 年在全国人工影响天气部门中，广西壮族自治区率先与中国气象局干部培训学院开展远程培训合作，签订《广西人工影响天气远程教育培训平台项目建设协议书》，搭建人影远程教育平台，在省级人影部门中第一个在远程教育平台上举办人工影响天气业务方面的培训班，并将远程培训班的学习考试成绩列入作业人员综合素质考核内容。

2017 年 6 月 14 日，自治区人影办与北京市人影办签订了《人工影响天气业务交流合作协议书》。合作注重实质与成效，明确了双方建立互访交流机制、开展信息资源共享、共同建设和完善人影业务平台、联合开展人工影响天气新技术的研究、试验和推广等合作内容。7—9 月，自治区人影办先后派遣 3 批 4 人次赴北京人影办跟班学习交流。交流合作在自治区人影业务流程改造，搭建完成基本架构，明确业务值班职责，规范作业信息上报、值班会商记录等业务值班制度和流程，修订和完善《广西人影业务手册》中发挥了重要作用。

回首 60 年，迈入新时代

——重庆人工影响天气工作历程（1958—2018 年）

李轲（重庆市人工影响天气办公室）

重庆人工影响天气（以下简称"人影"）起步于 20 世纪 50 年代末开展的人影作业试验，此后不断艰苦开拓、锐意创新，走过了风雨兼程的 60 年。这 60 年里，在中国气象局和重庆各级政府的大力支持下，通过几代人工影响天气工作者的不懈努力，重庆人影各项工作取得了长足的发展，现代化程度不断提高，作业服务能力和水平得到了大幅提升。作为气象防灾减灾的重要措施和开发利用空中水资源的重要途径，人工影响天气工作保障农业生产、减轻气象灾害造成的损失，服务生态文明建设和经济社会可持续发展，受到地方政府和人民的肯定和赞誉。

一、组织机构建设

在试验阶段的 20 世纪 50—80 年代，重庆并没有固定的人影机构，工作模式为政府组织、武装部出动高炮和作业人员、气象局进行作业指挥。1989 年，市政府成立了"重庆市人工降雨指挥部办公室"，挂靠在市气象局。重庆直辖后的 1998 年，市编委设立"重庆市人工降雨防雹办公室"，核定编制 6 人。2005 年列入依照国家公务员系列管理范围，2006 年市编委将重庆市人工降雨防雹办公室更名为重庆市人工影响天气办公室，随着人影业务范围的扩大，人员编制也不断增加，目前编制为 13 人。2004 年市政府成立了人影指挥部，由分管气象工作的副市长担任指挥长，市级相关部门为成员单位。目前，全市设立有气象局的 34 个区县（自治县）均成立了人工影响天气工作机构，常年开展人影作业，从事人影管理人员 40 多人，作业人员 600 多人。

二、作业服务领域

重庆地处长江上游，是一个集大城市、大农村、大库区、大山区和少数民族地区为一体的直辖市，地形复杂，立体气候明显，每年都要不同程度的遭受干旱、洪涝、大风、冰雹等气象灾害的影响。增雨抗旱、防雹减灾一直是重庆人影作业服务的重点内容。随着经济社会发展和生态文明建设的需要，空中云水资源的开发利用和生态修复型人影作业服务的需求也日益加大，重庆人影不断拓宽作业领域，扩大作业规模，在防灾减灾、大气污染防治、森林防灭火、水库增蓄水、重大社会活动保障等领域开展了大量工作，取得了较好的效益。

（一）抗旱增雨作业

重庆从 1958 年开始，先后用飞机、碘化银燃烧装置、高炮等进行增雨试验，1959 年在长寿狮子滩水电站进行的高炮增雨试验获得了初步的成功，20 世纪 60 年代开始，进入了一边试验一边运用的阶段，作业规模有了一定的发展，逐渐成为缓解干旱的重要措施。1980 年 7 月 20 日，重庆市人民政府发出紧急通知《立即行动起来抗旱夺丰收》，通知指出："人工降雨是我市行之有效的抗旱措施之一，希望各方面配合协作，切实抓好这项工作。"

1981—1986 年重庆人工增雨工作基本停止。1987 年重庆江北县遭受严重春旱，应市政府要求气象局开展人工增雨作业，严重的旱情得到缓解，为恢复人工增雨工作开辟了道路。90 年代以来重庆地面人工增雨工作全面展开。目前每年增雨作业时间为 3—9 月，以高炮和火箭为主要作业方式，特别干旱时期开展飞机增雨作业。增雨覆盖面积近 5 万平方千米，年均增加降水近 6 亿立方米，增雨效果显著。

不能忘记，在 2006 年重庆百年不遇的特大干旱期间，重庆人影抓住仅有的几次降水过程，大力开展人工增雨作业，发射高炮弹 25055 发，火箭弹 1481 枚，增雨 2.95 亿立方米，为缓解旱情发挥了积极的作用，市人影办获得了重庆市委市政府联合表彰的"重庆市抗旱救灾工作先进集体"荣誉称号。2007 年春季，由于降水不足和 2006 年特大干旱后续影响，重庆西部严重缺水，100 多万人饮水困难，秧苗无法栽插。市委、市政府决定实施春季飞机人工增雨作业。市人影办租用空 13 师增雨飞机，利用 4 月份的 3 次有利天气过程飞行 9 小时，发射碘化银焰弹 500 多枚。作业后催化区域普降中到大雨，局部暴雨，取得了显著的增雨效果，有效地缓解了春季严重旱情。当时执飞副机长是 2013 年入选天宫一号与神舟十号载人飞行任务飞行乘组的女航天员王亚平女士。

（二）人工防雹作业

1961 年重庆、江津等地遭受了较严重的雹灾，政府要求开展土法消雹防灾。重庆市、江津、涪陵、万县地区相继使用土法协同高炮开展人工消雹活动，取得一定效果。

1981 年之后 10 年，重庆人工防雹活动基本停顿。在此期间 1986 年 5 月重庆市在 20 天内先后遭受四次暴雨、狂风和冰雹袭击，造成严重损失，死亡 120 人，伤 4301 人，总经济损失 5 亿多元。其中 20 日荣昌、大足遭受百年罕见的特大飑风（风速＞40 米 / 秒）和冰雹袭击，107 人丧生，农作物毁坏，直接经济损失高达 2 亿多元。

1992 年重庆恢复了人工防雹作业。直辖后的重庆东部山区因地形复杂、冰雹发生频率较高，并且为烟叶等重要农经作物种植区，成为防雹重点作业区，每年 3—10 月炮点实行 24 小时值守，大力开展防雹作业。近 10 年防雹保护面积总计达 21 万平方千米，冰雹发生频次明显减少，防雹作业服务得到了当地政府和老百姓的高度认可，取得了较好的服务效益。

（三）蓝天行动人工增雨作业

重庆市政府高度重视大气污染防治人工增雨工作，2009 年冬季开始，蓝天行动人工增雨作业服务拉开了帷幕。确定围绕主城区的周边 10 个区县为蓝天行动作业区域，并通过飞机和地面火箭立体作业的模式，于每年的 11 月至次年 2 月开展增雨作业服务，助力主城区每年蓝天目标顺利完成。《重庆市大气污染防治条例》《主城区大气污染预警与应急处置工作预案》《重庆市空气重污染天气应急预案》等均将人工增雨明确列为空气污染应急响应的措施之一。大气污染防治人工增雨作业与防雹减灾、增雨抗旱作业并驾齐驱，成为重庆人影三大服务领域。市人影办获得"重庆市 2010 年度创建国家环境保护模范城市工作先进单位"。

2009—2017 年，蓝天行动人工增雨共开展火箭作业 903 箭次，发射火箭弹 4362

枚；开展飞机作业 141 架次，发射焰弹 2813 枚，燃烧烟条 3813 根。

（四）森林防灭火和水库增蓄水增雨作业

为了更好地开展森林防灭火增雨作业服务，编制了《重庆市森林防灭火和突发公共污染事件人工增雨作业应急预案》，发生森林火灾或者森林长期处于高火险时段时，积极开展人工增雨森林防灭火作业。在 2006 年特大高温干旱期间，2011 年武隆、南川、荣昌和 2016 年九龙坡等森林灭火工作中，人影作业为彻底扑灭火灾发挥了积极的作用。为做好干旱时期水库增蓄水增雨作业，制定了水库增蓄水专项服务方案，并根据需求积极开展增雨作业。

（五）重大活动保障消雨试验

2005 年 10 月 11—14 日，为保障第五届亚太城市市长峰会顺利召开，重庆租用两架飞机进行了消雨作业，首次采取高空飞机消雨，结合地面高炮、火箭作业的方式，形成立体式消雨网，这也是西南地区首次采取飞机实施人工消雨作业。这次消雨作业共出动飞机 10 架次，作业时间共 24 小时，播撒液氮 580 升，焰弹 80 枚；发射人雨弹 3270 发，火箭弹 138 枚。取得了良好的消雨效果，确保了峰会期间大型户外活动的正常开展，得到市委市政府领导的好评。近年来相继为花博会、重庆直辖 10 周年庆典活动、第九届三峡国际旅游节、奥运会火炬传递、两江新区授牌、五运会等重大社会活动开展了保障作业，得到了政府的认可。

三、现代化建设

在中国气象局和地方各级政府的大力支持下，重庆人影实现了飞跃发展，尤其是"十二五"以来，从"基础设施建设硬实力、业务技术水平软实力"两方面齐抓并举，通过项目带动，大力提升人影管理能力、服务能力和现代化水平。

（一）制度不断完善

"十二五"以来，市政府颁布了《重庆市人工影响天气管理办法》，市质监局颁布了《人工影响天气作业事故调查规范》《人工影响天气固定作业点建设技术规范》两个地方标准。市人影办修订了《重庆市人工影响天气安全管理办法》《重庆市人工影响天气高炮、火箭发射装置及弹药报废销毁管理办法》《重庆市人工影响天气地面作业人员管理办法》《重庆市人工影响天气地面作业制度》等。各类规章制度不断完善，为人工影响天气工作的现代化发展提供了有力的制度保障。

（二）作业手段不断丰富

20 世纪 60 年代起，重庆人影作业主要以"三七"高炮为主，1998 年重庆警备区无偿赠送 61 门退役"三七"高炮用于人影作业。2000 年璧山县率先引进一套西安 41 所 BW-IB 新型火箭，2003—2005 年市人影办分三批为全市开展人影作业的区县配备 68 台火箭（每个区县各 1 台车载式和牵引式火箭），形成高炮、火箭为主的作业装备格局。2010 年开始，建立飞机增雨常年作业机制，每年 1—2 月、11—12 月开展飞机增雨作业，形成了飞机和地面相结合的立体催化作业网。

近年来，重庆强化作业装备更新升级。2013 年为 34 个作业区县统一更换了火箭牵引车，2017 年对全市 65 式双"三七"高炮进行电气改装，实现高炮作业远程操作和作业信息自动采集，并在蓝天行动作业区县布设 12 台新型自动化火箭。

目前全市地面作业装备有：高炮 145 门，其中 57 高炮 2 门、自动化"三七"高炮 68 门；火箭 139 台，其中自动火箭发射架 19 台；碘化银燃烧炉 2 台。"十二五"期间建立了飞机作业长效机制，于 2015 年起租用先进的国王 C90 飞机实施冬春季飞机增雨作业。人影作业手段不断丰富，装备现代化水平有了明显的提高。

（三）安全管理信息化水平不断提高

安全管理历来是人工影响天气工作的重要保障，重庆人影按照中国气象局的要求，结合实际工作经验并融入多项现代化手段，不断改进和规范安全管理方式方法。2012 年建成空域申报系统，提高空域申报批复率；2013 年建成作业实景监控系统，实现对全市 150 个固定作业点、110 个移动作业点作业现场、移动作业轨迹的全程监控和录像；2016 年建成基于"互联网＋物联网"的人影物联网智能管理系统，实现对装备、弹药全方面智能化管理。同时，按照《人工影响天气安全管理行动计划》，加强人影安全监管，特别严格弹药运输存储。

（四）作业点建设不断加强

重庆人影作业点分布较广，大部分炮点在山区，环境十分恶劣。2006—2008 年市政府与区县政府共同出资建成 126 个固定炮站。2015 年开始，按照《人工影响天气固定作业点建设技术规范》（DB50/T582-2015）要求，用 5 年的时间对全市固定炮站进行标准化改造升级。新建成的炮站具有"巴渝化"的独特风格，拥有完备的基础设施，并配备作业实景监控、物联网终端、人影平台终端 APP 等，实现人影各类信息的快速交互和安全监管，大大提高了炮站的作业响应以及安全管理水平。围绕扶贫攻坚战略实施，标准化炮站建设也成为部分贫困乡镇精准脱贫的助力之一。

（五）人影探测网全面铺开

重庆人影探测设备一度比较落后，2003 年以前主要依靠市气象局 1 部 713 雷达指挥作业。2003 年开始，云阳、永川、璧山、巫溪、开县、巫山和奉节相继布设 7 部人影专用小雷达。2008—2011 年重庆陈家坪、黔江、万州、永川 4 部多普勒天气雷达相继建立，雷达拼图基本能够覆盖全市的作业点。

2012 年起，重庆陆续布设了 2 部风廓线雷达、5 部微波辐射计、5 部微雨雷达、35 部雨滴谱仪和 1 部雾滴谱仪，人影地面探测网基本建立，云水资源探测迈出重大步伐。建成人影地基特种观测资料显示平台，实现资料共享应用，为重庆市气象防灾减灾提供了有力的基础数据支撑。

（六）业务系统不断升级

2010 年，建成了基于雷达的人影业务系统。"十二五"期间，引进了中国气象局人影中心 CPAS 系统、统计效果检验系统和物理效果检验系统，开发了飞机人工增雨作业平台以及西南区域人影中心 Grapes 云模式共享发布平台。

由于互联网的进步、智能手机的发展和人影各项工作的不断深入，2014—2015年，建成了新一代人影综合指挥管理平台（含手机终端 APP）。平台按照《全国人影业务体系建设指导意见》《人工影响天气业务现代化建设三年行动计划》以及"五段业务流程"要求，集业务指导、监测预警、决策指挥、效果评估、综合管理等功能于一体，并实现市—区县—作业点三级联动，提升了人影业务及管理的规范化、流程化、自动化、智能化。特别是人影 APP 终端作为全市人影各级业务流转的重要载体，体现了"移动工作站"式"互联网＋"思路，突出了对地面作业端人影业务的支撑，解决了人影业务的三级流转和信息快速交互的问题，实现了"指尖上"的业务管理。平台于 2015 年投入业务应用，大大提高了重庆人影作业的快速响应能力，作业信息上报时限稳定缩短到 2 小时以内。

（七）科研水平不断提高

重庆的人工影响天气工作起步于人工增雨防雹技术研究，从 1958 年初在北碚缙云山的"烟熏法"影响云层开始，重庆人影没有停下探索的脚步。经过数十年的传承和发展，人影关键技术的研究带动了重庆人影业务的发展。市人影办组建了业务技术攻关团队，围绕作业监测识别、数值模式应用开发、概念模型和指标体系建设、云水资源评估、效益评价等关键技术开展研究，近年来承担各类科研项目 14 项，发表论文 10 余篇；获重庆市科学技术进步奖三等奖 1 次，市气象科技工作二等奖 2 次。

回顾 60 年的寒来暑往，重庆人影各项工作随着经济社会的发展取得了飞跃的发展，也为地方发展和民生提供了坚实的气象防灾减灾服务保障。如今，国家发展进入新时代，新的战略和定位对人影融入地方建设，保障粮食安全、水安全、生态环境安全等方面提出了新的挑战。重庆人影跟随时代步伐，已经拉开了人影服务领域从传统的防灾减灾向大气、生态等环境保障领域服务拓展的序幕，未来将紧密围绕习近平总书记对重庆"两点"定位、"两地""两高"目标和"四个扎实"要求以及打好"三大攻坚战"、实施"八项行动计划"战略部署，紧密跟进当今科技发展的脚步，步入信息化、智能化、智慧化的新阶段，书写新时代的奋进篇章。

不懈追梦六十载，继往开来谱新篇

——记贵州人工影响天气工作 60 年

杨木者[①]

一、贵州省人工影响天气工作回顾

六十载沧桑砥砺，六十年春华秋实，始于 20 世纪 50 年代的贵州人工影响天气工作以"防灾减灾为人民"为初心，从无到有，从土法作业到新型装备作业，从单纯地面作业到空中地面立体作业，从只靠人工到逐步实现自动化，历经三个阶段不断发展，不断进步。

第一阶段为土法防雹阶段。20 世纪 50—70 年代，贵州主要是不断采用土炮、土火箭在局地开展人工防雹试验，从此揭开了贵州省人工影响天气工作的序幕。例如贵州南部铜仁市就在 20 世纪 70 年代使用了"思南县、德江县、原铜仁县三县"土制的"500-40-2 型双燃烧室支农土火箭"开展防雹，此火箭射击高度不足 3000 米，飞行不稳定，存在较大的安全隐患；1973 年 4 月 7 日，在贵州西部毕节市杨家湾，由毕节军分区、地委农工部、地区邮电局、地区气象局等单位联合组织了全省首次"三七"高炮防雹作业实验，从此"三七"高炮防雹进入了贵州的历史舞台；在贵州中部安顺市也于 1974 年组成了防雹试验组，并在丰收大队设置第一个防雹点，由大队组织 5 个民兵利用自制土炮开展了防雹试验，在 1974 年 5 月 30 日的一

---

① 杨木者（1988—　），贵州省人工影响天气办公室科员，主要从事人工影响天气综合管理工作。

次防雹过程中，打退了雹云，保护了夏粮。新院生产队社员深有体会地说："1972年遭雹灾，小麦歉收，今年搞防雹，我队光收小麦就一万三千斤，要不是搞防雹，哪有今年夏粮好收成"，并于1975年年初建立了以十字区九甲公社为重点的防雹试验区。历史是不断前进的，在这时期全省各地不断通过土法防雹方式进行试验开展作业，虽然作业射程短、范围窄、安全隐患大，效果也不明显，却为后来贵州人影奠定了扎实基础。

第二阶段为规模化阶段。经过前面二三十年的积累，贵州人影初具规模。到了20世纪80—90年代，贵州人工影响天气工作虽然仍是以防雹为主，但是基本告别了土制火箭和土炮.作业工具主要是"三七"高炮，因为"三七"高炮安全、稳定、发射高度高的特点，防雹效果较好，广受欢迎，所以在全省陆续推广应用，由此全省防雹初具一定规模，逐步形成了防护区。在这个发展初级阶段，因为贵州多年深受干旱之苦，于是贵州人工影响工作者也摸索着增雨方法，尝试开展飞机增雨试验，向老天求甘露。在1980年7月7日贵州租用了一架伊尔-14飞机实施了第一次飞行作业，作业范围以重旱区为主，兼顾轻旱区，共作业19次，播撒尿素30吨，播撒航程约1945千米，迈出了飞机增雨的第一步。1986年，根据时任贵州省委书记胡锦涛在贵州省气象局李启泰同志关于人工影响天气研究项目建议书上批示："请李启泰同志做出飞机冬季增雨技术方案，请农办组织专家进行论证，可行后加以实施。"贵州省20世纪80年代先后进行过6次飞机人工增雨作业试验，但作业技术手段仍处于初级阶段。

第三阶段为结构升级新阶段。1997年，贵州引进第一具车载火箭用于人工增雨，标志着贵州省人工影响天气工作进入人工增雨与防雹并重新阶段。2005年，贵州省引入飞机开展人工增雨，从此翻开了贵州人工影响天气工作崭新的一页，形成了由地面高炮、火箭作业为主转到地面与高空飞机作业立体互补的格局。经过这发展时期的20多年积累，在作业装备上，现已常年租用1~2架飞机开展增雨，出动作业高炮490多门、火箭发射装置210多套，开展人工影响天气工作，全省从事人工影响天气工作达2600多人；在作业指挥上，从省级到市州都建立了人影业务现代化平台，部分县、市也有了自己的人影指挥平台，开发了统一调度，能够从监测、预警到指挥的业务系统，全方位的统计分析人影作业信息、安全信息，切实初步实现了人工影响天气现代化指挥作业；从人影管理方面，安全得到进一步强化，安全责任得到了进一步落实，设立地方领导议事机构，并下设实体化办事机构，人工影响天气工作机制进一步健全完善，贵州人影进入了一个历史发展新阶段。

回顾贵州人影 60 年发展历程，在中国气象局和贵州省委、省政府的领导下，经过了一代又一代气象工作者、人工影响天气工作者的努力，贵州人影虽然经历了很多波折，却也抓住了历史给予的机遇，克服困难，不忘初心，不负使命，一步一个脚印，扎扎实实推动贵州人影发展，现已基本建成了作业设备门类比较齐全、作业布局基本合理、防雹与增雨并重、地面与高空飞机作业立体互补的人工影响天气格局。

二、贵州省人工影响天气事业迎来发展新契机

"历史只眷顾坚定者奋进者搏击者，而不会等待犹豫者懈怠者畏难者"，人工影响天气的发展离不开人工影响天气工作者不畏艰辛的努力拼搏，也离不开地方政府和广大人民群众的大力支持。

贵州省各级地方政府自人工影响天气工作开展以来陆续设立了省、地、县人工影响天气领导小组等非常设机构。2006 年，省编制委员会办公室批准成立了"贵州省人工影响天气作业指挥中心"，核定编制数 12 人，并于 2012 年纳入参照公务员法管理单位。从此，地方政府在人工影响天气工作上有了实体机构，为贵州省人影的发展提供了良好的平台。

2012 年对于人工影响天气工作者来说是难以忘记的一年，是振奋人心的一年。2012 年 5 月 22 日，国务院组织召开了第三次全国人工影响天气会议，时任国务院副总理回良玉发表了重要讲话，国务院出台了《国务院办公厅关于进一步加强人工影响天气工作的意见》。在省委、省政府的高度重视和全省气象工作者的努力下，2012 年 11 月 12 日，省人民政府首次召开了全省人工影响天气工作会议。2012 年 12 月 3 日，省政府出台了《省人民政府办公厅关于进一步加强人工影响天气工作的实施意见》，明确新时期贵州省人工影响天气工作目标任务。2013 年 1 月 10 日，省机构编制委员会办公室与省气象局联合发文《关于设立市县人工影响天气机构等事项的通知》，明确了各市（州）、县（市、区、管委会）人工影响天气机构设立、主要职责、人员编制、经费保障等，为贵州省人工影响天气工作发展提供强有力的政策支撑。依托这个发展机遇，全省 8 个市（州）、86 个县（市、区、管委会）共落

实人工影响天气机构 94 个、编制 327 名，省市县气象部门人影编制入编人数达 243 人，省、市、县各级人影经费纳入常规预算。全省人工影响天气工作呈现出了一片欣欣向荣、蓬勃发展的局面。

三、人影安全管理得到了进一步加强

在贵州人影发展初期，安全基础薄弱，管理粗放。当时很多人影炮站采用租用民房的方式进行作业，作业场所伴随着牛夯犬吠，夹杂着土苞谷堆，没有禁射区的标注，没有防雷设施的建设，作业环境存在极大的安全隐患；作业人员未经系统培训；安全管理不系统，规章制度不健全。自贵州人影结构升级阶段开始，安全管理逐步向规范化发展。

建章立制。2000 年，《中华人民共和国气象法》问世；2002 年 2 月国务院颁布《人工影响天气管理条例》，对人工影响天气工作提出了要求。以此为支撑，贵州省于 2002—2017 年，先后编制了《贵州省人工影响天气管理办法》《贵州省人工影响天气工作管理手册》《贵州省人工影响天气工作管理手册（续）》《人工影响天气高炮（火箭）作业点建设规范》等规章和规范性文件。由贵州省第十二届人民代表大会常务委员会第三十一次会议通过的《贵州省人工影响天气条例》于 2018 年 1 月 1 日起正式施行，《贵州省人工影响天气条例》对人工影响天气的基础设施建设、作业队伍建设、资金保障、规范管理、安全生产、高效作业等方面作出规定，明确各级人民政府和相关部门的工作职责，《贵州省人工影响天气条例》的颁布实施对于提升贵州省人工影响天气为推进大扶贫、大数据、大生态三大战略行动服务，具有十分重要的促进作用。针对安全管理工作，经过长期的摸索与总结，创建了一些具有地方特色的安全管理制度，特别是 2017 年以来，创新性地施行了《贵州省人工影响天气安全管理每周零报告》，及时排查了各级人影部门所存在的安全隐患；每旬上报"贵州省人工影响天气弹药库存及使用情况旬报表"，及时明晰了弹药数量及故障详情；建立、完善作业装备年检和集中采购、安全责任制等制度，同时按照"零容忍、全覆盖、严执法、重实效"的理念，每年开展人影安全大检查，全覆盖、无死角地检查，确保各级人影部门安全管理工作落到实处。

夯实基础。贵州省在发展阶段积极改善人影作业条件，打造人影作业新场所，建立具有独立值班室、休息室、弹药库、炮库、炮台、围墙、观测场地、大门、防雷装置等设施的标准化炮站。配备弹药存储柜 324 个，并租赁都匀市民用爆破器材有限责任公司仓库作为省级人影弹药存储仓库，进一步加强了人影弹药的安全储运工作。从 2014 年起，为了进一步满足各级人影部门的联络指挥和信息反馈，为 307 个作业炮站接入光纤并安装视频监控，于 2018 年基本完成了全省标准化炮站建设工作。

强化培训。建立了作业人员持证上岗培训，自 2000 年以来，组织开展各类安全培训及技能竞赛，结合安全事故视频的播放、反恐防暴事件的演练等，进一步加强人影作业人员的安全意识与安全技能，年均培训作业人员约 2600 名。

稳定队伍。2012 年起，为最大程度上保证作业人员的权益，全省所有作业人员购买保额不低于 100 万元的意外伤害保险，并鼓励单位为其缴纳养老保险，进一步强化和稳定了作业人员队伍。

四、人影业务现代化和科研取得显著成绩

进入 21 世纪后，随着时代的进步，贵州不断推进人工影响天气现代化进程，逐步实现向信息化、集约化、高效益的转变。近年来，紧扣中国气象局人工影响天气业务发展方向，按照中国气象局人工影响天气业务现代化建设三年行动计划要求，各级人工影响天气部门共同努力，不断加快业务现代化建设步伐，在作业装备改造、探测设备引进、业务平台和作业站点建设等方面取得重要进展。

全面更新人工影响天气作业装备。近年来，省人影办积极推进，各级人影办配合实施，进行全省作业装备的引进、改造。贵州省积极参与国家级新型作业装备业务试验，承担中国气象局远程控制火箭和数字化"五七"高炮的业务试用、完成低空火箭作业试验、"WR-1D""WR-1A"火箭等新装备及"13 型"人雨弹、中兵防雹增雨火箭弹等运用试验。同时，引进、改造"三七"自动化作业高炮和新型自动化火箭。通过各级人影办的努力，目前，全省完成 54 部新型自动化火箭布设、65 部自动化火箭、106 门自动化高炮改造。

科学布设人工影响天气探测设备。2004 年以前，贵州人影天气探测设备较单一，仅有"711"探测雷达。2004—2014 年，新增多普勒天气雷达和"TWR-01"雷达。随着科技发展，越来越多的新型探测设备被用于人工影响天气工作中。2014 年以来，采购双偏振雷达和多通道微波辐射计各 1 部，便携式数字化雷达 2 套。2016

年，贵州省冰雹防控工程技术研究中心建设的地基多通道微波辐射计和方舱式 X 波段全固态双偏振雷达投入业务试运行。同时，按照"大雷达预警，小雷达指挥"的建设思路，依托中央专项人工影响天气补助资金升级建设 17 部小雷达。新设备的引进，构建了多渠道观测、监测体系，提升了灾害性天气过程预测、预警能力，同时也为研究贵州冰雹等灾害天气过程提供了宝贵的资料。

不断完善人工影响天气业务平台。 在中央和地方资金的共同支持下，省、9 个市（州）及部分示范县建立独立的人工影响天气业务平台，实现业务值班、视频会商、空域申报、作业指挥等功能。2013 年以前，省人工影响天气办公室位于省气象局老业务楼。2013 年后搬到金阳办公区，有了独立的办公室、业务平台、空域调度室、机房等。此外，自 2011 年，铜仁地区思南县、黔南州长顺县等在炮站基础设施建设方面独树一帜，颇有创意地为炮站配备了计算机，安装了监控摄像头之后，全省全面推进标准化、信息化炮站建设。目前实现全省标准化炮站达 100%，作业信息化终端和炮站视频监控系统在省、市、县、炮站四级全覆盖，为实现省级指导、市级预警、县级指挥、炮站实施的作业模式提供了硬件支撑。

探索出智能实用的县级人工影响天气业务"威宁模式"。 通过不断积累和完善，针对县级人影指挥业务，2017 年贵州建立了智能实用的县级人工影响天气业务"威宁模式"，即是以气象预报业务模式打造人工影响天气业务流程，针对山区地形特点建立具有本地特色的"大雷达预警、小雷达指挥"冰雹防控监测预警模式。在威宁试点研发的"基于雷达远程控制指挥的县级人工影响天气监测指挥监控管理应用系统"，利用多普勒雷达、本地小雷达、双偏振雷达、风廓线雷达、微波辐射计等垂直观测体系资料，根据对流云的移向、移速、未来影响区域等，对相关区域做出预警；利用小雷达确定目标、计算参数、找准作业时机、作业部位和用弹量，准确定位、精确打击，自动计算回波中心范围内炮站作业仰角、距离、用弹量等参数的一键式防雹作业指挥，直观对比作业保护防区内外的雹灾损失，提高作业效率和服务效益。应用此模式开展防雹工作，在威宁县取得良好效果，每年烤烟损失减少近亿元。针对"威宁模式"取得的成功经验，结合其他县级作业监测预警和跟踪指挥的实际需求，组织开发了基于 SWAN 的县级人工影响天气综合业务系统，结合威宁在物联网系统推广经验，在全省推广"威宁模式"，进一步提高作业效益和安全管理，做到防雹预警及时、指令传输通畅、作业指挥准确，实现全省县级人工影响天气作业指挥科学化。

积极提升人工影响天气科技水平。贵州冰雹天气频发，在做好业务工作的同时，基于贵州冰雹分布特点及人影作业基础条件，针对人工影响天气理论、监测能力、效果评估等方面存在的科学问题，进行了有针对性的设施建设、试验研究、技术应用和成果转化。2004 年，中国气象局贵州人工防雹增雨试验示范基地授牌，成为全国唯一的中国气象局授牌的人工防雹增雨试验示范基地。2013 年 9 月，省科技厅印发了《关于组建"贵州省冰雹防控工程技术研究中心"的批复》，批准启动"贵州省冰雹防控工程技术研究中心"建设。2017 年 5 月 22 日，省气象局正式组建贵州省冰雹防控技术工程中心，实体化运行。围绕冰雹形成机理、冰雹防控试验以及新技术新方法的应用，申报了国家自然科学基金重点项目"冰雹云循环增长动力作用机制研究"和地区科学基金项目"基于双偏振雷达的初始冰雹云粒子相态变化观测及数值模拟研究"，与成都信息工程大学联合申报了"雹胚形成及演变的微物理与热动力特征的观测研究"。目前，已获批省部级项目 2 项、地厅级项目 2 项。自2013 年来，发表论文 35 篇。

五、人影作业服务效益得到明显提高

贵州省历来就自然灾害频发，干旱和冰雹灾害尤为严重，部分贫困地区老百姓因灾致贫，甚至因灾返贫。贵州省人工影响天气工作开展以来，作业效果得到了地方政府和老百姓的认可，多次得到省领导批示肯定。2011 年 8 月 12 日，时任贵州省长赵克志同志在贵州省人工影响天气工作简报上作了"要继续开展人工增雨，想办法多下雨，有什么困难可提出来，省里大力支持"的批示，省政府还将防雹增雨工作纳入了目标考核范围。

在增雨抗旱方面。自从贵州开展增雨工作以来，常年增加空中和地面年均降水25 亿立方米左右，大大缓解了旱情，在贵州增雨抗旱、生态建设、水库蓄水发电、森林防火等方面发挥了重要作用。例如在 2010—2012 年贵州连年干旱期间，民航、空军部队等部门大力协作，飞机人工增雨加密飞行，开辟空中"绿色通道"，实现任意时段内机动飞行，夜航作业常态化，不放过任何一次人工增雨的绝佳时机，创造了国内飞机 1 天 6 架次加密人工增雨纪录。由于人工增雨作业业绩突出，人工影响天气工作得到了省委省政府充分肯定、得到了老百姓的高度认可，同时也受到了各大新闻媒体的广泛关注，中央电视台、中央人民广播电台、新华社、《中国气象报》、贵州电视台等 20 余家媒体先后进行报道。2010 年人工增雨抗旱的过程中，因为贵州人影办多名男职工远赴沙特阿拉伯开展飞机人工增雨试验，贵州人影作业主要靠女职工来上飞机承担重任。这支娘子军一直把自己当成男人用，不喊苦不喊累，以昂扬的精神和坚强的作风，默默无闻地奉献人影事业，荣获"全国巾帼文明岗"的光荣称号。

在防雹减灾方面。 全省作业装备合理布局，增雨防雹作业保护面积达 11.2 万平方千米，防雹有效率达 90% 以上。贵州地处喀斯特地貌，针对贵州省冰雹出现时间早、影响范围广、发生频次高、冰雹密度大等灾害特点，2017 年起贵州推行"打破行政区划，适当补贴冰雹天气生成的上游区域，统一指挥，区域联防，上下联防"的理念，防雹效果非常显著，得到地方政府高度认可。在 2018 年 3 月 13 日人工防雹服务工作中，贵州省人民政府副省长吴强批示"省人影办要进一步加大干预力度，在重点区域和点、线开展作业，降低强对流天气的影响范围和强度。"

在生态建设方面。 为响应生态文明建设需求，2015 年针对草海生态保护区制定了《贵州草海生态治理人工增雨防雹工程建设方案》，增加作业装备，优化作业布局，加大地面作业量和飞机增雨次数。

在服务特色农业方面。 针对贵州现代高效农业示范园区，制定了《贵州省现代高效农业示范园区人影优化服务工作计划》。六盘水市、黔西南、毕节等地与烟草部门签订合作协议，并制定了烟草精细化服务方案等，有针对性地对经济作物开展防雹作业，有效减轻冰雹灾害造成的损失，被当地老百姓称为"防范天灾的保护伞"。

在服务库区蓄水方面。 针对全省骨干水库洪家渡水库，上流域中下部设置 35 个高炮作业点，5 部移动式火箭作业点，2004 年 6 月 14—15 日，开展增雨作业，为洪家渡水库增蓄 5400 万立方米，保证了电站如期首次发电；2005 年 4 月至 2005 年 8 月共进行了 7 次人工增雨作业，增雨量 4.67 亿立方米。2012 年制定了《乌江流域水力发电人工增雨作业服务方案》。2015 年，围绕生态文明建设，并且根据服务方案，针对主要水库集流区，特别是流域水系上游，优化作业布局，增加作业装备，补充机动作业能力，建立高炮、火箭、飞机相配合的立体式乌江流域增雨作业体系，形成长期稳定的增雨机制。

在重大活动人影保障方面。 全省积极做好生态文明国际论坛、中国国际大数据产业博览会、首届全国山地运动会（黔西南）、第十二届贵州旅发大会（黔南平塘）、2018 年央视春晚黔东南分会场等重大社会活动的人影保障，获得相关部门的认可。

雄关漫道真如铁，而今迈步从头越。 60 年是一个崭新的起点，过去的成绩属于历史，积累的经验成就更好的未来 . 新时期我们深刻意识到，仍然肩负着人工影响天气工作服务进一步精细化科学化、全面实现现代化、人才队伍稳定等重任，任重而道远，这就需要一代又一代的人影人不断努力不断积累，才能勾勒出具有贵州特色的现代化人影蓝图。

站在 60 年的新起点，面对新的机遇和挑战，贵州人影人将以昂扬的斗志、奋发创新的精神，凝心聚力，以安全为发展的大前提，以生态修复型人工影响天气为核心，以提升人影服务能力为基础，在人影现代化、提升人影科技含量、强化人影管理、人影法制化建设等方面进一步努力，为贵州人影再创佳绩做出我们应有奉献，更加发挥人工影响天气工作在防灾减灾、生态文明建设、水资源利用中的地位和作用，在不远的未来，我们必将实现人影新的跨越，书写属于我们新时代的篇章！

威宁自治县气象防灾减灾体系建设

——人工防雹增雨体系建设回顾

刘维芳 [①]

威宁彝族回族苗族自治县位于贵州省西北部云贵高原乌蒙山腹地，隶属于毕节市，国土面积 6296.3 平方千米，2016 年末人口 147 万余，辖 35 个乡镇 4 个街道办事处，地处内陆低纬度高海拔的地理位置，与贵州省赫章县、水城县，云南省宣威市、会泽县、鲁甸县、昭阳区、彝良县相接，属亚热带季风性湿润气候。县境中部为高原台地，开阔平缓，以山为隔，盆坝相间，四周为深切河谷，峰壑交错，江河奔流，为"四江之源"。境内最高处 2879 米，最低处 1234 米，平均海拔 2200 米。乌蒙山余脉纵贯全境，自西北向东南分成 3 个小山系呈"川"字分割全县，地形复杂破碎，气候多变。春旱、倒春寒、暴雨山洪、冰雹、雷电、大风、晚夏冷涝、秋风、秋绵雨、凝冻等灾害性天气交替出现，对全县经济社会发展和人民群众生产生活造成了巨大危害。

威宁是农业大县，全县烤烟种植面积 30 万亩，是全国八大烤烟种植县之一。玉米种植 70 余万亩，马铃薯种植面积 180 万亩，精品苹果 15 万亩，蔬菜 100 万亩。据民政部门统计，平均每年因干旱、大风、洪涝、冰雹等气象灾害造成的经济损失在 2 亿元左右，严重制约和影响粮烟果蔬生产发展及产业结构调整，气象灾害是广大农户因灾致贫和返贫的因素之一，其中大风、冰雹对烤烟生产危害影响为最，成为历届县委政府的一大心病和难题。

---

① 刘维芳（1966— ），贵州省威宁彝族回族苗族自治县气象局局长（2004— ），工程师。

人类与大自然共处中，适应自然规律和与灾害抗争的活动从未停歇。20 世纪 70 年代，威宁的老一辈气象人在人工防雹方面进行了探索和实践，1973 年和 1974 年自治土火箭防雹，不仅没有成效，还存在很大的安全隐患，全国范围内因此出现伤亡事件，因此很快就放弃了，一放就是 19 年，但探索寻找新作业工具从未停止，后利用三七高炮防雹获得成功。

1992 年，威宁县气象局老一辈气象工作者积极向威宁县委政府建议采用"三七"高炮防雹，得到了县委政府积极回应和大力支持，成立了人工增雨防雹领导小组，设立指挥部和办公室，统一筹划威宁县的防雹工作。1993 年决定购置 3 门高炮设立 3 个炮站进行人工增雨防雹。分别布设在雹灾严重的小海、观风海、牛棚 3 个乡镇，组建炮班，培训炮兵，借用民房作为营房，简单平整土地作为发射阵地，进行人工防雹增雨外场作业。为使人工防雹新技术在威宁取得成功，专门安排 3 个有长期气象观测经验的气象员到炮站蹲点，解决"看天"和监督指导炮兵值班训练和作业的问题。当年 3 个炮站共进行 35 次防雹作业，发射炮弹 800 余发，有效扼制和减轻了冰雹灾害，小海镇人民政府赠送威宁县气象局锦旗，上书"人工防雹作用大，'三七'高炮显神威"，对"三七"高炮防雹取得的效益给予了肯定。

由此，伴随着技术进步和威宁经济社会的发展，威宁县人工防雹增雨炮站从无到有，规模从小到大，作业指挥水平从低到高，炮站基础设施从简陋到标准，人工影响天气工作管理从松散至规范，经历了曲折的发展历程，人影规范化管理和现代化建设从未止步。21 年来，为使人工影响天气工作迈上正规化现代化之路，在历届县委政府和上级业务主管部门的关心支持和领导下，威宁两代气象人付出了艰辛的努力，在不同的发展阶段，适时提出和落实了威宁人工影响天气工作的发展目标。通过不断的努力，不仅实现了量的扩张，而且实现了质的飞跃：人影规模为贵州县级之最，监测指挥水平处于全省县级前列。

一是从设置于野外、设施极其简陋的 3 个炮站发展到了现在的 37 个标准化炮站，人影作业工具从"三七"高炮发展到现在的 30 门，各类火箭 23 具。

二是人影作业从仅靠民兵用肉眼判断作业，到 1997 年开始装备雷达监测指挥，2011 年更新了雷达指挥系统，2013 年实现了昭通多普勒雷达观测远程实时同步共享，远程预警与本地观测同时用于人影指挥。

三是通信手段从单边带短波电台到甚高频，至现在依托电信移动通信的无线对讲，2017 年 37 个炮站全部架通光纤接入互联网，建成远程实景监控系统，指挥中心与炮站组群实现 QQ 和微信通信。

四是 2014 年建成了以雷达观测为核心的"人工影响天气监测监控指挥管理应用系统"，2015 年 6 月 24 日中华人民共和国国家知识产权局授权颁发《实用新型专利证书》。

五是 2015 年开始高炮和火箭自动化改造，2016 年完成 15 具火箭自动化改造，2017 年完成 26 门高炮自动化改造。

六是在炮站实现互联互通和作业工具自动化改造的基础上，2017 年升级"人工影响天气监测监控指挥管理应用系统"，实现了指挥中心直接依托雷达监控终端监测研判、计算作业射击诸元、传输作业指令、自动调炮，炮手最后在操作平台完成发射的精准快捷的作业方式，提高了外场作业的时效和科学水平。

七是炮站基础设施建设从借用民房到自建营房，再到 2010 年开始的大规模营房改造重建的规范化建设，在营房的规范化建设过程中，2010—2013 年县、乡两级政府累计投入建设资金 400 余万元，极大改善了炮站工作人员的工作和生活条件。

八是民兵管理、作训从松散状态发展到现在的半军事化管理。

25 年来，威宁人工影响天气工作能有上述成绩，与上级和县委政府的正确领导倾力支持密不可分，与威宁气象人持之以恒、与时俱进、努力拼搏密不可分，与经济社会和科学技术日新月异的快速发展密不可分——至今回首，历历在目，无一不倾注了威宁人工影响天气工作者的努力和心血。

在人工防雹增雨体系建设的过程中，我们深深感到：实现人工影响天气工作规范化管理，保证人影作业的安全高效是人工影响天气工作的目标。威宁县气象局牢固树立"人影作业，安全第一"的理念，制定了《炮站目标管理考核奖惩制度》《炮站目标管理考核评分标准》《弹药物资管理制度》《炮站弹药物资管理责任书》《炮站民兵资质管理》等一系列制度，并严格执行。长期坚持县气象局领导及人影办相关人员定期或不定期到炮站进行检查指导工作制度，保证人影作业安全高效。多年来，尽管我县炮站规模大，作业炮次多，用弹量大，从未发生一例责任性安全事故。制度建设和执行为人工影响天气工作安全高效建立了杜绝责任性事故的防波堤。

加强训练，提高炮兵素质是提高作业效益的根本途径。威宁县气象局与武装部联合，每年举办人工影响天气工作培训，全县 170 名高炮民兵全员参加集训，总结人工影响天气工作的成功经验和失败教训，表彰先进，激励后进。反复强化炮兵人影安全管理制度、气象基础知识、高炮理论知识系统学习，反复强化炮闩及装填机分解结合、压弹退弹、高炮故障排除和保养技术训练，反复强化队列和班协同训练。通过严格培训，使民兵熟练掌握人影有关知识和作业技能，牢固树立令行禁止的纪律意识，为人影作业临门"最后一脚"取得效益做好保证。

防雹外场作业要做到有的放矢，杜绝盲目性，实现有效作业，运用科技手段，提升指挥水平是关键。一是充分利用天气预报和探空分析资料为防雹增雨进行超前预警和工作安排；二是在强对流天气过程中充分利用卫星云图、雷达回波监视天气指挥炮站作业，结合昭通多普勒雷达和本站雷达回波资料，主要是利用本站雷达回波资料指挥人影作业，抓住作业时机，不贻误作业机会，准确掌握作业对象，概算用弹量，用足弹药，做到有的放矢，杜绝盲目作业，避免打"责任弹"。

威宁县人工影响天气工作能有现今的良好局面，离不开县人民政府和上级的大力支持，稳定的财政资金投入是基础。为保证人工影响天气工作的正常运转，2012年以来，县级财政平均每年投入人影经费达到600万元，人工影响天气工作经费、民兵工资及养老保险、人雨弹购置费有了基本保证。全县民兵工资全年发放，民兵养老保险得到解决，民兵队伍相对稳定。

由于威宁冰雹天气多，平均每年有22个冰雹日，防雹炮站不仅点多面大，而且作业用弹消耗巨大。每年消耗防雹炮弹18000发以上，有的年份达到25000余发，增雨火箭弹100余发，几占全省1/3，刚性支出巨大。但37个炮站防区保护粮烟面积达300万亩，安全有效的外场作业，缓解和减轻了干旱和冰雹灾害给威宁农业造成的损失，成绩是显著的。威宁人工增雨防雹工作的取得成绩，得到了上级主管部门和威宁县委政府和人民群众的高度赞扬和充分肯定。2014年，时任毕节市委副书记、威宁县委书记杨兴友曾批示："威宁县气象局工作作风扎实，随时关注雨情，及时开展人工防雹增雨作业，随时向县委政府提供雨情，为威宁经济社会发展做出应有的贡献，望努力。"

时至今日，威宁的人工防雹增雨减灾体系建设虽然已取得了一定的成绩，但离人民群众、县委政府和上级的期望还很远。在今后的时日里，我们将在省市人影办和县委政府的领导下，时刻不忘人民群众的期盼，盯住气象防灾减灾体系建设的目标，紧紧围绕全县经济社会发展对人工影响天气工作的需求，以没有最好只有更好的精益求精的工作态度，进一步加强人工影响天气工作能力建设，更好地为威宁经济社会发展和人民群众福祉安康做好保障服务。

威宁人工影响天气工作的明天会更上一层楼！

为了白州大地的丰收

——云南省大理白族自治州人工影响天气 60 周年回眸

朱淳源 [1]

1959 年 8 月 10 日至 9 月 6 日，"全国第一次人工消雹技术会"在云南省大理白族自治州鹤庆县召开，22 个省、自治区的 82 名代表出席了会议。这无疑是对云南省大理白族自治州人工影响天气工作的鼓励和鞭策。回顾大理州人工影响天气 60 年的历程，大理州、县（市）党委政府高度重视人工影响天气工作，两级政府分别落实了组织机构、人员编制、工作经费。大理州气象部门以气象服务为宗旨，狠抓人工增雨防雹基地建设，积极开展洱海（水库）人工增雨蓄水、预防和扑灭森林火灾、人工增雨抗旱保苗、粮烟防雹等工作，促进了全州人工影响天气工作健康协调发展。1999 年 12 月，《洱海人工增雨蓄水项目》获中国科协第二届全国金桥工程优秀项目三等奖。2005 年 3 月，大理州人工影响天气工作受到云南省人民政府表彰，获得人工影响天气工作先进单位一等奖。

一、大理州人工影响天气发展历程

中华人民共和国成立以来，大理州、县各级政府和气象部门重视人工影响天气工作，人工防雹为全国开展最早地区，人工影响天气经历了土炮防雹（震动驱云）、

① 朱淳源，云南省大理白族自治州气象局人工影响天气中心主任（2001 年 10 月至今），大气物理化学工程师。

"三七"高炮防雹、人工影响天气组建布点、人工影响天气能力提升这 4 个阶段。

（一）土炮防雹（震动驱云）阶段

鹤庆县位于滇西北高原，北邻丽江终年积雪的玉龙雪山，南近金沙江河谷，境内群山纵横，地势自西北向东南倾斜，是冷、暖气流的交锋地带。每年都有冰雹灾害发生。且范围广、危害重。据《鹤庆县志》载：1918 年的冰雹"树叶打光，雀鸟打死，瓦屋打破，庄稼打得乱如麻，稻谷颗粒无收"。自清朝同治年间以来，创造出用土炮防雹（震动驱云）的方法，收到一些效果。在严重的自然灾害面前，鹤庆县松桂公社龙珠大队广大群众积极应对，在长期的人工防雹中反复实践。土炮用生铁铸成，口径大小不一，当地俗称百仗机。土炮内装火药，再用浸透过动物血的沙子填满打实，当冰雹云移近时，点燃药捻对着雹云轰去，发出爆炸声。土炮防雹的机制，一般认为是利用声波的冲击振荡作用。

图 1 城郊乡菜园村炮点防雹人员进行防雹作业（拍摄于 1977 年）

中华人民共和国成立后，鹤庆县党委、人民政府十分关心群众的生产生活，极其重视防雹减灾工作。1956 年，鹤庆县县委、县政府总结和推广了松桂公社龙珠大队土炮防雹经验，有组织地开展了全县人工防雹减灾工作。1958 年，县政府成立"十防办公室"，具体领导防雹减灾。当年全县有防雹点 180 个，作业人员 540 人。

1959 年 8 月 10 日至 9 月 6 日，"全国第一次人工消雹技术会"在鹤庆县召开，22 个省、自治区的 82 名代表出席了会议。会议总结了鹤庆县人工防雹的经验，肯定了冰雹是可以预报的，用土枪土炮防雹是有效的。会议建议：凡有冰雹灾害的地方气象台、站、哨，应把冰雹形成的天气特征和冰雹实况作为观测项目之一；中央和地方协作，组织 1 个或几个专业性的人工防雹试验研究机构，用土、洋结合的方法开展人工防雹试验研究。

1972 年 6 月 8 日至 12 月中旬，云南省气象局组织 12 名科研人员在鹤庆县组织"人工消雹会战"。在鹤庆坝区冰雹活动的路径上布设观测点，观测降雹过程中压、温、湿、风等气象要素的变化和雹云发生、发展和移动等特征，分析冰雹与地形的关系，进一步认识冰雹活动的规律，研究适合云南省长、中、短期冰雹预报方法；加强群众土炮防雹的实况记录，做"降雹个例"和"防御情况"的调查分析，进行土炮轰击直展云的试验，做出土炮防雹效果的定性分析；用碘化银、盐粉、尿素对雹云不同发展时期进行催化方法影响雹云的效果和有利机制；研究和改良土火箭，试制"空炸炮弹"和土迫击炮弹。年内，全县专业防雹点增加到 433 个，作业人员 885 名，大炮 683 门，简易火箭发射架 152 具。

1976 年，鹤庆县防雹站点增加到 500 个，作业人员达 1500 多人。由气象、化工、农技、教师、防雹人员等组成科研小组，重点总结冰雹预报、雹云识别和防雹工具改进。

图 2 防雹人员集中交流学习防雹经验（拍摄于 1978 年）

（二）"三七"高炮防雹阶段

1977 年，鹤庆县第一次使用"三七"高炮开展人工防雹。共配置单管"三七"高炮 4 门，测雨雷达车 1 部。炮点设在坝区的彭屯、赵屯，共作业 33 次，防雹效果好。1978 年起，鹤庆县人工防雹作业全部改用"三七"高炮，停止使用火枪、土炮。

为了总结和推广鹤庆县人工防雹工作经验，大理州人工增雨防雹办公室抢抓机遇，顺势而上。1996—1997年，大理州烤烟种植大县宾川、巍山、弥渡、南涧和剑川县由于冰雹灾害较重，政府投资，购置双管"三七"高炮15门，用于烤烟生产期间冰雹灾害防御。大理州人工防雹工作走在云南省的前列。

图3 人工防雹作业现场

（三）人工影响天气组建布点阶段

党的十一届三中全会以后，气象事业迎来了百废俱兴、欣欣向荣的春天。气象防灾减灾和"人工增雨，造福社会"的意识不断增强。州、县人民政府把发展人工影响天气工作摆上重要日程，1993年起，12县、市相继成立人工增雨防雹办公室，投入经费、购置设备、兴建作业点，人工影响天气走上规范化管理。

1975年5月，宾川县气象站经过充分论证，提出"人工引雨，解除旱灾"的设想。经县委同意后，首次在大理州宾川县开展"人工引雨"作业，取得一定的效果。

2013年全州共有"三七"高炮41门、火箭发射架28具、新一代天气雷达1部、TWR01型天气雷达5部、数字化通信中继站2个、电台52部、天翼对讲机26部，布设固定作业点36个（其中标准化建设24个），预选流动作业点84个，实施有效人工增雨防雹作业290次，保护农经作物面积139.81万亩，增加水库蓄水5034万立方米，增雨受益农田及林区面积60多万亩。初步统计产生经济效益约1.5亿元。受益农田增加，社会经济、生态效益明显，人工影响天气工作赢得民心，被老百姓称为政府的民心工程。

（四）人工影响天气能力提升阶段

科学技术是第一生产力。人工增雨防雹要上台阶、上水平，大理州气象局紧紧扭住信息化是人工增雨防雹科学发展的"牛鼻子"，2012—2017年是人工影响天气能力提升最快的时期。

2012—2017年全州投资1904.35万元，建设完成了17个标准化作业点的建设改造，8个县级指挥业务平台和1个州级指挥业务平台，12县市和州中心的三维人工影响天气指挥系统，覆盖全州的数字化无线通信网络系统和与全省同步的计算机网络空域自动化申请系统。基础设施建设和科学指挥能力不断提升，有力地促进了大理州人工影响天气工作安全、高效、健康发展。

图 4　大理白族自治州人工影响天气业务平台

二、大理州人工影响天气发展启示

60年来，大理州人工影响天气工作经历了一个曲折的发展过程。20世纪50—70年代中期只有鹤庆县用土炮防雹，技术落后，但全民参与，气象人才匮乏、学历偏低，人员少。党的十一届三中全会之后，拨乱反正，正本清源，人工影响天气逐步走上健康发展的轨道，迎来了明媚的春天。改革开放40年，大理州人工影响天气队伍不断壮大，发展速度快、技术水平提高、服务效益好。大理州人工影响天气建设的启示如下。

（一）政府重视，加大投放

大理州是农业大州、旅游大州。大理地处云贵高原与横断山脉南端的结合部，境内山岭纵横，地形地貌复杂多样，地势、海拔高低悬殊较大，季风气候明显。气象灾害具有种类多，范围广，频率高，持续时间长，群发性突出，连锁反应显著等特点。据统计全州气象灾害造成的损失占各种自然灾害损失的 80% 以上，约占 GDP 的 3%～5%，严重制约着大理州社会经济的发展。

人工影响天气工作是政府的民心工程，惠民工程，服务在地方，效益在地方。多年来，州、县党委政府高度重视气象防灾减灾能力建设，特别是人工影响天气工作。于 1991 年 7 月 16 日成立大理州人工增雨防雹办公室，12 个县、市相继成立人工增雨防雹办公室，由分管农业副州长、副县长任组长，办公室设在气象局。2014 年州、县（市）气象局落实了地方人工影响天气的机构、人员编制、工作经费。全州人工增雨防雹固定作业点以及高炮、火箭发射击架、作业车，指挥车得到更新，建成大理新一代天气雷达，巍山、南涧、鹤庆建起小雷达。每年政府投入人工影响天气经费 800 万～1000 万元。

图 5　2014 年 5 月 27 日，何华州长视察人工影响天气工作

（二）拓展人工影响天气服务领域

中共大理州委、大理州人民政府一直都较为重视，提出了"像保护眼睛一样保护洱海""洱海是大理人民的母亲湖"，形成了保护苍山洱海就是保护先进生产力的共识。大理州气象部门在开展抗旱保苗、粮烟防雹的同时，不断拓宽人工影响天气的服务面。率先在省内实施人工增雨预防和扑灭森林火灾，洱海人工增雨蓄水等特

色气象服务。

近年来，大理州各级气象部门运用人工增雨技术预防和扑救森林火灾，取得了良好的效果。1995年4月23日，大理市苍山东麓马耳峰发生森林火灾。由于持续干旱、风高物燥、山势陡峭，火势蔓延较快，大火一时难以扑灭。州气象局派出人工增雨作业队奔赴火场待命作业。27日中午，作业时机成熟，当即作业4次，发射火箭弹70发，火场上空顿降小到中雨，绝大部分林火被扑灭。州、市政府领导表扬气象部门立了大功。此次增雨灭火作业谱写了云南省人工增雨扑灭森林火灾第一篇章。

1995年至今，大理州气象部门利用人工增雨参与了中缅边境、大理苍山、剑川老君山、漾濞石门关、挖色凤尾箐等数起森林火灾的扑救，效果十分显著，多次受到地方党委政府和林业部门的好评。2005年3月，大理州人工影响天气工作受到云南省人民政府表彰，获得人工影响天气工作先进单位一等奖。

洱海增雨堪称大理州气象工作的一大特色。洱海是大理白族人民的母亲湖。其集大理工农业用水、交通航运、水产养殖、风景旅游、调节气候等多功能于一体，洱海水资源及其环境保护对大理州的经济发展起着重要的作用。保护洱海不仅是大理各族人民的任务，而且也是气象部门的神圣职责。1996年洱海水位下降，蓝藻暴发，大理州气象部门在洱海沿岸乡镇采取流动作业，苦战4天4夜，发射火箭弹200余发后连降大雨，使洱海水位猛升4.5厘米；1998年再次实施人工增雨，增加蓄水量1372万立方米。1999年12月，"洱海人工增雨蓄水项目"获中国科协第二届全国金桥工程优秀项目三等奖。

图 6　人工增雨雪保护苍山洱海生态环境

（三）加强科学研究，培养科研人才

加强人工影响天气科学研究，进一步加深增雨防雹机制的认识，改进作业方法，提高作业水平和作业效益。坚持科学研究和人才培养两手抓两促进，全面提高人工影响天气工作队伍的整体素质，适应新时期、新形势下人工影响天气工作的需求。

近年来，大理州人工影响天气中心完成云南省气象局科研项目"基于人工智能的大理三维冰雹识别模型"、大理州气象局科研项目"大理州冰雹灾害雷达预警系统"的研究，研究成果投入了业务应用。结合大理州人工影响天气的实际，研发了"大理三维人工影响指挥系统"，建设了州级指挥中心和 8 个县级指挥中心的人工影响天气业务指挥平台。大理人工影响天气作业三维指挥系统具有三维雷达回波分析功能，解决了人工影响天气作业指挥中三维雷达回波获取问题，具备三维透视能力，提升了防雹、增雨的预警分析能力，为决策指挥提供了科学依据。在积极开展科研工作的同时，广大科技人员认真进行技术总结，撰写《滇西北一次降雹过程的物理量指标和雷达回波特征》《大理冰雹云的多普勒雷达识别参量分析》《剑川县一次冰雹天气过程的雷达回波特征及其成因》《基于 3DGIS 的天气雷达三维回波显示技术研究》《大理州冰雹灾害雷达预警系统设计与实现》《云南大理一次强对流天气过程的防雹作业对比分析》等论文，先后发表于《云南气象》《云南省气象学术年会（论文集）》，获云南省气象学术年会优秀论文二等奖 2 篇，三等奖 1 篇。

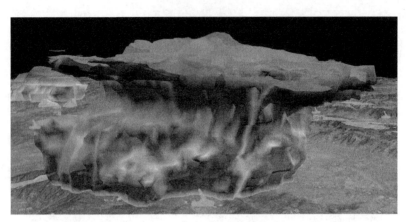

图 7　2015 年 8 月 12 日 15:48 宾川江股作业点防区内冰雹云

（四）争取地方"三定"，夯实人影队伍

为认真贯彻落实云南省人民政府办公厅《关于进一步加强人工影响天气工作的实施意见》及中国气象局、云南省气象局关于推进县级气象机构综合改革的精神，大理州气象局党组高度重视，积极向州委、州政府请示汇报。2013 年，由大理州编办、州气象局组成调研组，对鹤庆、漾濞、南涧等县气象局就推进县级气象机构综合改革进行专题调研。经过艰苦努力，2014 年 6 月 12 日，大理白族自治州机构编制委员会发文《关于同意增加大理州人工影响天气中心人员编制有关问题的批复》（州编委〔2014〕13 号），同意增加大理州人工影响天气中心事业编制 3 名，纳入州政府财政预算。在州、县（市）编委支持下，大理州及 12 县（市）地方人工影响天气工作定机构、定编制、定经费——"三定"顺利落实。在各县市气象局成立人工影响天气办公室，调剂增加人工影响天气地方编制 31 名，工作经费人员工资列入地方财政，进一步夯实、壮大了人工影响天气队伍，为防灾减灾提供了保障。

陕西人工影响天气 60 年回顾

刘映宁 [①]

1959 年陕西省开始进行人工增雨作业。当年 3 月 12 日，三原县在嵯峨山第一次用无缝钢管制作的土炮发射内装碘化银的礼花炮弹进行人工增雨，作业区出现 7.9 毫米的降水。同年 6 月 25 日，陕西省气象局和兰州军区空军司令部使用伊尔-14 型飞机在宝鸡市上空播撒干冰后产生降雨效果，6 月 28 日又在西安市上空进行了第二架（次）飞机增雨作业试验。1960 年 4 月，陕西省在绥德县召开了第一次全省防雹工作经验交流会，进行了土炮现场表演。此后，全省雹区县设立了防雹指挥部，全省用于防雹作业的土炮 4086 门，作业人员 4.5 万人。同年，陕西省气象局使用伊尔-14 型、里-2 型飞机开展增雨试验 10 架（次）。1972 年，陕西省气象局与西北工业大学合作研制的"陕陇 40-2 型""支农 40-3 型"塑料壳防雹小火箭在陇县、蒲城、凤翔县建厂生产，陕西省开始使用自制土火箭进行地面人工增雨作业。1973 年，陕西省使用部队退役的"三七"高炮开展地面人工增雨，逐步替代了土火箭和土炮。这一年，陕西省气象局重新进行飞机人工增雨，1973—1978 年全省共实施飞机增雨作业 64 架（次）。1974 年 5 月，宝鸡军分区调宝鸡永红机械厂、宝鸡石油机械厂"三七"高炮民兵连赴陇县开展高炮防雹作业，并组建了陕西省第一支女子民兵高炮防雹连。1973—1974 年，铜川、宝鸡由市政府出资各购置了一部 711 型测雨雷达，此后榆林、延安、渭南、汉中由地区行署出资，省人工影响控制办公室由中央气象

① 刘映宁（1966— ），陕西省人工影响天气办公室高级工程师，先后主持陕西省气象局基金课题 1 项，编写项目方案 7 篇，参与科技部课题 1 项，发表学术论文 10 篇，"咸阳市防汛气象信息查询系统"获咸阳市科学技术三等奖，"人影高炮、火箭作业信息自动采集系统"获实用新型技术专利 2 项。

局资助，分别购置了一套 711 型雷达，用于冰雹云的监测预报。1982 年，陕西省气象局参加了国家北方层状云人工降水试验研究项目，使用改装的"伊尔-14"人工降水专用飞机在全省增雨作业和探测飞行 31 架（次）。1988 年陕西省恢复了飞机人工增雨工作，并在"伊尔-14"飞机上安装了苏联的云物理机载仪器等设备，在地面人工作业的配合下，全省人工增雨和防雹工作有序开展了起来。

一、人工增雨

（一）飞机人工增雨作业

1990—2017 年，陕西省人影办在全省开展飞机增雨作业，累计飞行 868 架次，作业及影响面积 639 万平方千米，增加降水 295 亿吨。其中，1990 年，陕西省人影办改装空军第十六领航学院伊尔-14 飞机，加装盐粉播撒漏斗，分春、秋季开展全省飞机增雨作业；1993 年，陕西省人影办租用安-26 飞机在凤翔机场起降，播撒催化剂苯酐 700 千克；1994 年，陕西省人影办采用燃烧法播撒碘化银 690 千克；1995—1999 年，陕西省人影办租用空军第 16 飞行学院、航测团、13 师"安-26""运-7"、中国飞龙专业航空公司运-12 飞机，在临潼、武功、户县、凤翔、镇川堡、汉中、延安机场起降，开展全省飞机作业；2001 年 3 月 5 日陕西省人影办租用航测团安-26 进驻临潼机场，在关中和陕南地区增雨作业，同年 4 月 24 日租 2 架兰运团运-7 飞机，与宁夏气象科学研究所合作，在延安以北地区开展跨省联合增雨作业；2002 年，省人影办租机 3 架，采用美国增雨催化专利技术，分别于 3—6 月和 9—10 月向云中直接喷洒液态二氧化碳；2004 年，省人影办租用运-12 3819 号专机于 3 月 15 日至 5 月 20 日，实施 14 架次云物理探测飞行，开展全省增雨作业；从 2005 年起，榆林市政府直接租用空军部队飞机以镇川为起降场，开展为期 4～6 个月的榆林及周边区域增雨作业；2005—2009 年，榆林人影办与宁夏人影办合作在三边地区每年开展跨区域飞机作业，2009 年增加 3 个月的冬季飞机增雪任务；2000 年 3 月 17—19 日，省人影办组织 7 架次飞机在西安、宝鸡、咸阳、铜川、渭南、安康、商洛、汉中、延安等地增雨作业，有效缓解了旱情。3 月 19 日省长程安东、副省长王寿森一行带领省上各相关部门领导专程冒雨来到省气象局慰问。中共商洛地委、行署、西安市政府、榆林地区行署、子洲县人民政府以不同形式表示慰问、感谢。陕西电视台，西安电视一台、二台，省广播电台，《陕西日报》《西安晚报》《三秦都时报》《华商报》分别做了报道。

2013 年，陕西、内蒙古两省（区）气象部门签订了《共同推进红碱淖湿地保护区人影协同作业合作协议》，加大西北地区跨区域作业力度，全年共开展跨区飞机增雨作业 16 架次。2014 年，首次成功策划空司航管部主持召开了红碱淖区域飞机增雨协调会，创新性建成跨省、跨军区和跨军民航航空管制部门的飞机增雨作业空域保障机制，跨区域飞行 15 架次。赵正永书记亲自过问人工增雨工作，娄勤俭省长、祝列克副省长、王栓虎副秘书长先后 4 次批示肯定防雹增雨作业成效，祝列克副省长、咸阳市刘新余副市长分别代表省、市政府看望慰问机组及作业人员，商洛市政府向省气象局赠送了锦旗，省气象局对实施人工增雨作业的省人影办和商洛市、咸阳市、西安市、渭南市人影办给予了通令嘉奖。

（二）地面人工增雨作业

1990—2017 年，陕西省各级人影部门在全省范围内组织开展地面人工增雨作业共 12339 次，累计发射炮弹 258988 发，火箭弹 28754 枚，碘化银烟条 11177 根。

1997 年 8 月 6 日 11 时 30 分至 45 分，麟游县首次实施 WR-1B 型火箭增雨作业试验，用弹 6 枚，持续 3 小时降水 20 毫米，火箭点下风方受益区雨量 32 毫米。9 月 11—13 日，旬邑县和西安市成功实施火箭增雨作业。

2005 年 6 月 23 日傍晚，黄龙县瓦子街乡与砖庙梁乡之间一山腰发现火情，陕西省人影办组织黄陵、洛川及黄龙县气象局首次开展森林火灾人工增雨服务，共发射 5 枚火箭弹，火灾现场下了中雨。

2006 年初，全省多地出现旱情，西安、渭南、商洛等市人影办及时组织增雪作业，共发射火箭 60 枚，作业及影响区普降大雪，局地出现暴雪。《陕西日报》1 月 5 日在头版配图刊登了题为《我省首次实施大规模人工增雪——三秦大地喜降瑞雪》的报道，《西安晚报》《华商报》、西安电视台、渭南电视台、柞水县电视台对这次人工增雪进行了跟踪报道。

2007 年 2 月 6 日晚 9 时开始，全省 8 市 41 县（区）105 个作业点从长武、陇县自西向东开始增雨作业，共发射炮弹 1121 发、火箭弹 126 枚，全省普降小到中雨雪。其中陕北 5~13 毫米，关中 1~5 毫米，陕南 3~10 毫米。同年 5 月中旬，秦岭山麓华阴段接连发生 3 次大面积森林火灾，过火面积约 15.9 公顷，渭南市及所属各县、区相继开展了增雨作业，作业区普降小到中雨，最大降雨量达到了 29.4 毫米，遏制了森林火灾蔓延。

2008年10月30日，胡锦涛总书记在安塞县沿河湾镇方塔村视察苹果产业发展情况中，专门来到标准化防雹增雨炮站视察，对人工防雹工作表示满意。

2009年2月7—18日，陕西省人影办针对初春特大干旱灾害，先后3次组织开展大范围地面人工增雨作业，副省长姚引良到作业现场指挥，全省共发射火箭弹841枚，炮弹5683发，作业影响面积18.6万平方千米，增加地面降水2.2亿吨，缓解了旱情，引起了国内众多新闻媒体的关注。新华社、中央电视台、中国政府网、央视新闻网、中国广播网等中央媒体及时刊（播）发新闻或进行专题报道；《陕西日报》、陕西电视台、《华商报》《西安晚报》《三秦都市报》、西安电视台等10多家省内媒体记者跟踪采访，进行了全方位报道；国内20多家地方媒体和各大网站分别转载、刊发了相关新闻，在社会上产生了轰动效应。

2014年，策划完成与省陆军预备役高射炮兵师建立"陕西省人工影响天气外场作业培训基地"挂牌。与培训中心联合在"人影外场训练基地"举办了2期全省人影基层作业骨干轮训班，培训基层作业骨干390名，并选拔87名作业骨干纳入预备役管理。

二、人工防雹

1990—2017年，陕西省各级人影部门在全省范围内组织开展地面人工防雹作业共31880次，累计发射炮弹1145453发、火箭弹29171枚。

1998年，陕西省人工影响天气中心在旬邑县境内设置了19个测雹板地面观测点，开展冰雹谱特征和防雹效果分析。

1998年，陕西省人工影响天气领导小组办公室下发《关于县级人工影响天气体制划归同级气象部门管理的通知》，全省县级人工防雹机构纳入了气象部门管理。

2002年7月23—29日，全省连续4天出现冰雹，共7个市31个区县积极组织防雹增雨作业，耗弹近万发，火箭弹33枚，作业区内基本无灾。8月14—18日，陕西省局地出现冰雹天气，期间全省6个市作业共计耗弹3751发，火箭弹13枚，作业区内基本无灾。8月24—26日再次出现冰雹天气，期间4个市共计耗弹2941发、火箭弹9枚，作业区内基本无灾，非作业地方富平县的梅家坪镇人和村，合阳县的皇甫庄镇6个村和甘井镇4个村，耀县石柱乡、洛川县槐柏乡11个村和石泉乡7个村降雹造成了一定程度的灾害。

2003 年 3 月 31 日至 6 月 5 日，陕西省出现 12 次冰雹天气，大范围降雹天气出现了 3 次。其中 5 月 23 日，全省共 4 市 11 县 123 个炮点、3 个火箭点进行了作业，共发射炮弹 5592 发、火箭弹 9 枚。6 月 2 日，全省共 6 市 17 县 107 个炮点、4 个火箭点进行了作业，共发射炮弹 3958 发、火箭弹 19 枚。6 月 5 日，全省共 5 市 14 县 109 个炮点、12 个火箭点进行了作业，共发射炮弹 5829 发，火箭弹 44 枚。6 月 18—19 日，陕西省出现冰雹天气，两天内全省 5 市 12 个县 120 个炮点、10 个火箭点，共发射炮弹 4277 发、火箭弹 20 枚，没有发生明显灾害。

2006 年 6 月，陕西省人影办根据天气变化，于 23—25 日连续发布冰雹预警，各市县人影办严密监视，积极组织、及时作业，3 天共有 7 市 69 县开展了高炮火箭防雹作业，共发射炮弹 24347 发、火箭弹 205 枚，有效地遏制了连续性、大范围冰雹云的发展，减轻了冰雹损失，取得了显著成效。由于此次冰雹天气过程影响面积广、持续时间长、强度大，一些没有设防或火力不足的地方仍造成了不同程度的经济损失，黄陵、宝塔区出现了直径为 3—20 毫米的冰雹，淳化、陇县的冰雹造成玉米、烤烟叶面打烂、苹果受灾。8 月 1 日开始，受蒙古冷涡南压，高空冷空气明显下滑影响，截至 8 月 2 日凌晨，陕北、渭北相继出现了较大范围的强对流天气，省人影办于 8 月 1 日 11 时发布了防雹预警，共有 4 市 19 县开展了高炮火箭防雹作业，共发射炮弹 5928 发、火箭弹 60 枚，有效地遏制了冰雹云的发展，减轻了冰雹损失，取得了显著成效。

2015 年，建成了陇县女子高炮防雹连准军事化管理示范基地，作为全省推广示范点；与陕西省军区合作在延安梁家河作业点建立了标准化作业示范点，为全省标准化作业点建设起到了示范引领作用。

三、人工消雨

2006 年 10 月 20 日，陕西省在西安举办"2006·盛典西安"大型文化活动。根据天气预报，活动期间出现降水的可能性较大。陕西省人影办采用过量催化、提前降水的技术方案，从西向东设置三道防线，从会前的 18 日 14 时开始至 21 日 23 时结束，共组织西安、宝鸡、咸阳、铜川 4 个市 25 个区县，32 个高炮作业点，45 个火箭作业点，其中 13 辆移动火箭车投入人工消雨作业，共计配发炮弹 6400 发、

WR-1B 型火箭弹 720 枚，发布 3 次作业指令。第一次人工消雨作业后耀县城关镇雨势减小，淳化云体开始消散，周至、户县降水停止；第二次作业后礼泉、兴平云层变薄，有裂缝，可见阳光。由于周密部署、有效实施，最终保障了"2006·盛典西安"的活动顺利召开。

2007 年 8 月 26 日榆林市委、市政府举办旅游文化艺术节开幕式，根据预报全市 24—27 日有一次明显的降水过程发生。为保障艺术节开幕式顺利进行，榆林市人影办积极组织力量进行消雨论证，克服天气条件不理想以及经验、技术、人员等方面的困难，制订了人工消雨应急作业预案，开展了中小尺度系统影响下产生降水条件的人工消雨试验。根据天气系统发展演变现状，将全市 68 门高炮和 14 部火箭组成三个作业梯队，从 24 日开始到 26 日上午，共发射"三七"炮弹 576 发、WR1-B 火箭弹 53 枚，促使降水过程提前结束，保证了开幕式如期进行。

2008 年 4 月 3 日，为了做好中国东西部合作与投资洽谈会开幕式气象服务保障工作，省人影办召开紧急会议，安排部署人工消雨作业服务，并于当天晚上发布了人工消雨作业指令。4 月 4 日上午，西安市人影办所属的周至县马召、户县蒋村作业点做好了地面火箭人工消雨准备，择机实施人工消雨作业。省人影办飞机作业人员和机组上午进驻临潼机场，从 14 时 35 分开始在西安上游武功、宝鸡、陇县、麟游、淳化、富平等地进行了一架次的飞机人工消雨作业，消耗碘化银烟条 10 根，液态二氧化碳 100 千克。此次消雨作业，较大地降低了空气中的水分含量，对后期降雨有一定的抑制作用。

7 月 4 日北京奥运会火炬将在西安传递。根据 7 月 2 日下午和 3 日上午的预报，4 日西安有小到中雨，为了保证火炬传递活动的顺利进行，西安市政府要求组织开展人工消雨作业。接到通知后，西安市人影办立即组织技术人员制订人工消雨作业方案。7 月 3 日下午召开了奥运火炬传递人工消雨作业电视电话会议，周密部署了人工消雨工作，利用卫星云图、多普勒天气雷达和自动气象站资料等密切监视天气，火箭作业人员全部进点待命，随时准备实施火箭消雨作业。3 日夜里实施了消雨作业。7 月 4 日上午西安城区阴天，火炬传递活动顺利进行。

2011 年 10 月 22 日，陕西省人影办组织西安、宝鸡、延安、铜川市各作业点和甘肃省增雨飞机，协同开展了世界园艺博览会闭幕活动人工消（减）雨跨区域作业，最大限度地减轻了天气条件对世界园艺博览会闭幕活动造成的影响。

四、人工消雾

1994 年，陕西省人工影响天气中心对西安地区雾的生成和消散规律进行了分析研究：西安的年雾日数、雾的持续时间和浓度等参数表明西安地区的雾是比较严重的；西安的雾多数为辐射雾，雾过程中水汽含量无大变化，便于进行人工消雾。

2002 年 12 月 13 日，陕西省人工影响天气中心在临潼机场使用自行研发的液态二氧化碳播撒设备进行人工消雾试验。作业从 08 时 30 分开始到 10 时 50 分结束，累计播撒液态二氧化碳 400 余千克。作业期间，西安市气象局在试验区的上风方、中心区及影响区布设地面风、温度、能见度、降雪观测点，并进行实时摄影、录像。经现场综合勘查，作业 20 分钟后，距离作业现场下风方 1.2 千克处开始降米雪，平均降雪厚度为 1.5 毫米，12 时以后逐渐结束，整个降雪时间持续了约 3 小时，现场能见度明显变好，陕西省第一次人工消雾获得成功。

五、科研项目

1981—1982 年，陕西省气象科学研究所大气物理研究室参加了国家重点项目"北方层状云人工降水试验研究"课题研究，课题建立的研究体系和研究结果已应用于人工增雨试验和作业，1992 年获中国气象局科技进步一等奖，1993 年获国家科技进步二等奖。"陕西层状云系水资源和云降水物理模式的研究"获 1992 年陕西省科技进步三等奖。

1986—1989 年，陕西省气象科学研究所大气物理研究室承担了"弹道靶雪场气象条件及性能标定研究"项目，首次在实验室内人工制造出空心柱帽状冰晶，获得国防科工委科技进步二等奖。

1990 年，陕西省人工影响天气工作领导小组办公室研制的碘化银-丙酮溶液催化剂定量配方用于人工影响天气作业，并在全国人影部门推广应用。

1997—1998 年，陕西省人工影响天气工作领导小组办公室开展了"应用推广WR-1B 火箭防雹增雨试点试验"研究，1999 年获陕西省农业技术推广成果二等奖。

1997—2001 年，陕西省人工影响天气工作领导小组办公室与中科院大气物理研究所共同承担了国家"九五"科技攻关项目"农业气象灾害防御技术研究"人工防雹减灾技术研究专题，并承担了陕西省科委攻关项目"渭北人工防雹减灾技术研究"，得出了渭北冰雹云的雷达定量判据和人工防雹作业技术，2003 年获陕西省科学技术二等奖。同期，进行了"飞机人工增雨播撒方法有效研究"，2003 年获陕西省科学技术三等奖。

2001—2003 年，由陕西省人工影响天气领导小组办公室主持，中科院大气物理所、甘肃省人影办、宁夏回族自治区气科所等单位参加的国家科技部"黄河中游（陕甘宁）干旱半干旱地区高效人工增雨技术开发与示范"课题研究，在多尺度催化云物理响应的监测分析、液态二氧化碳催化、作业成套技术等方面，经专家鉴定为"达到国内领先和国际先进水平"。2005 年获陕西省科技进步二等奖。

2003 年，陕西省人工影响天气工作领导小组办公室使用液态二氧化碳，在临潼机场进行了人工消冷雾新技术试验。

2007 年，陕西省人民政府批准"渭北优势果业区人工防雹增雨及气象灾害防御体系建设"项目立项实施。该项目一期工程省级人影指挥中心和延安市所属项目于 2009 年 5 月建成，并投入业务应用。

"人工防雹作业中风暴识别追踪技术研究与应用"项目获得 2012 年陕西省科学技术二等奖。

2013 年，"对空作业申请批复系统"正式被国家空管委、中国气象局人影中心确定为全国人影推广项目。

2014 年，与中天火箭公司合作开展"TK-2GPS 人影探空火箭系统"已由中国气象局人影中心鉴定并向全国西部 7 省推广业务试用。

2017 年，"人工影响天气作业安全体系新技术集成与应用系统开发"获陕西省科学技术三等奖。

科技兴农的排头兵

——记日喀则地区人工影响天气工作

侯正俊[①]

日喀则被誉为"土地肥沃的庄园"，在这块肥沃的土地上，每年生产着全区近一半的粮油产量，由于地理原因和特殊的气候条件，肆虐的冰雹、干旱等自然灾害无情地践踏着农民群众辛勤劳作一年的丰硕果实，全地区每年仅雹灾损失就达1500多万斤，严重制约着农业生产的发展和农民生活水平的提高。气象工作者的天职，高度的责任感和使命感使他们看在眼里，急在心间。为了尽早寻求抵御冰雹灾害的方法，地区气象局根据日喀则地区地理及气候特点，以更好地为农业生产服务，提高日喀则地区抵御自然灾害的能力为指导思想，从1993年开始就对日喀则地区开展人工影响天气的可行性进行了多次考察和论证。1995年在地委、行署组织的由农牧、民政、江河办、日喀则市等单位参加的专题会议上作了《关于建立日喀则地区人工影响天气农业保护体系可行性论证》的报告，详细的论证、合理的工作计划得到了与会领导、专家的一致赞同和好评。会议决定先在日喀则市进行人工防雹试点，然后再向全地区逐步推广，并得到了日喀则市政府的大力支持。同年，日喀则成立了由副市长任总指挥，市武装部、农牧局、气象局组成的市人工防雹指挥部。气象局分管领导担任办公室主任，负责具体组织、实施。至此，日喀则地区迈出科

---

① 侯正俊（1969—　），藏族，西藏自治区人工影响天气中心高级工程师。主持省部级课题及项目13项，市局级课题6项，其中一项获自治区科技进步二等奖；主编藏汉文培训教材、讲义，各类制度和年度人影安全检查，设备年检、各类作业实施及指导等业务工作。

学防雹的关键性一步。

"兵马未动，粮草先行"。为了使日喀则地区人工影响天气工作从一开始就做到高起点，高标准。地区气象局领导亲自带队前往对口援藏省（市）考察调研，学习内地的先进经验和技术，邀请山西省防雹专家赴藏帮助开展工作，全面检修天气雷达和作业高炮、购置通信工具、培训人员、调查布点，在自身经费十分紧张的情况下，拿出 8 万元作为进行人工防雹实验的保障资金。

"万事开头难"。"冰雹喇嘛"雪域高原迷信思想的特殊产物，千百年来，处于封闭环境的后藏农民，为了抵御冰雹灾害，除了在田间地头砌筑香炉，乞求神灵风调雨顺之外，就是供奉"冰雹喇嘛"念经做法，驱云化雹。多少年过去了，香烟袅袅，巫师呼号，可冰雹依然肆虐，农田依然干旱，年年的期盼成为年年的失望。在内地，人工防雹、增雨这两项极其普通的农业科技技术，在这块神山圣湖密布、贫穷落后而又充满迷信色彩的雪域高原又被赋予了"治贫治愚"和"科技兴农"的历史使命。为了打消人们对这项技术的怀疑，确保科技防雹第一炮的打响，地区人影办在援藏专家的带领下，通过两个月的加班加点、日夜奋战，建立起了由雷达、计算机、通信网络和"三七"高炮组成的日喀则市人工防雹指挥系统，经过培训，挑选了十几名附近农村文化素质较高或部队复员军人担任炮手培训，目的是首先让当地老百姓中的一部分有文化的年轻人能够破除迷信，接受科学防雹这一人工局部控制天气技术，进而以点带面，逐步引导当地老百姓相信科学和自觉运用科学。

1995 年 7 月 17 日，在众人的期盼中，严阵以待的高炮以铿锵有力的轰鸣声，打响了雪域后藏科技防雹的第一炮。这一炮结束了在科技能力低下的过去，人们只能靠请"冰雹喇嘛"和举行各种佛事活动乞求苍天保佑的历史；这一炮打出了现代气象人敢与天公比高低的决心和能力。在全体工作人员的辛勤劳动和努力下，当年就创下了 1∶41.7 的投入与产出效益比，直接经济效益达 500 百余万元。受益群众以自发献给气象局洁白的哈达和清香的青稞酒，表达对科技防雹的赞扬和认可。人工防雹实验获得了圆满成功。

"好事传千里"，日喀则市人工防雹获得成功的消息迅速传遍了全地区，各产粮县纷纷要求开展人工防雹工作，对此，日喀则地委、行署给予了高度重视，成立了由主管农业副专员任组长的日喀则地区人工影响天气领导小组，负责全地区人工影响天气工作的组织与协调。

　　拉孜县曲下镇乃萨村被称为"巫师村"，是西藏消雹巫师最多的地方，这些有名的巫师，却管不住乃萨村弹丸之地，年年都要遭受雹灾，1997 年该村的邻村上普村，经过地区气象局的培训，安置了一门防雹火箭炮，而乃萨村依然按老规矩请了消雹巫师，7 月 26 日，一场强冰雹袭击了这两村，上普村安然无恙，而乃萨村则损失惨重，事后，乃萨村老百姓自筹资金，要求气象部门也布点设炮。在人工防雹的帮助下，乃萨村安然迎来了连续几年的农业丰收。在乃萨村民的笑声中，村里原有 33 名巫师，全部"下岗"后积极走进了科技扫盲班，有的干脆脱下袈裟当了防雹炮手。村主任普尺自豪地说："科技最终将战胜迷信，乃萨村现在要走一条全新的道路，巫师村的名字将改为科技村了"。这种思想观念的改变，科技防雹功不可没。

　　为了不辜负各级政府和农民群众对人工影响天气工作的期望，科学合理地布置防雹炮点，地区气象局克服种种困难，分批分次派遣技术人员深入江孜、拉孜、白朗、南木林、萨迦、谢通门等 11 各县的各乡村，对雹云产生源地、移动路径、地形地貌等进行实地调查了解，并对这些资料进行统计分析，总结绘制出了降雹时空分布规律和影响各县（市）的主要冰雹路径，为全面推广人影技术奠定了理论基础。

　　防雹是否成功，效益是否明显，在现代化的探测设备缺乏的情况下，关键在于操作人员的工作责任心和对各类云系的识别能力。为不断提高防雹人员的综合素质能力，地区人影办自编自写培训教材，自 1995 年举办首届人工防雹培训班至今，为全地区培训防雹炮手达 2000 余人（次），加快了科学技术知识和人影技术的推广与应用。科技的力量和显著的效益极大地教育了广大农民群众，在各级政府和有关部门的大力支持和配合下，日喀则地区人工影响天气工作如雨后春笋般得到了迅猛发展。经过八年的不懈努力，人工防雹炮点从 1995 年的 3 个发展到现在的 131 个，作业点遍及全地区 11 个县（市），保护农田面积占全地区高产农田的一半以上，年平均投入与产出效益比 1：26，8 年累计创直接经济效益上亿元，同时为破除封建迷信，崇尚科学和"治病治愚"发挥了科技排头兵作用，产生了推动社会文明进步的巨大社会效益。为此，《西藏日报》《西藏科技报》等媒体以《不砌香炉建炮位，气象科技显神威》和《昔日冰雹喇嘛，今日防雹炮手》为题进行了宣传报道。为探索解决长期困扰农业生产的干旱问题，地区气象局经过周密的部署和安排，于 1997 年、1998 年率先在全区开展人工增雨试验并获成功，两年人工增雨创直接经济效益近千万元，为雪域高原充分挖掘利用空中水资源开辟了一条新的途径。

为了加快日喀则地区人工影响天气现代化基础建设，地区行署和各县不断加大投入力度，经多方筹资，先后于1999年、2001年引进国内较为先进的数字化天气雷达，在江孜、拉孜建立起了被视为全区"样板工程"的人工影响天气指挥中心，极大地提高科学作业水平，促进了现代化建设。

科研力度不断加强，由地区人工影响天气办公室自主开发研究的"日喀则市人工防雹自动化指挥系统"获自治区科技进步二等奖，地区科技进步一等奖，多篇有关人影论文发表或被地区科委和地区气象局推荐参加全区科技研讨会……

几多汗水，几多喜悦；几多奉献，几多收获。经过几年的发展，日喀则地区人工影响天气工作在规模、人员、科研和现代化建设等方面都已走道了全区前列。这支活跃在田间地头的科技队伍，被广大农民群众亲切地誉为"现代冰雹喇嘛"和"庄稼的保护神"，为日喀则地区"科技兴农、科技兴地"和地方经济的发展发挥着排头兵和"保驾护航"的作用。

新疆维吾尔自治区人工影响天气的现状及建议

张建新[①]

一、人工影响天气的科学技术现状和面临的科技问题

（一）国内外现状及进展

我国的人工影响天气工作始于 1958 年，当年 8 月由吉林省首次实施了飞机人工增雨试验，由此带动了全国范围内人工增雨、人工防雹等人工影响天气作业和科学研究工作的开展。人工影响天气工作作为一种防灾减灾的手段，一直受到各省市政府和广大人民的重视和关注。尤其是在近 20 年我国的人工影响天气作业规模和作业科技水平都有了较大的发展和进步。目前我国已有 30 个省、市、自治区的 1300 个县级单位开展人工影响天气工作，年投入总经费逾百亿多元；从事人工影响天气工作的专业技术人员近千人，作业人员达 3 万人。自 20 世纪 80 年代以来，由于人工增雨和人工防雹有直接可见的生产效益，各级地方政府对人工影响天气工作有极高的积极性，我国的人工影响天气出现了快速增长的形势，其规模现居世界首位。

世界上许多国家都把人工影响天气作为一项减灾、缓解水资源问题的措施。据统计，全世界每年约有 20 多个国家实施人工影响天气计划。近年来，世界人工影响天气在科学技术上取得了以下进展：

云与降水的监测手段有重要的改善。具有全尺度覆盖能力的云粒子测量系统，

---

① 张建新（1950—　），正研级高级工程师。1977 年北京大学地球物理系大气物理专业毕业，曾任新疆维吾尔自治区人工影响天气办公室副主任，长期从事飞机降雨和天山人工增雪实验研究工作。2010 年退休。

各种性能的气象雷达（多波长、多普勒和偏振等雷达）、气象卫星、微波辐射计、风廓线仪、自动雨量站网、中尺度观测网、卫星定位仪等，在人工影响天气的业务性作业监测和科学研究中的广泛应用，使得灾害性天气预警、监测、识别、指挥、作业的准确性和科学研究等水平进入新阶段。

通过世界各国大量的云物理观测研究和试验研究，对自然云和降水的形成的微物理过程和动力过程及其相互间作用的认识更加清晰；人工影响天气的各种科学基础得到进一步的完善和巩固。

利用物理学和化学技术方法，对播云后云与降水的物理演变特点以及效果监测研究，获得了降水、降雹发生明显变化的物理证据支持。

云与降水的数值模式的研究和应用取得重要进展。在检验播云原理、播云的物理效应、设计播云方案、选择播云判据和进行效果评估等方面，将发挥重要的指导作用。

（二）面临着许多科学技术问题

人工影响天气是一门发展中的科学技术，是包括多学科、多部门的高新技术，它涉及云物理学、气象学、统计学、计算机技术、探测技术、通信技术、播云工具、催化剂技术等诸多领域。半个多世纪以来，人工影响天气技术在科学基础上确实取得了很大的进展，而随着现代气象探测技术、计算机技术和通信技术的飞速进步，它将会迎来这一领域的重大突破的可能。但我们应清醒地认识到人工影响天气技术如同天气和气候预测技术一样还处在边应用边研究的阶段，存有不完全成熟的一面，还面临着许多科学技术问题和应用问题要解决。

现代人工影响天气的科学原理看似简单，但其云与降水的微物理结构和动力结构却十分复杂，它们既相互作用又相互制约，发展演变同各种不同尺度的大气运动，特别是与中小尺度的大气运动有密切的关系。不同气候背景、地理条件和天气类型下，云与降水的结构和发展过程都存有极大的差异。人工影响天气技术的科学应用，以及提高作业水平和效益的环节和关键是：应针对具体对象和目标的状况，确定和设计要采取的技术途径和方法，建立相适应的、客观化的播云条件指标和判据；在实施播云作业前应实时地对自然云与降水的状况进行监测，依据播云指标和判据，确定有效的播云技术方法实施播云；进行客观的效果评估。否则，就是对该项技术的盲目应用。目前大多数业务的生产性的人工影响天气计划往往都带有商业性的色彩，科学性和效益性不足，最终也很难得到令人信服、客观的效益评估结果。因此，不论是业务性或是科研性的人工影响天气计划，应建立在对当地自然云与降水物理基础的熟知之上。由于对自然云与降水、降雹过程的认识有限，在实际的播云作业中，往往作业云系缺乏科学有效监测，对于是否可以或需要播云、何时播云，以及播云的部位和剂量的确定了解等，都存有相当大的不确定性。因此，要对自然云与降水开展综合性基础研究，实施有物理基础、有针对性对策和技术方法的播云计划。对云与降水的物理背景不清，简单盲目应用是当前人工影响天气技术面临的主要科学和应用问题。

效果的检验和评估是人工影响天气学科的巨大难题。人工影响天气的效果评估问题的提出，实际上是因人工影响天气技术的应用是在对自然云和降水的物理过程有一定的认识，但认识还不十分全面而且对人工播云技术对云与降水的物理过程的影响机制有一定的了解，但了解也不很全面，而它的科学原理又被该领域内的专家所公认的情况下就加以应用而引发的。正因为是在还不十分成熟的情况下进行的，人工播云的效果就不是确定无疑的，所以效果的客观评价就显得格外重要。也正因为目前的认识能力有限，所以效果评价就成为一个相当困难的问题。

还有两个方面的原因：一是目前的气象预测能力还无法对自然降水、降雹的时间、范围、量值做出准确定量的预报；二是由于自然降水、降雹的年（月）变率大，就新疆平原地区来说，自然降水的年变率通常达30%，而月变率可达50%，对于降雹的变率就更大了。

由于不能对自然降水、降雹做出准确定量的预报，因此人工播云的效果问题就变得复杂化了。目前普遍采用统计学方法，而统计学方法中的非随机化试验，因自然降水、降雹的变率大，人工播云造成降水、降雹的人为变化还处在自然变化的范围之内，因而很难从强的自然噪声中检测出弱的人为信号。而统计学方法的随机化试验，则有希望排除强自然噪声的干扰，但需要在试验期内放弃50%的播云机会，通常在一些业务性、应急性的抗旱减灾计划中不易被投资者接受。此外，随机化试验要获得有一定统计显著水平的结果至少需要长达十数年的试验周期，要数倍地增加投入，同时也为试验设计的一贯性、周密性增加了难度。但随机化试验是目前唯一可行的评价方法。但是，统计效果也只能提供人工播云的有效性的证据，而不能证明人工播云的物理效应。只有统计效果获得物理原理上的解释，并被人工播云后观测到的物理效应所证实时，人工播云有效的结果才能被证明。当前科学界认为人工播云的效果评价应推崇随机化试验和物理试验相结合的方法。这就要求在加强相关监测设备投入的前提下，人工播云计划同时要有科学、合理、周密的试验设计。

二、新疆人工影响天气现状及面临的问题

新疆地域辽阔，由于特殊的地形和气候条件，干旱、冰雹、冻害和霜冻等气象灾害尤为严重。干旱缺水是严重制约新疆经济发展的关键因素。冰雹灾害危及天山南北几十个县，近年来还出现范围扩大、次数增多、灾情加重的趋势，特别是随着新疆棉花战略的实施，棉花种植面积不断扩大，冰雹灾害造成的经济损失也随之增大。此外，冬季因自然降雪少造成的冬小麦冻害以及春秋两季的霜冻灾害，也对农业生产产生严重影响。为了减轻自然灾害，新疆从 1959 年开始，逐步开展了融冰化雪、人工防雹、人工增雨、人工防霜等人工影响天气的试验研究和防灾减灾工作。1978 年以来，新疆人工影响天气事业迎来了一个蓬勃发展的时期，在自治区党委、自治区人民政府和各级领导的关心支持下，成立了自治区人工影响天气领导小组，并下设自治区人工影响天气办公室。自治区的人工影响天气工作紧密结合自治区国民经济建设的需要，以提高人工影响天气的科学水平和经济效益为中心，以人工防雹、山区人工增雨和冬季飞机人工增雪三项任务为重点，加强了人工影响天气的业务管理、现代化建设、作业试验和科学研究工作，使得人工影响天气事业保持了稳定发展的大好局面。近 20 多年来，因农业防灾和抗旱的需求，自治区的人工影响天气作业规模和范围不断扩大，到目前为止，新疆已有 12 个地、州、市和生产建设兵团 9 个农业师、局的 110 多个县团级单位开展人工影响天气作业。

人工防雹是新疆人工影响天气工作中规模最大的项目。主要集中在 5 个防雹区，即北疆奎玛流域联合防雹体系、南疆阿克苏防雹体系、博州联合防雹区、伊犁防雹区和塔城盆地防雹区。自治区人工防雹工作的一个主要特点是开展了跨地区、跨部门的联合防雹体系的建设。

人工增水也是新疆人工影响天气工作的一项重要任务。全疆现有 10 个地、州、市在开展应急性的增雨作业，多年来为当地的农业抗旱防灾发挥了积极作用。从 1978 年开始的，以保护冬小麦安全越冬为目的的北疆沿天山飞机人工增雪作业，作为一项长期的业务性计划实施，受到了受益区内各市县和农场欢迎，并取得了显

著的社会经济效益。经研究分析表明：在作业保护区内冬小麦冻害面积减少80%以上。

自治区的人工影响天气工作，虽有飞跃的发展，仍然存在许多困难和问题，主要表现在以下几个方面：

（1）自治区虽是全国规模最大的人影作业网，但人影事业经费的投入与需求之间的矛盾日趋严重，经费投入方面已明显落后于内地省区。由于资金短缺，原列入自治区"八五"发展计划纲要的"新疆人影业务指挥中心工程建设"项目，至今未能正式立项。新疆在人影综合业务技术系统建设和省级人影基地建设方面，已明显落后于内地省区，严重制约了自治区人影作业技术水平和作业效益的提高。

（2）人工影响天气的科学研究重视程度不足。人影科研是促进人影科技水平和提高人影作业效益的动力。由于人工影响天气与抗御干旱、冰雹等自然灾害密切相关，因而具有科学研究和实际应用试验二者平行存在和发展的特点，应在重视人影技术应用的同时，高度重视人影科学技术的研究，应加大人影的科研投入。

（3）人才需求不相适应。随着自治区人影业务科技手段不断提高，基础设施日趋现代化，人才缺乏问题已日趋严重，自治区人影和基层人影都缺少具有必备学历的专业人才，致使人影技术应用粗犷，盲目作业的现象普遍，作业效益低下等问题仍比较严重。

（4）社会减灾的需求和人影作业规模的发展，与人影科技水平提高不相适应。一些地方，不考虑当地的自然条件和人影技术应用的必要条件，盲目开展人影作业和扩大作业规模，不仅造成当地有限资金的浪费，而且会给人工影响天气工作的可持续发展带来不利影响。

（5）人工影响天气工作的管理体制与自治区的人影规模不相适应。虽然近年来在各级政府的领导和支持下，加强了气象部门的统一归口管理，但因长期的历史原因，还不能完全实现，管理力度不足，管理松散。

三、新疆人工影响天气未来发展对策及建议

为发挥人工影响天气在西部大开发中的作用，应采取以下对策：

（一）要充分认识人工影响天气工作在西部大开发中的重要作用，加强自治区人工影响天气工作

新疆干旱少雨的气候特点，以及冰雹、冻害、雾等气象灾害也随着经济的发展对农业、交通、环境等造成愈来愈大的危害。因此，要有超前意识，要充认识人工影响天气工作的重要性和必要性，各级人民政府要加强人工影响天气工作的领导、组织、协调和指导，各级气象部门要充分发挥专业技术优势，做好人工影响天气工作的组织、业务管理、技术指导和技术服务工作。随着大气科学和相关科学技术的不断进步，以及人工影响天气应用能力的增强和服务领域的扩大，人工影响天气将成为新疆大开发中水资源、农业减灾、生态环境、交通等领域的重要服务手段之一。

（二）加强科学化、规范化和法制化管理，重视人才队伍建设，提高自治区人工影响天气工作的总体效益

推进人工影响天气工作的科学化、规范化和法制化管理。为提高人影作业的科技水平和效益，实施人工影响天气工作资格认证制度和评审制度，对开展人影活动的组织进行资格审查，对新开展的项目进行严格的科学论证评审；同时要积极扩大国内外科技合作与交流；加强专业人才的引进与培养，造就一支能承担跨世纪任务的科技骨干人才。

（三）应大力开发空中水资源，实施山区人工增雨计划

新疆大开发和可持续发展的关键在水。我国是世界上水资源最缺的国家之一，而新疆是我国水资源问题最为严峻和生态环境最脆弱的省区，水资源短缺是新疆在实施国家西部大开发战略的最大的制约因素之一，也是新疆能否可持续发展的关键因素。由于新疆的气候和水资源特点，造就了新疆的绿洲生态、绿洲环境、绿洲灌溉农业和绿洲经济等特点，有专家认为：新疆的水资源总量决定了新疆的绿洲湿地面积，也就是说新疆有多少水资源就有多少绿洲生态。新疆要大开发，要保持可持续发展，要使脆弱的生态环境得到根本的改善，首先要解决好水资源问题。从长远的战略出发，节流与开源并举，在提高现有水资源利用率、发展节水农业和旱作农业的同时，新疆应积极开发水资源的根本来源——山区空中水资源。增加山区自然降水量，有利于增加山区积雪和冰川蓄积水源，增大河流径流量，补充地下水的储存，改善荒漠绿洲生态环境。应将山区人工增雨作为新疆水资源开源的一项重要科技对策。

（四）新疆人影综合业务体系工程建设

紧紧抓住关于西部大开发战略和自治区跨世纪发展战略目标的大好机遇，自治区的人影基础设施建设要以水资源开发和防雹减灾能力为目标，以提高人影作业的科技水平和总体效益为中心，建成管理规范、科技水平先进、基础设施一流、业务布局更科学合理、效益显著的人工影响天气综合业务体系，在总体上要达到国内先进水平。

1. 乌鲁木齐人影业务综合技术系统建设

新疆幅员广大，气象灾害频繁，人影作业规模和范围大，人工增雨、人工防雹作业区多分散在各绿洲内，由于缺乏集中统一的指挥和管理，信息的上传下达不畅，往往贻误作业有利时机，降低了作业的科学性和效益。本工程利用现代气象预报产品、气象监测技术、人影专家系统以及现代计算机网络通信等技术，实现全区人工影响天气工作的业务管理、指导、科研、培训、灾害性天气预报预警、监测，以及空域管理、作业指挥、各类信息上传下达、效果评估等实行综合管理。

2. 奎玛流域区域和阿克苏区域人影防雹作业体系建设

利用现代气象预报产品、天气监测技术、雷达技术、人影专家系统以及现代计算机网络通信技术，实现奎玛流域和阿克苏区域两个联合防雹体系内的技术装备与信息资源共享，冰雹天气预报、冰雹云天气监测、信息发布、空域管理的有序进行，在区级人影业务综合技术系统的指导下，行使本区域内的人影作业指挥和管理功能。

3. 建设飞机人工增雨试验基地

山区自然降水是新疆水资源的主要"源头"，是新疆地表水和地下水的根本来源，在水分循环和水分平衡中担当着重要角色，是维持新疆绿洲经济和生态的"命脉"。应抓住西部大开发大好机遇和国家生态环境综合治理建设的契机，大力开发新疆山区丰富的空中云水资源，积极向国家和自治区立项，在天山，昆仑山建设两个飞机人工增水试验基地。建成的试验基地集科研、作业和技术指导为一体，执行自治区人工增雨计划和任务，开展人工增雨试验研究，对自治区的人工增雨提供技术指导。山区人工增水是一项投资少，见效快，增加水资源行之有效的途径。新疆空中云水资源的开发利用，对新疆水资源循环的改善，生态环境的改善，西部大开发战略的实施，经济的可持续发展，摆脱贫困缩小东西部差距，以及社会稳定和国防的巩固具有重要意义。

新疆生产建设兵团人工影响天气工作回顾

新疆兵团人工影响天气办公室

一、兵团基本情况

新疆地处中国西北边陲。新疆生产建设兵团（以下简称兵团）是在特殊的地理、历史背景下成立的。

1954 年 10 月，中央政府命令驻新疆人民解放军第二、第六军大部，第五军大部，第二十二兵团全部，集体就地转业，脱离国防部队序列，组建"中国人民解放军新疆军区生产建设兵团"，接受新疆军区和中共中央新疆分局双重领导，其使命是劳武结合、屯垦戍边。兵团由此开始正规化国营农牧团场的建设，由原军队自给性生产转为企业化生产，并正式纳入国家计划。1975 年 3 月，兵团建制被撤销，成立新疆维吾尔自治区农垦总局，主管全疆国营农牧团场的业务工作。1981 年 12 月，中央政府决定恢复兵团建制，名称由原有的"中国人民解放军新疆军区生产建设兵团"改为"新疆生产建设兵团"，兵团开始了二次创业。截至 2016 年底，兵团下辖14 个师，178 个团，辖区面积705.34 万公顷，耕地125.44 万公顷，总人口283.41 万。

兵团承担着国家赋予的屯垦戍边职责，实行党政军企合一体制，是在自己所辖垦区内，依照国家和新疆维吾尔自治区的法律、法规，自行管理内部行政、司法事务，在国家实行计划单列的特殊社会组织，受中央政府和新疆维吾尔自治区双重领导。兵团这一特殊的管理体制，决定了兵团的人工影响天气（以下简称"人影"）工作有其独有的特点。

二、兵团人影工作发展历程

（一）成立之初（20 世纪 70 年代末—90 年代初）

兵团人影工作是 20 世纪 70 年代末全面开展起来的。为防止冰雹大面积毁坏农作物，兵团团场自发组织用土炮、土火箭防御冰雹灾害，开创了兵团人影工作的先河。从 70 年代到 90 年代，从土火箭、土炮到有组织有系统的运用雷达、电台、天气预报、"三七"高炮（WR-1B 防雹增雨火箭）四位一体的农业减灾综合防御体系的发展过程，人影工作的科技水平和防雹效果都有了明显的提高。

（二）发展建设（20 世纪 90 年代）

1993 年 7 月，第八师 148 团自筹资金 30 多万元，从成都气象学院购进一部 XDR-X 数字化天气雷达，1994 年 5 月 28 日通过验收并列入奎玛流域防雹网。这是兵团第一台投入使用的数字化天气雷达。据不完全统计，148 团自 1994 年使用天气雷达指挥防雹、增水作业后的 10 年比未使用天气雷达的前 10 年，降雹总次数多了 5 次，而用弹量则减少了 5000 余发，受灾面积减少 700 余公顷，直接和间接减少经济损失数千万元，同时气象雷达站还积极配合石河子防雹指挥中心和自治区气象局人影办冬季人工增雪工作，提供了大量有价值的观测资料。随着数字化天气雷达的投入使用，高炮保护区内无较大的冰雹灾害，雹灾损失明显减少。农场职工和各级领导对人工影响天气事业的综合效益给予了充分的肯定。截至 1998 年，兵团人影事业得到了较快的发展，共有 8 个师（局）、64 个团场开展此项工作，拥有双管 37 毫米口径高炮 300 门，火箭发射架 21 具，711 天气雷达 6 部，无线电台 360 部，人影专业技术人员和技工 1200 人，人工防雹受益面积 1997 年达 549 万亩，人工增水收益农田、草场面积 200.7 万亩。

（三）开拓进取（2000 年至今）

21 世纪以来，随着兵团计划单列工作的推进，兵团的人影事业迎来了新的发展机遇。为了满足兵团农业日益增长的防灾减灾需求，兵团先后成立了人工影响天气办公室和气象科技服务中心，有关师、团场均成立了人影领导小组，下设人影办。具体承担高炮（火箭）、人雨弹、火箭弹等人影物资的安全管理和人影业务的归口管理。2003 年，兵团在兵团军事部西山军械库建成气象人影物资库房，为兵团人雨弹供应管理提供了重要的保障条件。兵、师、团三级人影管理机构的建立和完善，全面加强了人影业务规范化管理，有力地保证了各项防灾减灾措施的贯彻实施。

截至 2012 年，第六师、五师、三师、七师陆续建成新一代 C 波段多普勒天气雷达，第一师建成新疆首部 X 波段全相参多普勒天气雷达 (SCRXD-01 型)。新型雷达人影监测预警新技术的投入使用，使人影作业对风暴、暴雨、冰雹等中小尺度灾害性天气识别更加精确，为全面做好兵团人工影响天气工作提供了有利的科技手段和技术支撑。与西安中天火箭公司联合研制的火箭作业及信息采集系统，分别在四师、五师进行外场试验，考核定型后在北疆部分师推广。兵团 4 部新一代多普勒天气雷达于 2013 年起纳入国家新一代天气雷达网试运行，雷达资料实时上传国家气象信息中心。

兵团人影事业的高速发展，引起了上级领导的高度重视。2010 年 10 月 23 日，时任新疆生产建设兵团政委车俊在乌鲁木齐会见了中国气象局党组书记、局长郑国光一行，双方就贯彻落实中央新疆工作座谈会精神和全国气象部门新疆工作会议精神，进一步推动兵团气象事业实现跨越式发展和长治久安交换了意见。郑国光强调，要树立合作共赢的发展理念，统筹协调，坚持不懈地推进兵地气象事业协调发展，把新疆生产建设兵团气象事业纳入到新疆气象事业发展的总体规划，强化资源资料共享和业务服务融合，推动兵团气象事业跨越式发展，为兵团经济社会发展提供更好的服务。

2013 年以来，为了进一步推动兵地人影融合发展，重点建立兵地五大联防区应对重大天气监测防御应急会商、信息互通和联防联动机制，逐步完善联防区雷达组网拼图和数据共享平台建设。充分发挥了兵地地缘优势、装备优势互补，有力提升了区域联防作业的整体效果。2015 年，兵团与自治区人影办在奎屯市组织召开了奎玛地区人工影响天气联防会议，安排布置年度工作任务，协调解决人影作业区域联防工作存在的困难和问题。通过在奎玛流域、伊犁河谷、阿克苏三大片区的跨流域联防，人影作业规模日益扩大，在防灾减灾工作中发挥了非常重要的作用。在冬季，配合自治区人影办组织开展冬季飞机人工增雪作业，并组织第六、七、八师气象站、雷达站为作业指挥中心提供天气监测和降雪雪情资料，取得较好的社会经济效益。兵团和自治区已在奎玛流域、伊犁河谷、阿克苏、塔额盆地、博乐五大区域实现了跨流域联防作业，并协调组织兵团各有关单位为冬季飞机人工增雪作业及时提供气象和雷达观测资料。

图 1　2002 年，时任中国气象局副局长郑国光到第六师五家渠市气象局检查工作

图 2　2010 年 10 月 23 日，新疆生产建设兵团政委车俊在乌鲁木齐会见中国气象局党组书记、局长郑国光

图 3　2012 年，兵团人工影响天气办公室荣获"全国人工影响天气工作先进单位"荣誉称号

图 4　2013 年奎玛地区人工影响天气联防工作会议合影

图5　2014年4月，兵团农业局副巡视员胡寻伦陪同新疆维吾尔自治区气象局党组书记杜继稳一行参观第三师人影指挥中心

图6　2014年，兵团政委车俊和兵团副司令员孔星隆接受中国气象局局长郑国光赠送的卫星遥感图

图7　2018年兵团人工影响天气办公室在第一师阿拉尔市举办高炮火箭操作维修技术培训班

三、兵团人影工作成就

由于兵团地处"两边一线"，大多处在极端天气的前沿，兵团一直实施"加强前沿、巩固外围、早期催化、实施联防"的兵团人工影响天气技术路线，坚持"兵地结合"的特点，充分体现了兵团的组织优势和动员能力。随着40多年人影发展建设，兵团建立了完善的人影作业指挥体系、稳定的基层人影防雹队伍、先进的作业装备和完善的管理制度。

图 8　人影作业人员操练双"三七"高炮

图 9　新型火箭发射系统

图 10　第五师新一代多普勒天气雷达

图 11　第三师图木舒克市气象局雷达指挥中心

截至 2017 年年底，兵团第一、二、三、四、五、六、七、八、九、十师共 10 个师 88 个农牧团场常年进行人影作业，兵、师、团从业人数 191 人，一线作业人员 2430 人。全兵团近三年年均作业次数 1600 余次，作业量人雨弹 17 万余发、火箭弹 2.5 万余枚，防雹保护面积 3000 余万亩。兵、师、团三级年均投入人影作业经费约 1.4 亿（不包含作业人员工资），其中兵团本级 200 万元，保险公司 2200 万元，各师、团场投入约 1.1 亿。据统计，年均挽回经济损失达 15 亿元，投入产出比约 1∶15，在兵团农业防灾抗灾夺丰收中发挥了积极作用。

截至 2017 年年底，各师团投入人影作业"三七"高炮 278 门、火箭发射架 720 具，人影防雹观测指挥雷达 20 部，其中一师高炮最多 122 门，火箭发射架 200 具，其次是八师火箭发射架 117 具，最少的是十师火箭发射架 18 具。同时，兵团人影办建立健全了一系列规章制度，包括人雨弹、火箭弹调拨运输实行专车拉运、武装押运，以及运输保管、警卫安全、出入库登记等，保障了人影安全生产工作。在兵团军事部西山民兵武器库建设了兵团人工影响天气装备物资库房，由兵团军事部民兵武器库官兵值守。据统计，每年从定点企业购买人雨弹 15 万发，火箭弹 1 万余枚，无重特大安全事故发生。

兵团人影作业指挥体系主要由两部分组成：一是师级预警指挥体系，主要是师级人影办组织实施，主要职责是雷电探测、预警，地面作业决策指挥；二是团场指挥作业体系，主要是团场人影办和一线作业点。团场人影办负责指挥作业，一线作业点实施高炮、火箭作业并记录作业情况。目前，一线作业点 720 个，其中固定作业点 301 个，移动作业点 419 个，一线作业人员 2430 人，主要来自一线职工、团场企业职工和非团场职工。据统计，一线作业人员中民兵数为 1905 人，占 78.4%，非职工数 286 人，占 11.8%。一线作业人员年龄结构：35 岁以下 1271 人，占 52.3%；35～45 岁 572 人，占 23.5%；45 岁以上 587 人，占 24.2%。

兵团人影防雹队伍不仅保持具有兵团组织动员能力，还保持了"兵"的本色，特别体现在技术过硬、组织严密、指挥有序、工作高效。人影工作与人武工作融合发展是兵团人影工作最大特色，团场民兵的应急训练和常态化拉动，保障了基层防雹队的人员基本能力和素质，团场武装部准军事化管理，保障了人影指挥的规范化、科学化水平。同时，人影作业提高了民兵实战训练水平，为民兵练兵习武提供了平台，加强了民兵的军事化水平，成为和平时期兵团民兵训练新常态。

兵团人影事业的发展得到了社会各界和上级领导的一致肯定。2012 年，兵团气象局荣获"全国人工影响天气工作先进单位"荣誉称号。第六师气象局雷达站站长谢向阳作为兵团人影工作者的先进代表，于 2012 年 5 月荣获"全国人工影响天气工作先进个人"称号。

砥砺前行惠民生
——人工影响天气 60 周年回忆录
<<< 产品研发

北京人工影响天气现代化发展

丁德平[①] 杨 帅[②] 等

党的十八大以来，北京人影办按照《全国生态保护与建设规划（2013—2020年）》（发改农经〔2014〕226号）、《人工影响天气业务现代化建设三年行动计划》《"十三五"生态文明建设气象保障规划》《全国气象发展"十三五"规划》和《北京市"十三五"时期气象事业发展规划（2016—2020）》的要求，加快北京人影现代化建设，开展关键技术攻关，强化基础设施和作业装备建设，进一步完善体制机制，健全法规和制度体系，不断提高人影业务能力、科技支撑能力、管理水平和服务效益。北京人影在作业装备、探测设备、外场试验、效果评估等方面进入了人影现代化和"三年行动计划"建设的科学发展时期，取得了良好的成果。

组织机构逐步健全。北京市人工影响天气工作的组织领导体系进一步健全和完善，建立了由市气象部门制定并上报人工影响天气工作计划，由市政府审定批准和投资，2013年9月市编办、市发展改革委、市公安局、市民政局、市科委、市财政局、市人力社保局、市环保局、市农委、市水务局、市安全监管局、市园林绿化局、市农业局、民航华北空管局和北京军区空军司令部航空管制处等部门相互配合的北京市人工影响天气指挥部成立，市、区二级业务体制和作业点在内的三级作业

---

① 丁德平，女，回族，北京市人影办常务副主任，正研级高级工程师。组织人影重大活动保障，主持各级项目20多项，多项市级、国家级业务科研项目获奖，被人保部、中国气象局授予全国气象系统先进工作者称号（省部级劳模）；获北京市"三八"红旗奖章，北京市科协先进工作者。计算机软件著作权2项，实用新型专利2项。

② 杨帅，男，汉族，1988年5月出生，自然地理学专业、硕士研究生学历，2014年7月参加工作，现任北京市人工影响天气办公室综合科工程师。

体制相应逐步完善。

初步建成国际一流的云降水物理空地一体化综合观测系统和科学试验基地。依托气象综合观测网的现代化建设成果，不断完善以雷达、卫星遥感、探测作业飞机和其他专用监测仪器等构成的人工影响天气作业条件监测网；建成了拥有一流先进设备、集室内和外场科学试验于一体的北京人工影响天气综合科学试验基地，其中室内实验室包括大小云室、冰雹研究室、滴谱实验室、冰核和CCN研究室、组分实验室、吸湿增长实验室、机载设备试验室和高精度天平室等10余个室内试验室及15种配套设备；以国际一流的空中飞机为空基观测平台，涵盖了云物理和气象要素探测、气溶胶成分和数谱探测、气体探测三大系统，包括大气云物理、大气化学、气体、云结构遥感、常规气象共5类22种探测仪器，以山区、平原地区、大城市三特色人影特种地面观测站为地基观测平台，包括气溶胶活化特性、大气层结和气体观测三个系统，包括大气云物理、大气化学、气体、云结构遥感、常规气象共5类30余种探测仪器，建设了空地一体化云物理特种综合观测系统；以基地云降水物理综合试验室为主体，以空地一体化综合观测系统为支撑，构成野外和室内、山区—平原和城市、空中和地面相结合的独具特色的中国气象局华北云降水野外科学试验基地，以云降水物理的关键技术和科学问题为重点学科方向，开展华北地区典型云系、气溶胶活化特性和雾霾的综合研究工作。

立体催化作业系统和服务领域不断拓展。不断完善北京市飞机、高炮、火箭和高山地基燃烧炉并用的多种作业手段相联合的立体催化作业系统，全面提高北京地区人工影响天气作业能力，实现针对北京地区不同天气过程、分阶段、分批次、全天候人影作业，提高空中云水资源综合开发利用和防雹减灾水平，强化提升重大国事活动保障人影服务能力、服务领域和科技支撑水平；积极开展生态服务、森林防灭火、净化空气的人工影响天气服务，不断健全人影服务作业体系，实现从传统的以防灾减灾为主的服务向防灾减灾、空中云水资源开发、生态环境建设和保护、重大国事活动保障等多领域并举的服务拓展。

初步建立现代化业务体系，业务系统日趋丰富和完善。全面落实《人工影响天气业务现代化建设三年行动计划》，结合业务运行实际需求，建立了完善的北京人影五段业务，完善实时业务体系和相关的30多项流程、制度和规范。集中整合现有资源，强化人影业务系统开发和引进，建立了人影办信息发送平台、北京人影可视化作业指挥平台、北京人影作业条件发布 APP、风廓线雷达回波强度实时显示系统、作业效果回波追踪分析系统、冷云催化潜力识别模式、环北京飞机空域申报与批复系统等，引进并应用综合处理分析与作业指挥系统（CPAS），建立了层状（混合）云增雨（雪）、对流云增雨和防雹作业概念模型和指标体系，科学构建基于综合飞行探测、地基遥感分析、催化模式研究、业务技术和装备研发等方面一系列科研成果，以作业条件、空域申报、决策指挥、效果评估、安全监管、资料处理与发布等七大业务系统为主的北京人影综合业务平台，在中国气象局组织第三方评估的"三年行动计划"中期考核中排名第一。

作业能力和效果显著提升。北京市现有"三七"高炮、各种型号地面火箭装置、高山地基碘化银燃烧烟炉和高性能人工增雨探测作业飞机。三年来，共开展 161 个增雨（雪）作业日、2079 个点次地面作业；三年来共飞行 395 架次，飞行时间 1206 小时；三年来，共联合张家口和承德地区开展官厅、密云两水库跨区域火箭增雨作业 68 天、454 点次。

积极加强区域统筹与合作，做好环北京地区飞机作业空域申报和批复系统在京津冀及周边地区推广应用，实现飞机作业计划协调，信息共享；建立区域业务日常交流平台和常态化联合作业条件会商，提高作业条件分析能力。2017 年组织 9 次京津冀地区人影部门联合增雨作业，开展增雨作业和污染探测飞行 15 架次。

联合河北省张家口、承德地区，完善密云、官厅水库汇水区约 3.5 万平方千米的人工增水作业网，丰富了针对不同天气形势、基本覆盖全年各时段的全天候作业体系，加强密云、官厅水库汇水区蓄水型人工增水作业。

应用区域历史回归算法针对增雨效果的评估结果表明：各分区多年累积人工增雨作业效果明显。

防雹保护面积年平均 2155 平方千米，在空域允许的情况下，高炮防雹保护区基本没有遭受冰雹灾害，受到群众广泛欢迎和市领导的肯定。

试点研发 12 管自动发射火箭架、声波人影作业设备，试用 HY-R 型增雨防雹燃气炮等新型作业设备，同时应用物联网技术，完善人影装备弹药、作业站点、作业实施全过程实时监控系统；为作业点统一配置炮弹、火箭弹存储保险箱，加强作业点储存弹药安全管理。

科技支撑能力不断增强。坚持业务、科研相结合，理论、观测、模拟和实验相结合，努力构建研究型、开放式业务和建立多层次、多领域、多学科相结合的机制；坚持科技创新，稳步推进北京市人工影响天气综合科学试验基地建设，加强应用基础研究，加强对人影核心技术和关键技术的研发和成果转化，确保科研成果向业务能力的有效转化，切实提高对人影业务发展的科技支撑能力。三年多来，共承担"全球气候变化与应对—黑碳对气候影响及其气候—健康效益评估""典型区域云水资源监测、开发和耦合利用示范"等国家重点研发计划、国家自然基金项目共计 12 项，承担"京北山区冬季降雪综合观测和数值模拟研究"等北京市科委计划项目、北京市自然基金项目 8 项，承担"飞机人工增雨（雪）宏观记录规范"等中国气象局、北京市气象局科技项目 14 项。获得发明专利 4 项，软件著作权 1 项，制订行业标准 2 项，发表 SCI 文章 10 篇，国内核心期刊文章 15 篇，著作 1 部，为提高北京人工影响天气业务和科研水平打下比较坚实的科技支撑基础。

人才队伍发展壮大。 围绕北京市人工影响天气业务现代化建设，采取引进和培养并重的原则，建立科学的人才培养机制，营造有利于人才成长的环境。加强与国内、国际人影科研机构的交流和合作，拓宽与相关部门合作的领域，广泛开展与高校、科研机构在推进人才培养、科技研发等方面的合作。逐步形成一支结构合理和具有较好科技素质的人工影响天气人才队伍，培养和造就一批复合型中、高层次专业人才，切实加强北京人影科技创新的人才力量。现有人员结构呈现年轻化、高学历和高职称的特点，其中 40 岁以下 30 人占比 79%，硕士及以上学历 32 人［博士生（含在读）11 人］，占比 84%，高级工程师及以上职称 15 人（其中正研级高工 2人），占比 40%。科技部重点研发专项首席科学家 1 人；入选国家级创新团队 2 人、市气象局创新团队 4 人；入选市气象局百名优秀专业技术人才 14 人次；其中高水平业务技术骨干 4 人次，青年科技骨干 10 人次。

对外交流合作日益广泛。 加强与总参、空军、海军、民航、公安、武警、水务、防汛等部门、行业的合作，统筹与华北区域各省（自治区、直辖市）的互动和联动机制，同时还逐步加强与美国、俄罗斯、以色列等国家的人影专家、学者的交流与项目合作，于 2017 年 12 月 12 日成立北京大学—北京市人影办云降水物理学联合实验室，加强双方的人才培养合作、试验与观测、申请项目、信息资料成果共享等合作。

2017 年 6 月 19—20 日，展开云降水物理和云水资源开发北京市重点实验室首届国际学术交流会。

三年多来，聘请美国国家大气研究中心（NCAR）薛麓林研究员、铁学熙教授、美国布鲁克海文国家实验室刘延刚教授、韩国延世大学大气科学系廉晟殊教授、北京大学赵春生教授、中国气象局人影中心郭学良研究员、周毓荃研究员、南京信息工程大学银燕教授等10余名国内外知名专家为客座研究员对青年科技人员项目研究、发表文章、申报基金项目等提供指导；引进以色列耶路撒冷希伯来大学、NCAR、美国布鲁克海文国家实验室、澳大利亚、英国、德国、日本、韩国延世大学等国外单位一流专家25人次来办交流与指导，派遣10名青年科研人员赴美国学习与访问。

重大国事活动保障能力不断提高。按照北京市政府、中国气象局的工作要求，提早谋划，科学部署，举部门之力，重点对不同任务要求进行技术、装备和人员准备，全员投入组织制定工作方案，集区域之智，全力以赴完成保障作业、试验、演练和保障任务。组织完成申冬奥、田径世锦赛、"9·3"纪念大会、"一带一路"高峰论坛等多项重大活动保障，参与完成G20杭州峰会、天津全运会、建军90周年阅兵等重大国事活动保障任务。

1. 田径世锦赛和"9·3"纪念大会人影保障

在田径世锦赛和"9·3"纪念大会人影保障活动时，综合总参、空军和北京、天津、河北、山西4省（市）人工影响天气力量，各司其职，连续奋战，扎实开展人工影响天气作业，实现了为"首战必胜、打个漂亮仗"创造了有利天气条件的目标，得到了纪念活动领导小组和社会各界的一致赞誉。中国人民抗日战争暨世界反法西斯战争胜利70周年纪念活动人工影响天气作业，是中华人民共和国成立以来投入力量规模最大、军地联合程度最高、行动范围最广、作业效果最好的一次重大国事气象保障行动。反映了人工影响天气现代化建设成果，彰显了技术引领支撑地位作用，体现了创新驱动发展理念，对于加快推进军民融合人工影响天气事业发展有着重要意义。

2. 冬奥会海坨山增雪

三年多来，北京人影办积极组织进行冬奥会海坨山降雪观测和人工增雪试验。2015年冬奥会申办期间，紧盯天气过程，科学制定增雪作业方案，在海坨山地区共开展地面增雪作业17次，圆满完成北京申办2022年冬奥会的人工增雪保障任务。

2016—2018 年，本着"提早动手、积极推进、逐步探索、取得成效"的工作思路，充分利用多种资源多种手段加快推进海陀山降雪观测仪器布网建设工作，建成海坨山闫家坪综合观测站，配备云、冰核、雾滴、雨滴、降雪以及常规气象要素 5 类 19 种探测设备；配合"空中国王"和"运-12"两架云物理探测飞机，建成海陀山区空-地立体化的外场观测体系；紧盯每次降雪过程，积极组织科研人员克服严寒、大风和低温等山区艰苦条件，进驻海陀山开展观测试验，开创性地推动了北京海陀山区降雪研究工作，共组织 13 次山区（海坨山）冬季降雪观测试验、7 次冬奥赛区空地联合试验，对山区降雪形成机制、人工增雪潜力评估及催化技术开展研究和探索，并对人工造雪的物理特征进行了观测分析。

结　语

北京人影事业在几代人工影响天气工作者前赴后继的努力下，业务、科研、管理等全面发展进步。今后，北京人影将坚持用习近平新时代中国特色社会主义思想来指导，再接再厉，推动各项工作发展，在人影现代化建设、三年行动计划和重大国事活动保障中做出突出贡献。

（主要编写人员：丁德平、金永利、黄梦宇、杨帅、马新成、赵德龙、宛霞，等）

贵州省人工影响天气业务系统发展历程回顾

刘国强 [1]

贵州省人工影响天气业务系统建设始于 20 世纪 90 年代末，前期主要经历了 4 个主要的发展阶段。第一阶段是 1998—2002 年，重要标志事件是贵州省人工影响天气领导小组办公室成立；第二阶段是 2003—2006 年，重要标志事件是中国气象局贵州人工防雹增雨试验示范基地授牌和第十四届全国云降水物理和人工影响天气科学会议在贵阳召开；第三阶段是 2006—2010 年，重要标志是贵州获得全国 8 个优秀人工影响天气业务系统之一；第四阶段是 2010—2017 年，重要标志是南方干旱人工影响天气技术交流会议在贵阳召开和贵州成为全国人工影响天气业务系统试点省份。目前，随着中国气象局人工影响天气业务现代化建设三年行动计划的深入推进，第五个发展阶段正在逐步开启。

一、第一阶段（1998—2002 年）

Windows98 操作系统的计算机逐步开始在各级人工影响天气部门使用，1998 年 12 月，贵州省级人工影响天气技术系统建设正式立项。系统综合考虑人工防雹与人工增雨，应用当时先进的人工影响天气及计算机通信技术，从贵州的实际出发，依托已建立的气象基本业务系统，省级人工影响天气业务技术人员自学 VB 语言，编制小程序完成冰雹预报、闪电监测、雨量统计、灾情收集等业务工作；市级人工影

---

① 刘国强（1981—　），贵州省人工影响天气办公室业务发展科科长，高级工程师，一直从事人工影响天气业务技术开发工作。

响天气业务技术人员依托711雷达完成作业指挥并实现作业信息的电子化管理。系统于2002年通过验收并全面投入业务运行，为今后贵州省人工影响天气业务技术发展奠定了起步基础，标志着贵州省人工影响天气业务系统正式进入计算机时代。

二、第二阶段（2003—2006年）

从2003年开始，随着贵州多普勒雷达的建设和气象信息的日益丰富，依托贵州省科技攻关项目"贵州降水（冰雹、雨水）资源调控技术研究"，贵州省人工影响天气部门全面构建第二代人工影响天气业务技术系统。系统基于3G技术（GIS地理信息系统、GPS全球定位系统和GSM移动通信系统），将自动站雨情信息、闪电定位仪资料、旱情资料、作物及生育期资料、特殊保护区域、高空资料、增雨目标区域等进行叠加，并重点运用多普勒天气雷达的体扫基本数据产品资料，完善人工影响天气作业预警业务化功能，实现人工影响天气作业指挥自动化操作。系统于2006年通过验收并全面投入业务运行，使贵州省人工影响天气本地化特色技术得到较大的发展，标志着贵州省人工影响天气业务系统逐步实现科学化。

三、第三阶段（2006—2010年）

从2006年开始，随着计算机信息技术的不断发展，贵州省人工影响天气部门为改变传统通信方式不能适应人工影响天气作业指挥调度需求的情况，贵州省人工影响天气办公室加强对外技术合作，引进高可靠性的数字化通信终端、高性能的数据储存和管理工具以及电子化的数据图形技术，建设第三代人工影响天气业务技术系统。系统总体框架设计可概括为一个网络系统，两套监测机制，三级业务平台，完善四大功能，即依托公共信息高速网络，建立健全多普勒天气雷达区域监测和TWR-01型天气雷达局地监测机制，构建全省新一代人工影响天气省、市、县三级业务平台，完善全省人工影响天气预警指挥、空域调度、安全监控和效益评估四大业务功能。

四、第四阶段（2010—2017年）

从2010年开始，随着炮站数量的增多、作业工具的演变、探测系统的发展以及计算机的日益普及和应用，人工影响天气原有的作业条件判别、作业指挥方式和作业信息流程已无法满足业务快速发展的要求。在此背景下，为切实提升贵州省人工影响天气的科技含量和服务水平，贵州省人工影响天气办公室在充分依托气象业务系统的基础上，利用气象学、云物理学和人工影响天气等方面的最新研究成果，通过配置适当的硬件设备和开发相应的软件系统，研究开发适合本地特点的集作业条件分析、作业方案设计、作业预警指挥、作业实时监控、作业效果评估和作业信息管理于一体的新一代人工影响天气综合业务系统，并通过系统之间的有机融合与技术集成，初步构建起功能完备、分工明确、责任清晰、信息畅通、流程规范的人工影响天气业务技术体系。

（1）系统衔接

由云精细化分析平台在相应的业务阶段通过必要的业务工作得出相应的业务产品，提交到作业指挥及信息共享平台进行分发，同时，相关联的作业空域由作业指挥及信息共享平台向作业空域管理系统的接口获取。

（2）角色衔接

业务流程主要根据时间进行阶段划分，重点明确各业务层级的分工以及各业务角色的任务，使不同的业务人员能够清晰地知道在什么阶段要做什么事情，得出怎样的结果。

（3）作业决策分析系统

学习云降水精细化分析处理系统技术方法，利用可获取的观测资料，实现多种信息融合处理和集成显示，并结合中国气象局人工影响天气中心提供的云模式产品和卫星反演产品，进行深入的本地化应用研究，实现云降水的实时精细分析、地面作业预警指挥、增雨防雹效果分析和专题服务产品制作等业务功能，构建省级人工影响天气作业决策分析系统。

（4）作业指挥及信息共享平台

通过研发省—地—县—炮站四级人工影响天气作业指挥及信息共享平台，构建基于计算机网络和移动通信技术的新一代人工影响天气指挥系统，可改善传统的电台、电话的口语通信方式，将手工记录方式向自动化、电子化的计算机辅助作业指挥方式稳步转变，并利用覆盖全省的公共信息网络和气象省地专线网络进行消息和指令的传输，实时反映作业炮站所在地的天气状况，使指挥中心能及时了解炮站作业状态，以便更有效地进行作业指挥和调度，实现信息化的省、市、县、炮站四级人工影响天气作业体系。

（5）作业空域管理系统

作业空域信息管理系统根据目前军民航空管部门的业务现状及人影作业申请的流程，经过仔细调研和分析，科学、合理地利用空域，通过让飞行管制部门及时准确地掌握作业天气变化和人影作业申请区域，解决空域协调难、作业时限短的问题，实现实时接收申请、批复申请，同时对人影作业进行跟踪监测，及时了解人影作业的状态。这样既可以有效地防止由人影作业对飞行安全造成的影响，同时可从流程上提高人影作业时限审批的效率，实现人影作业空域管理信息化。

（6）物联网智能管理系统

基于物联网的理念开发出人工影响天气物联网智能管理系统，针对人雨弹和火箭弹从装备、弹药的生产及运输、仓库到货检验、入库、出库、调拨、库存盘点等各个作业环节进行自动化跟踪监测与管理，以及对参与其中的相关人员进行全方位的信息追踪与控制，确保管理人员能及时准确地掌握装备、弹药、人员的实时信息，及时地做出科学有效的决策。

求实创新　为人影现代化建设做贡献

——内蒙古北方保安民爆器材有限公司人影产品研发、生产纪实

侯保通 [1]

内蒙古北方保安民爆器材有限公司位于内蒙古西部美丽的乌海市，前身是 1965 年建厂的军工企业，2003 年 2 月改制为国有参股的有限责任公司。公司自 2000 年开始步入人工影响天气器材研发、生产领域。十多年来，始终依靠和坚持科技进步，产品不仅由最初的单一火箭弹发展到包括火箭增雨、飞机增雨和地面增雨的三大系列十多个品种，各种装备也实现了升级换代，信息化和自动化水平不断提高，逐步建立起"以用户为中心，以市场为导向"的研发体系，形成了专业化、系列化、多品种的生产格局，为人工影响天气事业做出了积极的贡献。

一、围绕人工影响天气器材开发不懈努力

2000 年，公司抓住西部大开发机遇，与乌海市气象局联合开发增雨防雹火箭项目。当时，专家们根据经验估算，产品需要 3～5 年的研制开发期，这意味着，即使产品成功了，可能市场机遇也过去了。公司与乌海市气象局领导开始带领大家与时间赛跑。2000 年一年里，他们往返北京 15 次，往返呼和浩特 23 次，在该项目涉及的各学科领域里广泛联系，寻找顶尖人才和权威单位搞联合开发：诚聘北京理工大

---

① 侯保通（1955— ），五五六厂董事长、党委书记。共获得人影产品专利 8 项，先后带领 50 多人参与了 2008 年北京奥运会、国庆 60 周年阅兵、纪念抗战胜利 70 周年阅兵等重大活动气象保障，内蒙古自治区劳模、中国气象局先进个人。

学教授做产品的总体设计，请中国气象科学研究院人影中心研制催化剂配方，请中国运载火箭技术研究院508所设计并制作火箭残骸回收装置，联合国家兵器工业总公司所属245厂研制并供应火箭推进剂，联合国营0117厂、唐山鑫华塑料厂等单位进行合作开发，形成了以公司为主体的全面开发增雨防雹火箭的高效能研发机构。研制过程中始终采取整体推进、重点突破的战略，先后请各方专家40余名亲临现场指导，攻克了一个个难关，使该项目沿着预期目标发展，在最短的时间内完成了火箭产品的开发，并达到了国内领先水平。从2000年6月底项目论证，到2001年5月18日项目通过验收，只用了不到11个月的时间就将产品成功推向了市场，创造了国内增雨防雹火箭研发进度的奇迹。从此，公司步入了人影产品领域，并力争走在该领域的前沿，通过深入了解用户对作业工具的需求和设想，了解国内、国际人影装备的状况，把握科技发展的方向，立足高起点，结合实用性，坚持借势借力联合搞开发，卓有成效地实现了以较高质量、较快速度不断增添人影新产品的目标。在研发过程中，公司成功采用了一些属于国内首创的新技术、新工艺，在人工影响天气新产品开发方面共取得专利10项，其中2项被确定为国家重点新产品、1项被列入国家火炬计划、3个项目填补了国内空白，1项获得自治区科技进步三等奖。

1. 首创非金属材料装配式火箭发动机，极大地提高了火箭弹可靠性

RYI-6300型增雨防雹火箭的关键技术，就在于首创了非金属材料装配式火箭发动机。这种工艺技术很好地克服了当时缠绕式玻璃钢常温固化抗老化能力不好、容易变形的缺点，使火箭的整体性能得到改善，提高了火箭的安全可靠性，降低了生产成本，改善了生产环境，也使产品具备了良好的性价比，为国内增雨防雹火箭的制造开辟了新途径。该技术2002年获得国家专利。

2. 牵引式增雨防雹火箭发射架专利技术

公司在设计RYI-6300型增雨防雹火箭发射系统时，采用了可调定向导轨、齿弧式升降的总体结构，单轴拖车为牵引式运载体，打起支架即为固定式发射架。适用于各类机动车辆牵引，具有作业灵活、操作便捷、机动性强的特点，用户无须另购专用车辆，无须作业时动用过多人力抬上抬下，能够为用户减少作业人员、降低作业费用、增大作业范围、减轻劳动强度。该产品2003年获得国家专利。

3. 国内首先在飞机增雨中使用固体催化剂药柱

2001年7月，公司和中国气象科学研究院人影中心合作承担了新型飞机增雨

装置"机载碘化银末端燃烧器"的研制工作。当时，国内飞机增雨作业使用的工具是丙酮燃烧器，缺点是仅靠丙酮燃烧碘化银，影响成核效果，而且低温下很难再点燃，作业中途易断火。按照研制方案，新的催化系统采用了高效的固体催化剂药柱。2003 年，公司设计并制作出适合夏衍 3 飞机挂带的重量轻、导流好的播撒装置及烟管，11 月通过鉴定。鉴定意见认为该产品填补了国内空白，达到了国际同类产品先进水平，可在国内飞机增雨催化作业中推广使用。2004 年，该产品获得国家专利。此后，公司又为运 12、运 7、运 8 及空中国王等机型研制了不同型号的播撒器及烟管。

4. 烟炉率先使用水平式烟管装填设计

2003 年，公司与北京市人影办合作开发了具有新型功能和特点的移动式烟炉。该产品适宜有上升气流的山区使用，具有结构新颖、工作状态稳定、操作简便、安全性能好的特点，并于 2005 年获得国家专利。2008 年公司又研发了无人看守远程遥控烟炉，无须申请空域，可适时充分利用空中云水资源。公司研发的烟炉在国内率先使用烟管水平安装方式，烟管点火片都面向炉门，加之打开炉门，即为烟管安装口，抽出或填装烟管非常方便；同时，装填区与炉体内腔隔离，避免作业人员直接到烟炉体内更换烟管容易弄脏身体及衣服的缺陷，有利于作业人员身体健康；另外，烟管水平安装，点燃后火焰水平喷出，避免了立装烟管燃烧时火渣落在其他未燃烟管的口部造成互燃的问题。此项设计为国内首创。公司烟炉产品获得 1 项发明专利、1 项外观专利和 2 项实用新型专利。

5. 飞机增雨子焰弹发射器及子焰弹

2003 年，公司自行设计、制造完成了机载增雨子焰弹发射装置。作业时，飞机在云层上方飞行，子焰弹随发射点燃，离开飞机后直接在云中燃烧催化剂，单弹播撒轨迹约 1.8 千米，具有作业安全、催化效果好等优点。该产品于 2003 年 12 月获得国家专利。之后，为进一步满足用户需求，公司研制了插板式机载焰弹发射器，简化了焰弹装卸工序，降低了焰弹装卸难度，并可根据作业需要增加焰弹装载量，现一次飞行携带量可达到 400 枚，有效提高了飞机增雨作业效率。2015 年该产品获得国家发明专利。

6. 催化剂全国统一检测获得较好名次

2011 年，在中国气象局人工影响天气中心进行的催化剂样品静态试验中，公司催化剂成核率在所有火箭生产厂家中是最高的。

7. 产品工艺先进、质量可靠

从上海物管处进厂验收开始，连续验收一次合格率达到100%，表现出公司火箭产品具备了较好的质量稳定性。根据火箭出厂验收规范的转移规则，2011年起，上海物管处同意转为放宽抽验验收，在国内5个厂家中是首先被批准放宽验收的。

二、长期开展"做精品、创名牌"活动

公司自进入人影产品领域以来，大力推进以市场为导向、产学研相结合的技术创新体系，先后研发生产了RYI-6300型增雨防雹火箭、RYI-7100型增雨防雹火箭、机载碘化银末端燃烧器、机载增雨子焰弹、地面烟炉、景观烟炉等人影系列产品，并在国内二十几个省（市）和蒙古国使用。为规范生产、提高产品质量、保障作业安全，公司从2005年起开始实施"做精品、创名牌"计划，并把它作为企业的一项长期战略，通过加强管理，夯实基础工作，加大技术改造力度，建立技术进步激励机制，来达到提高产品质量性能、提升产品品质的目的。多年来，围绕"做精品、创名牌"计划，公司各项具体工作有序推进，形成了一个依靠技术进步把产品做精做好、依靠制度建设把工作做细做优的机制。

1. 建立科研项目负责制度

从2006年开始，公司成立专门机构，根据项目的特点、涉及的范围确定项目负责人，负责具体实施工作，并出台了实施办法和奖励办法，建立起了激励和约束机制。多年来，所有项目能够按程序运行，所涉及的部门和人员积极配合，保证了科研项目的顺利实施。

2. 全员参与质量活动

为实施"做精品，创名牌"战略计划，公司每年都要在全公司范围内搞一次系统的质量活动，从源头抓起，环环检查，全面评审。内容包括：宣传教育，强化质量意识；全面排查质量隐患并加以分析，提供保证措施。公司通过质量活动，用身边事和大量例证教育员工，让大家从切身的体会中受到教育，牢固树立起公司的命运与己息息相关的观念，认真工作、主动参与，从根本上提高员工质量意识。而每一次这样的活动，也都能够深入实际、实事求是地为改进产品质量提供依据，切实提高产品质量的可靠性和稳定性，达到让自己放心，让用户满意的目的。

3. 通过三标一体认证

公司在开拓人影市场的同时，重点关注产品质量，并积极探索建立质量、环境和职业健康安全三合一管理体系，于 2004 年通过了 ISO9000 质量管理体系认证，于 2012 年通过了 OHSAS18001 职业健康安全管理体系和 ISO14001 环境管理体系认证，有力地促进了公司整体管理水平的提升，逐步实现了管理规范化、人性化和社会化。

4. 建设符合规范的生产线和库区

2012—2014 年，公司按国家规范重新设计并建设了人工影响天气用燃爆器材生产线及库区。该建设项目共投入资金 3000 万元，其中设备投入 900 万元，增加了沸腾造粒机、自动压药装置等，并配备了生产线监控系统。现已形成年生产增雨防雹火箭 4 万发、烟管及焰弹各 5 万发的生产能力。2017 年公司投入 2000 多万元建成装备制造车间及新的办公大楼，新增了一批自动化程度较高的机械加工设备。新生产线和生产设施投入使用，为进一步优化产品技术性能，把产品做精、做强奠定了基础。

5. 积极推动安全生产标准化有效运行

近年来，公司逐步加强安全生产投入，不断改善安全生产条件，积极推动安全生产标准化有效运行，提高风险管理水平，构建企业安全生产长效机制，保持着连续 22 年安全生产的良好局面，为做精品、创名牌提供有力的安全保障。

三、积极参与重大社会活动气象保障服务

1. 服务北京奥运

2008 年，北京人影办经过长时间对产品的比对试用后，确定我公司为北京奥运会开（闭）幕式消减雨作业装备主要供应单位，并要求派人协助其完成作业任务。任务光荣而艰巨，公司从 2007 年开始着手加强了产品生产控制，加快了产品改进速度。2008 年，公司首先为完成消减雨综合服务任务作了充分的准备工作。首先全面完成了装备改进工作，为北京、天津及河北的用户更换了新的控制器，并连续几个月在北京及周边地区常态保持巡检车辆及人员，确保了几次作业及演练时装备的完好性。员工们加班加点、精心生产，按要求及时完成了奥运会产品供应。7 月 27 日，公司派出服务及作业人员 57 名，8 月 8 日，他们在北京周边进行了一场艰苦的

对攻战。当时云雨密布，他们在 19 个作业点按照指挥中心的指令发射了 1110 枚火箭弹，终于确保开闭幕式时"鸟巢"无雨。并且，各种装备及火箭弹没有发生任何故障，受到了领导及专家的一致好评。公司因参与奥运会及残奥会气象服务被中国气象局授予 1 个先进集体奖和 2 个先进个人奖，得到北京奥运会开（闭）幕式消减雨工作协调领导小组"千发火箭安全高效消雨成功扬名海内"的褒奖。

2. 服务宁夏回族自治区成立 50 周年庆祝活动

2008 年是宁夏回族自治区成立 50 周年，宁夏气象局选定我公司产品为庆典当天消减雨专用装备，要求提供 3000 多发火箭弹及相应的技术服务。公司在刚刚完成奥运服务的情况下，就立即投入了新的战斗，很好地保障了此次活动的产品供应及火箭弹转运、技术服务工作，受到了宁夏气象局的表彰。

3. 服务国庆 60 周年庆祝活动

继 2008 年配合北京人影办完成奥运会消减雨任务后，2009 年又迎来了中华人民共和国 60 华诞的盛大庆典。为此公司再次派出了 42 人组成的专项工作队伍，配合北京人影办完成了多次演练和 19 个作业点的消减雨任务。首都 60 周年庆祝活动北京市筹备委员会气象服务组给予公司"民爆火箭谱新篇，划破乌云见蓝天"的褒奖。

4. 服务抗日战争胜利 70 周年纪念活动

2015 年，除了为抗日战争胜利 70 周年纪念活动提供所需绝大部分产品外，按照北京市人影办安排，公司还抽调 39 人参与了 2015 年世界田径锦标赛开闭幕式及纪念抗日战争胜利 70 周年气象保障活动。从 8 月 18 日起作业人员分批到达作业地点，承担了 10 个作业点、20 部发射架的作业任务。9 月 3 日，纪念大会成功举办，气象服务工作得到了党中央、国务院和中央军委以及北京市委、市政府的充分肯定和社会各界的好评，纪念活动气象保障组给公司发来了感谢信。

四、不断提高人影产品售后服务工作质量

"用户至上"是售后服务工作永恒的宗旨。从步入人影领域开始，公司就设立了售后服务中心，配备了专职技术人员和服务专用车辆，制定了详细的售后服务条款。为了能全面理解用户的想法，使售后服务达到最佳的效果，公司一直由总经理兼任售后服务中心主任。这样做的好处是：能及时掌握第一手资料，工作落实快，

问题处理及时，保障了用户沟通机制的顺畅。

1. 按期完成发射架年检工作

按照《人工影响天气管理条例》及《RYI-6300 型增雨防雹火箭发射架检查维护规程》，公司每年派出服务人员前往全国各地用户处对在用的火箭发射架进行年检，及时更换控制盒及损坏的零件。近年来，由于业务量较大，公司又为年检队伍增加了车辆及人员，以保证按期完成年检任务。

2. 做好作业人员培训工作

为加强用户对人工影响天气作业系统的管理，提高作业人员的操作技能，公司技术人员编写了课件，多次实地给用户进行培训和讲解，使用户能够通过科学指挥、规范操作，从而做到在有利的时机，安全、快速、高效地完成作业。

3. 出现问题及时解决，深受用户好评

公司对已售出产品在保质期内因产品质量问题造成的事故损失负全责。因产品质量造成用户损失，公司每次都会派专人以最快速度到达目的地进行故障处理。本着对用户负责的态度，公司账户每年储备了固定足额的故障赔付准备金，使之比参保渠道的资金支付来得更及时、更方便。出现的问题都能得到及时妥善解决，在这方面也得到了用户的赞赏。

近年来，公司不断对原有产品进行改造和升级，研制了火箭发射架信息系统，可实现火箭作业状态实时监视和统计分析；研制了自动式火箭发射装置，以顺应人影技术信息化、自动化发展趋势。无人机播撒器、气球挂架、新型机载子焰弹发射器、国王烟管等产品相继研发成功。研发人影产品十多年来，公司取得了一定的成绩，也积累了一些宝贵的经验，那就是：紧盯用户需求，开展多层次的产品技术调研和研讨活动，与气象部门通力合作，是产品创新、技术创新的方向。因此，公司还将继续坚持走产学研联合开发道路，不断研发新产品，进一步优化产品技术性能，把产品做精、做强，为人工影响天气事业的发展做出应有的贡献。

发挥军工优势　铸就人影新辉煌

——新余国科人影产品创新发展纪实

邓　涛 [①]

　　1958 年 8 月 8 日，我国在吉林省首次进行了飞机人工增雨作业，开创了我国现代人工影响天气事业发展的新纪元。60 年来，在党中央、国务院和地方各级党委、政府的正确领导下，在各有关部门和军队的关心和大力支持下，经过几代气象工作者的不懈努力，我国人工影响天气事业蓬勃发展，为国民经济建设和社会发展做出了显著贡献，也在世界上赢得了很高的地位和影响。江西新余国科科技股份有限公司（国营 9394 厂，以下简称"新余国科"或公司）就是这样一个面向气象提供人影燃爆器材和人影装备、气象设备的军工企业。

　　新余国科是江西钢丝厂在主辅分离、职工安置的基础上，以军品、特种器材、人影装备与气象设备的经营性业务、资产、人员改制组建的新型股份有限公司。2008 年 5 月设立，主营火工品及其相关产品的研发、生产和销售，同时开展军品和民品业务，致力于发展军民融合产业。2017 年 11 月 10 日在深圳证券交易所首发上市（股票代 300722），成为江西省国资系统第一家创业板上市公司，同时也是全国火工品行业、人影和气象行业第一家 A 股上市公司。企业原隶属于江西省国防科工办，2014 年 6 月移交江西省国资委并委托省政府投资运营平台江西大成国有资产

---

① 邓涛（1965— ），男，本科学历，1987 年 7 月江西煤校毕业并参加工作，现任江西新余国科科技股份有限公司纪委委员、工会副主席、党群工作部部长。2017 年撰写了《神秘的新余"军工厂"》《创新求发展　军工展新篇》（在《砺剑》一书中发表）等文章。

经营管理有限责任公司监管。公司目前设有新余国科特种装备有限公司（以下简称"新余特装"）、新余国科气象技术服务有限公司两家全资子公司和新余国科北京分公司，现有员工 590 余人。

图 1　2018 年 4 月下旬新余国科北京分公司正式开业，新余国科党委书记、董事长金卫平和原中国气象局党组副书记、副局长许小峰（左）共同揭牌仪式现场

新余国科军、民用产品合计有 300 多个品种，其中军品有军用火工品、军训器材、气象探空火箭等类别的 200 余个产品，广泛用于我国陆军、海军、空军、火箭军、战略支援部队以及公安、武警的武器装备中；民品有人工影响天气燃爆器材、人工影响天气专用装备、气象设备、特种装备、特种器材 5 个大类 100 个产品，主要用于人工影响天气、气象探测和环境监测事业。新余国科及全资子公司新余特装为国家级高新技术企业，公司拥有省级企业技术中心、省级工程技术研究中心、省级工程研究中心、省级博士后创新实践基地、省劳动模范创新工作室等多个科技创新平台；拥有军委装备发展部（原总装备部）颁发的装备承制单位注册证书、国防科工局颁发的武器装备科研生产许可证、国防武器装备科研生产单位保密资格审查认证委员会颁发的武器装备三级保密资格资质、中国新时代认证中心颁发的武器装备质量体系认证证书等资格、资质。

艰难起步　创新发展

十年磨一剑，从 1990 年开始研发至 1999 年产品投放市场，新余国科的前身——江西钢丝厂历经整整 10 年攻坚克难、艰辛探索，成功地研发了防雹增雨火箭弹系列产品，其中 BL-1 型 56 毫米防雹增雨火箭弹、BL-2 型 44 毫米防雹增雨火箭弹完全由非金属材料，火箭弹工作后残骸采取自毁方式，填补了国内外空白。后历经近 20 年的创新发展，特别是新余国科自 2008 年 5 月由江西钢丝厂改制成立后的 10 年来，公司领导班子以远见卓识和科学发展的战略眼光，依托军工企业优势，秉承军工品质，发挥火工品企业的特长，实施军转民，不断铸造人影装备精品，并不断开发新的人影产品满足用户需求，显示出强劲的发展潜力。公司始终把科技创新视作企业可持续发展的"秘籍"，针对日益激烈的市场竞争和不断变化的市场要求，狠抓产品开发，完善产品系列，不断推出技术含量高、附加值高的高新技术产品，利用互联网技术开发人工影响天气信息管理系统、人工影响天气作业指挥管理系统、人工影响天气装备弹药物联网，利用传感技术开发新型人工影响天气探测设备等。

图 2　BL 系列增雨防雹火箭弹

牵引式发射架

车载式发射架

固定式发射架

图 3　BL 型增雨防雹火箭自动发射架

图 4　碘化银地面催化系统

图 5　机载焰条飞机播撒装置

新余国科从初期比较单一的火箭弹和简易式发射架到完全实现人工影响天气所需项目产品装备系列化、系统化、信息化、智能化和人影燃爆器材物联网，形成了十分完整的产品链条和产品体系，覆盖了人工影响天气的各个环节，使产品的技术、质量水平处于行业领先水平，并具备明显的产品种类优势，为人工影响天气用户提供系统性解决方案和一站式服务。近年来，各种自然灾害不断给我国国民经济造成较大损失，特别是每年的冰灾、旱情，人工影响天气作业范围越来越广，为了满足不同用户和区域的需求，公司在保持原有产品优势的基础上，以企业核心技术——火工品技术、软件技术等为依托，加强与国防科技大学、解放军理工大学、北京理工大学、南京理工大学、中国科学院大气物理研究所等科研院校合作，又相继开发了新型固体焰条、地面烟炉、飞机播撒装置、飞机播撒焰弹系统、中（低）空气象探空火箭、小型气象雷达、自动气象站、激光云雷达、防雹增雨火箭弹用保险箱、人工影响天气作业装备管理系统、人工影响天气作业指挥系统和作业车等新型人工影响作业装备系列产品，成为支撑企业发展的新经济增长点，将地理信息系统及现代通信有机融合，研制开发了人工影响天气的指挥系统和作业管理平台，其中气象卫星接收机、低空探空火箭、自动气象站等气象装备还在军民融合领域成功应用，为人工影响天气事业和战场气象环境保障等做出了新的贡献。

图6　雨滴谱式降水天气现象仪

图7　积水测试仪

成果丰硕　效益显著

新余国科先后开发了人工影响天气系列新产品30多项，获得了40余项产品专利，9项软件著作权，大大提高了企业的自主创新能力和核心竞争力，并产生了显著的经济效益和社会效益。据不完全统计，人影系列产品专利项目的实施，实现人影产品销售收入累计6亿多元，利税近2亿元。自主研制开发拥有自主知识产权的BL-1型防雹增雨火箭弹系统、BL-2型防雹增雨火箭弹、新型固态碘化银烟条及播撒装置，于2009年7月被江西省科技厅、省发改委、省工信委、省财政厅四家联合认定为江西省自主创新产品并荣获证书。多项专利产品被鉴定为省级科技新产品和国家级新产品，其中BL-1型防雹增雨火箭弹专利被评为"2001年度江西省优秀专利"和"2008年度第十届中国专利优秀奖"并拥有三炸自毁核心技术，该专利产品被列为"2001年国家火炬计划项目""2002年国家级重点火炬计划项目"并获得江西省科学技术进步奖三等奖。"防雹增雨火箭用保险箱"专利获新余市2012年度专利技术奖三等奖；"新型固态碘化银烟条及播撒装置"获2012年江西省科学技术进步奖二等奖；"新型增雨防雹火箭弹产品开发和技术改进应用"荣获2015年度新余科学技术进步奖二等奖；"火箭、高炮作业参数自动记录仪"荣获2015年度新余专利技术奖三等奖；"新型人工影响天气技术装备开发与应用"荣获2015年江西省科学技术进步奖三等奖。

大展身手　重大贡献

新余国科除了为武器装备现代化建设做出了贡献之外，还积极研发新型人影与气象装备，用于人工增雨（雪）、防雹、消雾、消云减雨、防霜等作业，取得了明显成效，在服务农业生产、缓解水资源紧缺、防灾减灾、保护生态以及保障重大活动等方面发挥了重要作用。近年来，在全国抗旱救灾中，公司研制生产的BL-1型防雹增雨火箭弹系统更是大展身手，再显神威。近年来主要在湖南、湖北、江西、浙江、贵州及重庆等地出现大范围高温少雨天气，部分地区甚至连续10～15天日最高气温超过35℃，持续高温少雨使旱情不断加剧，给农作物生长发育和人们生活带来严重影响，新余国科紧急向各地调运人工影响天气作业装备，支援当地的增雨抗旱工作，取得了良好的效果。仅2011年在江西境内7月份以来就进行人工增雨作业40余次，受益面积达1.2万平方千米。同时，公司自主研发生产的人工影响天气系列产品积极参与国家重大活动的气象保障，在2008年北京奥运会、2009年国庆60周年阅兵式、2015年纪念抗战胜利70周年阅兵式、第十一届全运会、2016年G20杭州峰会和2017年庆祝建军90周年阅兵式等气象保障活动中书写了精彩篇章，受到社会各界广泛的关注和认可，取得了良好的社会效益和经济效益。

未来发展　再铸新辉煌

新余国科将坚持以火工烟火技术为核心，军民并重、军民融合的发展战略。除在军品方面重点开发高精尖、高附加值新型军用火工产品，国家高新工程项目和重点武器型号配套项目，以及开发系列军事训练器材、军事气象探空火箭产品满足军事领域的特殊需求之外，民品方面重点开发各种新型人影燃爆器材、新型人影作业设备和气象装备，不断完善和提升人影和气象装备软件及集成产品的技术水平。人工影响天气作业装备的未来是要形成现代化的人工影响天气工程体系，建成以实时监测、信息处理、作业决策、效果评估为核心的科学作业指挥系统，以及飞机、高炮、新型火箭等多种作业手段相结合的作业催化系统，提高人影装备的技术水平。未来要突出人工影响天气系统工程、人工影响天气作业指挥平台、人工影响天气作业装备信息管理系统（物联网）等多方面的建设，进一步拓展到气象环境监测等重点军民融合领域，引领行业的技术进步，成为国内骨干型人工影响天气作业装备企业，在人工影响天气和气象装备领域，走系列化、信息化、工程化发展道路，为我国国防现代化建设和人工影响天气、气象探测和生态环境监测等军民融合深度发展领域做出新的更大贡献。

新余国科（国营9394厂）愿与全国的人影、气象工作者一道，以我国的防灾减灾工作为己任，为人工影响天气作业提供更加优良的产品、更加优质的服务并做出更大的贡献。

不信风雨唤不来

——60 年造雨的长安人

杨和先 [①]

古代中国，国之大事，在祀与戎。

高设雨坛，焚符烧香，手拿令牌，口诵真言，命龙布雨。

多少书籍史册，多少乡野传闻，这种渗透着神秘巫术文化的祈雨仪式，反复出现在庙宇宗祠、市井街头、田野乡间，纵横华夏，延续千年。

中国是个古老的农业国，人们看天吃饭，呼风唤雨、役使雷霆成了他们梦寐以求的期盼。历朝历代，人们持续地进行着神圣的祭祀活动，但变幻无穷的大自然却时常让他们愿望落空。

时间步入现代，一个企业决定依靠现代科学技术实现这一梦想。从迷信呼风唤雨到精确耕云播雨，他们经历了一段漫长的奋斗历程。

1958·起步

滔滔嘉陵江畔，坐落着一家有着一个多世纪历史的军工厂，但在和平年代，军品需求减少，工厂考虑在满足国防装备的需要、保持军事产品技术不断提高和不断完善的同时，将更多的军用技术转为民用，充分利用企业剩余生产能力生产社会所

---

① 杨和先（1973—），研究员级高级工程师，现任重庆长安工业（集团）有限责任公司市场部副部长。先后在研发、科研管理、售后等岗位，长期从事军民融合产品研发、销售和售后服务工作。具有一定的科研和服务经验，对人工影响天气业务系统较为熟悉。

急需的民品，既响应中央关于"国防工业要学会两套本领"的号召，又能真正造福于民，服务于民。

1958年初，全国出现大面积旱灾，西南川、滇、黔及华南粤、桂等省区出现严重春旱，这对农作物播种、生长极为不利。5月中旬，西南、华南及冀东等地持续干旱，小河、水库开始干枯。眼前的情形，令工厂技术人员十分着急痛心。如何运用军工技术，急民所难？经过多次研究、论证，查阅国内外的所有相关资料，一个国内首创的设想在技术人员脑中萌芽了。云是由水汽凝结而成，假若改造现有军用高炮，向空中播撒碘化银促使云层激化形成冰晶核，不就能增加降雨吗？这个设想一经提出，就获得了工厂的大力支持。

人工降雨弹研制事业在这一刻悄然起步，开启了国内人工影响天气的崭新篇章，也成功奠定了工厂军民融合的坚实基础，跨步迈上了以军为本、军民融合的道路。

设想提出来了，但真正实施起来并不容易，国内人雨弹的研制基础一片空白，工厂技术人员在黑暗中艰难摸索。1958—1963年，经过6年的漫长探索研究，工厂设计人员重点解决了弹丸结构和引信结构两方面的问题，成功设计、研制出37毫米人工降雨弹。随着一声轰鸣，第一枚人雨弹发射升空，中国大地上，数千年来，迎来了第一场人工降雨，这雨水滋润着大地，也浸润着工厂技术人员的心田。

1964—1978年，根据气象部门使用情况反映，产品在逐步进行结构改进中进入了批量生产阶段。

1979·助跑

1979—1985年，改革的春风吹遍大地，这一个时期，工厂在"找米下锅"的道路上，军民融合竞相发展，民品产业百花齐放。37毫米人雨弹的研制工作则进入了对催化剂的进一步研制及在大威力弹上的应用阶段，工厂37毫米人雨弹继续领跑，其研制工作也在持续而有序地进行着。

为了进一步提高人雨弹的性能，工厂对37毫米人雨弹做了两次较大的改动。前后完成了81型37毫米人雨弹的设计和83型毫米人雨弹的设计，1970年以后，37毫米人雨弹纳入国家计划，每年生产近70万发统一分配到各省市。37毫米人雨弹经过全国20多个省市、地区广泛使用，降雨、消雹的效果好，减轻了干旱、冰雹对农作物的危害，取得了很好的社会效益。如，1978 年 5 月，四川省达县地区出现罕见的雹云，5 月 4 日在达县的堡子、麻柳两地对空发射 39 发 37 毫米人雨弹，化雹为雨，防护面积达 30 万亩。1978 年，37 毫米人雨弹被评为重庆市优质产品。1981 年，荣获五机部优质产品。此后，37 毫米人雨弹作为工厂军民融合最好的支柱民品而长期存在。

现代科技的发展帮助我们更好地运用技术改变生活，造福一方。1978 年，为拓展人工降雨的覆盖面积，工厂率先开始了消雹降雨火箭弹的设计研制，跨出了人影火箭弹研制历史上不可磨灭的重要一步，为人影火箭弹研制的发展提供了有效的技术支持。控制冰雹灾害，"化雹为雨"开启了现代科技的新注脚。同年，中国气象局将消雹降雨火箭弹的研制列入国家科研课题。

5 月，工厂成立了研制组，着手进行方案设计、催化剂装药和点火具结构设计、发射架设计等。研制组成立了，问题随之而来：消雹降雨火箭弹没有经验可寻，没有资料可借鉴，连最简单的计算工具都不具备，一切必须从零开始。然而困难并不能击垮必胜的信念，经过一个多月的准备工作，研制组初步完成了计算论证，提出了薄壳玻璃钢箭体结构，一个引信同时引爆弹头和具有自毁装置的方案，迈出了研制工作的第一步。

同年 6 月，研制组自力更生，在原废弃的校办工场，因陋就简建起了一个火箭推力测试试验室，为火箭发动机的研制创造了一个基本条件。此后，研制组先后攻下了发动机失控爆炸和点火技术的难关及发动机冲顶、烧管、穿孔、喘息等技术关键，终于在 1979 年 9 月 14 日深夜拍摄到符合设计推力的发动机内弹道曲线，取得了研制工作的重大突破。29 日，按预定计划，火箭进入发射场地，成功进行了第一次发射，人工消雹作业成功取得了阶段性胜利。接着，研制组按试验—计算—比较总结—再试验—再总结的方法，多次反复，再次成功解决了火箭飞行偏航、飞行摆动、引信瞎火、火箭解体等重大技术难关。

1981 年 12 月 23 日，消雹火箭弹在国家靶场进行了设计定型试验。会议代表通过讨论，一致认为："火箭设计原理正确，布局合理……具有独创性，性能达到了国内先进水平，填补了我国科技上的一项空白，同意设计定型。"次年 10 月，消雹降雨火箭弹荣获国家发明四等奖。1983 年 4 月，兵器工业部、国家气象局联合工厂召开生产定型会，同意生产定型。

从研制到生产定型，研制组仅仅用了一年零四个月。因工厂产业布局的调整，1987 年，逐渐减少了消雹降雨火箭弹的生产。

2007·冲刺

随着时间的推移，人工降雨的研制步伐从未停歇，它迈着坚定的脚步跨越世纪，在军品融合的征程中大踏步前行。

随着我国经济社会飞速发展，城市化进程加快，大中小城市星罗棋布，人工影响天气在服务农业生产、缓解水资源紧缺、防灾减灾、保护生态的前提下，在保障国际、国内各种重大社会活动中的作用越加凸显，也越加频繁和迫切。为给国家和人民提供强有力的保障，工厂积极拓展与科研院校和人工影响天气部门的合作交流，充分利用先进的军工技术，持续改进设计人工催雨消雹产品。

在 83 型、92 型人工降雨弹的基础上，07 型人雨弹采用新型材料，改进装配弹体结构，将单枚弹丸最大破片质量减小到 15 克以内；采用冗余发火和延时机构，大幅降低引信瞎火率。这两项关键技术的突破，令 07 型人雨弹一经面世就备受瞩目。时事造就英雄，在 2008 年的北京奥运会上，07 型人雨弹大放异彩：2008 年 8 月 8 日这一天，从长城到故宫，奥林匹克的狂欢融入古都北京。梦幻五环的光影演绎、祥云舒展的文化展示、五星红旗和五环旗的交相辉映，开幕式在 4 小时无雨的夜空下，新意迭出。在这背后，无数人影作业者、人影产品的研制人员付出了辛勤和汗水。当晚，北京 21 个作业点持续发射上千枚人雨弹，成功将降水拦截在北京城外。

时光缓缓流淌，人工降雨弹依旧在不断迭代升级，消雹火箭弹的研制工作也在默默进行。

2013 年初，公司以前沿技术为基础，紧扣市场需求，在征得中国气象局同意后，开始了 13 型人雨弹产品的研制工作。13 型人雨弹产品也成为国内首款符合国家小口径弹药及引信安全设计相关标准的人雨弹，产品固有安全性更高。这一次，研制人员再次突破创新，在引信设计方面做出改进，引信作用可靠性显著提高；改变装药技术，增大作业面积；在引信体等零件采用更加新型的材料，破片重量更小。经得起考验的成果才是香甜的，13 型人雨弹在此后的人影作业方面也取得了十分可喜的成绩。2015 年 9 月 3 日，中国人民抗日战争暨世界反法西斯战争胜利 70 周年纪念大会和大阅兵在北京天安门广场隆重举行。整齐划一的阅兵方阵、酷炫震撼的武器装备给全国人民留下了深刻印象。当天的北京阳光明媚，晴空万里，可谓"天空澄碧，纤尘不染"，给观者带来了完美的视觉体验。其实，北京当天的好天气不仅是"天公作美"，更有长安工业公司人雨产品的一份功劳。

为保证活动期间北京晴空万里，空气质量优良，根据国务院要求，北京市和中国气象局等相关部门联合成立"北京市重大活动天气保障指挥部"，并对参加天气保障的产品进行严格筛选。最终，在中国气象局、北京市气象局的支持下，公司13型人雨产品在激烈的竞争中脱颖而出，成为人雨产品项目唯一保障产品，分布在北京市周围多点进行天气保障。

8月30日，产品抵达北京的当天，正值中央政治局常委、国务院副总理张高丽一行前来检查阅兵期间北京天气保障情况，中国气象局副局长在汇报中特别对该产品的作用和效果进行了介绍，产品获得张高丽一行的高度认可。9月6日，中国人民抗日战争暨世界反法西斯战争胜利70周年纪念活动气象保障组专程向公司发来感谢信，肯定了公司在保障北京市重大活动期间人工增雨防雹工作方面的重要作用，表达了对公司所做努力与贡献的感激之情。

据统计，从8月10日进入保障作业至9月6日，公司人雨产品在此次阅兵天气保障中共使用2000多件，确保了胜利日当天美丽的"阅兵蓝"，"长安制造"的人雨弹深入人心。

多年的技术积淀只为再一次的耀眼回归，随着数字化、信息化技术的不断突破，消雹火箭弹重新站在"长安制造"历史的舞台，继续为人影作业效劳。

2013年，57毫米消雹火箭弹研制组在长达一年时间里，不断对时序控制电路结构进行优化处理，完全避免了时序控制电路的充电不足问题，创新了产品时序控制可靠点火技术。其后，研制组将重点工作放在突破碘化银催化焰剂播撒技术、提高火箭总冲能力上。经过多次多方案对比试验，研制组连续解决了火箭弹射高不足、碘化银催化焰剂在播撒器中出现的点火不可靠等问题，成功通过定型试验。多年来默默辛苦的付出，终得偿所愿。

2018·跨越

伴着骄人的成绩，公司的人影产品在不断完善中迈进了军民融合的新阶段。如何更好地满足人民群众对美好生活的新需求？如何在已有的成绩和工作基础上，在军民融合的新阶段里创新人影产品？

唯有不断的自我革新，满足更优的用户体验。继 13 型人雨弹之后，一款完全符合中国气象局颁布的《增雨防雹高炮系统技术要求》的新型 37 毫米人雨弹更新面世。2016 年中期立项，2018 年完成产品设计定型。目前，产品已完成设计定型试验，且各项性能指标均满足技术指标要求。短短两年的时间，技术再次革新，成果的背后是研制人员对人影事业始终如一的坚守与付出，是企业坚持"研发第一"结出的硕果。

18 型人雨弹引信综合瞎火率达到≤1/10000 的可靠性指标；其最大破片重量经工厂鉴定试验及多轮次的摸底试验结果证明，小于现有各型人雨弹最大破片重量，爆轰能量同比现有各型 37 毫米人雨弹更强；单枚 18 型人雨弹冰晶核是现有 37 毫米人雨弹的 2.71 倍；其冲击波作用体积是现有 37 毫米人雨弹的 1.54～2.23 倍。

18 型人雨弹取得的成绩不俗，消雹火箭弹的研制工作也绝不落后：82 毫米消雹火箭弹研制组针对高效增雨防雹减灾的市场需求，充分利用现有军工技术研制的具有射程远、机动性好、全电控制、车载发射、远距离操控等优势，耗时 3 年时间，经过无数次重复改进，实现了 82 毫米消雹火箭作业系统无线远程消雹作业的梦想。届时，人工影响天气工作者只需在办公室即可远程实施消雹增雨作业，火箭弹可自行根据实时气象条件，经过自动测算雷达与云的位置，装定催化剂播撒时间的电子引信，将精确控制催化剂启播时间和降落伞打开时间，最大程度发挥每发火箭弹的作用。目前，产品已完成设计定型实验，进入用户试验阶段，且各项性能指标均满足技术指标要求。而智能化、系统化的作业系统将更高效、安全地为人工影响天气工作者保驾护航。

穿越 60 年悠长岁月。

人工降雨弹的制造，在科技含量不断提升，产品品种不断拓展的同时，实现了军用技术转为民用技术的完美融合，实现了从传统到数字化、信息化的转换。

人工降雨弹业务，由重庆市沙坪坝区气象局拓展至全国 15 个省市地区。自 1958 年累计人工降雨弹产品累计销售约有 1368 万发。

回望历史，在工厂人工降雨弹的事业长跑中，研制人员用始终如一的坚守和不断的自我革新，引领着国内人影事业的开拓发展。这段历史长河中，那浸润着汗水与希望的每一则故事、每一个数据，都是给予人影研制工作者最好的勋章。

革新未有穷期，发展正当其时。新的号角即将吹响，我们唯有继续以"敢为天下先"的勇气，以壮士扼腕的气势，把一切成绩归零，再次引领人影事业向着更加专业化、系统化、数字化、智能化的广阔前景进发，用智慧、勇气和汗水继续书写长安人永不磨灭的历史新篇章。